城镇排水与污水处理行业职业技能培训鉴定丛书

排水化验检测工
培训题库

北京城市排水集团有限责任公司　组织编写

中国林業出版社

图书在版编目（CIP）数据

排水化验检测工培训题库／北京城市排水集团有限责任公司组织编写. —北京：中国林业出版社，2022.7

（城镇排水与污水处理行业职业技能培训鉴定丛书）

ISBN 978-7-5219-1717-8

Ⅰ. ①排… Ⅱ. ①北… Ⅲ. ①城市排水-水质分析-职业技能-鉴定-习题集 Ⅳ. ①TU991.21-44

中国版本图书馆 CIP 数据核字（2022）第 097574 号

中国林业出版社

责任编辑：樊　菲

电　话：(010) 83143610

出版发行　中国林业出版社(100009　北京市西城区刘海胡同 7 号)
https://www.forestry.gov.cn/lycb.html

印　　刷　北京博海升彩色印刷有限公司

版　　次　2022 年 7 月第 1 版

印　　次　2022 年 7 月第 1 次印刷

开　　本　889mm×1194mm　1/16

印　　张　13.25

字　　数　450 千字

定　　价　78.00 元

城镇排水与污水处理行业职业技能培训鉴定丛书
编写委员会

主　　编　张建新

副 主 编　张荣兵　蒋　勇　王　兰

执行副主编　王增义

《排水化验检测工培训题库》编写人员

杨　彤　付　强　田泽卿　赵殿义　刘卫东

张　璐　葛　菊　卢志明　李建坡　赵　颖

冀春苗　魏　薇

前 言

2018年10月，国家人力资源和社会保障部印发了《技能人才队伍建设实施方案（2018—2020年）》，提出加强技能人才队伍建设、全面提升劳动者就业创业能力是新时期全面贯彻落实就业优先战略、人才强国战略、创新驱动发展战略、科教兴国战略和打好精准脱贫攻坚战的重要举措。

为全面加强城镇排水行业职业技能队伍建设，培养和提升从业人员的技术业务能力和实践操作能力，积极推进城镇排水行业可持续发展，北京城市排水集团有限责任公司在依据国家和行业相关技术规范和职业技能标准、参考高等院校教材及相关技术资料的基础上，结合本公司近三十年的城镇排水与污水处理设施运营经验，组织编写出版了《城镇排水与污水处理行业职业技能培训鉴定丛书》，其中包括排水管道工、排水巡查员、排水泵站运行工、城镇污水处理工、污泥处理工共五个工种的培训教材及培训题库。

2022年，为进一步丰富本套丛书工种涵盖范围，北京城市排水集团有限责任公司组织编写完成《排水化验检测工培训教材》及《排水化验检测工培训题库》，内容涵盖化验检测安全生产知识、化验基本理论及相关常识、化验检测实操技能要求和实验室质量管理准则等，并附有相应的取样及检测原始记录单。本套书主要用于城镇排水与污水处理行业化验检测从业人员的职业技能培训和考核，也可供从事城镇排水与污水处理行业化验检测工作的专业技术人员参考。

由于编者水平有限，本书中可能存在不足、不妥甚至失误之处，希望读者在使用过程中提出宝贵意见，以便不断改进完善。

2022年6月

目　录

前　言
第一章　初级工 …………………………………………………………………… (1)
第一节　安全知识 ……………………………………………………………… (1)
一、单选题 ………………………………………………………………… (1)
二、多选题 ………………………………………………………………… (6)
三、判断题 ………………………………………………………………… (8)
四、简答题 ………………………………………………………………… (10)
五、实操题 ………………………………………………………………… (10)
第二节　理论知识 ……………………………………………………………… (11)
一、单选题 ………………………………………………………………… (11)
二、多选题 ………………………………………………………………… (19)
三、判断题 ………………………………………………………………… (21)
四、简答题 ………………………………………………………………… (23)
五、计算题 ………………………………………………………………… (25)
第三节　操作知识 ……………………………………………………………… (29)
一、单选题 ………………………………………………………………… (29)
二、多选题 ………………………………………………………………… (33)
三、判断题 ………………………………………………………………… (34)
四、简答题 ………………………………………………………………… (38)
第二章　中级工 …………………………………………………………………… (40)
第一节　安全知识 ……………………………………………………………… (40)
一、单选题 ………………………………………………………………… (40)
二、多选题 ………………………………………………………………… (49)
三、判断题 ………………………………………………………………… (52)
四、简答题 ………………………………………………………………… (55)
五、实操题 ………………………………………………………………… (55)
第二节　理论知识 ……………………………………………………………… (56)
一、单选题 ………………………………………………………………… (56)
二、多选题 ………………………………………………………………… (66)
三、判断题 ………………………………………………………………… (68)
四、简答题 ………………………………………………………………… (74)
五、计算题 ………………………………………………………………… (80)
第三节　操作知识 ……………………………………………………………… (84)
一、单选题 ………………………………………………………………… (84)
二、多选题 ………………………………………………………………… (86)
三、判断题 ………………………………………………………………… (87)

四、简答题 …… (88)

第三章 高 级 工 …… (90)

第一节 安全知识 …… (90)
一、单选题 …… (90)
二、多选题 …… (97)
三、判断题 …… (99)
四、简答题 …… (100)
五、实操题 …… (101)
第二节 理论知识 …… (101)
一、单选题 …… (101)
二、多选题 …… (117)
三、判断题 …… (118)
四、简答题 …… (125)
五、计算题 …… (130)
第三节 操作知识 …… (133)
一、单选题 …… (133)
二、判断题 …… (137)
三、简答题 …… (138)

第四章 技 师 …… (141)

第一节 安全知识 …… (141)
一、单选题 …… (141)
二、多选题 …… (144)
三、简答题 …… (147)
第二节 理论知识 …… (147)
一、单选题 …… (147)
二、多选题 …… (164)
三、判断题 …… (166)
四、简答题 …… (169)
五、计算题 …… (173)

第五章 高级技师 …… (177)

第一节 安全知识 …… (177)
一、单选题 …… (177)
二、多选题 …… (180)
第二节 理论知识 …… (182)
一、单选题 …… (182)
二、多选题 …… (191)
三、判断题 …… (194)
四、简答题 …… (198)

第一章

初 级 工

第一节　安全知识

一、单选题

1. 关于危险化学品安全技术说明书的主要作用，下列说法错误的是(　　)。

A. 是化学品安全生产、安全流通、安全使用的指导性文件

B. 是应急作业人员进行应急作业时的法规指南

C. 为制定危险化学品安全操作规程提供技术信息

D. 是企业进行安全教育的重要内容

答案：B

2. 不小心把浓硫酸滴到手上，应采取的措施是(　　)。

A. 立即用纱布拭去酸，再用大量水冲洗，然后涂碳酸氢钠溶液

B. 用氨水中和　　C. 用水冲洗　　D. 用纱布擦洗后涂油

答案：A

3. 下列物质有毒性、窒息性和腐蚀性的是(　　)。

A. 压缩空气　　B. 氨气　　C. 硫黄　　D. 钠

答案：B

4. 下列物质具有易挥发性、易流动扩散性、受热膨胀性的是(　　)。

A. 压缩空气　　B. 甲烷　　C. 甲苯　　D. 钠

答案：C

5. 下列几种物质中，燃点低，对热、撞击、摩擦敏感，易被外部火源点燃，燃烧迅速，并可能散发出有毒烟雾或有毒气体的是(　　)。

A. 压缩空气　　B. 甲烷　　C. 硫黄　　D. 钠

答案：C

6. 下列几种物质中，自燃点低，在空气中易于发生氧化反应、放出热量，而自行燃烧的是(　　)。

A. 白磷　　B. 甲烷　　C. 氰化钾　　D. 钠

答案：A

7. 下列物质遇水或受潮时，发生剧烈化学反应，放出大量的易燃气体和热量的是(　　)。

A. 压缩空气　　B. 甲烷　　C. 硫黄　　D. 钠

答案：D

8. 在易燃易爆危险化学品贮存区域，应在醒目位置设置(　　)标志，防止发生火灾爆炸事故。

A. 严禁逗留　　B. 当心火灾　　C. 禁止吸烟和明火　　D. 火警电话

答案：C

9. 下列不是企业制定安全生产规章制度的依据的是(　　)。

A. 国家法律、法规的明确要求　　B. 生产发展的需要
C. 企业安全管理的需要　　D. 劳动生产效率提高的需要

答案：D

10. (　　)是指组织安全生产会议，加强部门之间安全工作的沟通和推进安全管理，及时了解企业的安全状态的制度。

A. 安全生产会议制度　　B. 安全生产教育培训制度
C. 安全生产检查制度　　D. 职业健康方面的管理制度

答案：A

11. (　　)是指落实《中华人民共和国安全生产法》有关安全生产教育培训的要求，规范企业安全生产教育培训管理，提高员工安全知识水平和实际操作技能的制度。

A. 安全生产会议制度　　B. 安全生产教育培训制度
C. 安全生产检查制度　　D. 职业健康方面的管理制度

答案：B

12. (　　)是指落实《中华人民共和国职业病防治法》和《工作场所职业卫生监督管理规定》等有关规定要求，加强职业危害防治工作，减少职业病危害，维护员工和企业利益的制度。

A. 安全生产会议制度　　B. 安全生产教育培训制度
C. 安全生产检查制度　　D. 职业健康方面的管理制度

答案：D

13. (　　)是指落实《中华人民共和国安全生产法》《中华人民共和国劳动法》等法律法规要求，保护从业人员在生产过程中的安全与健康，预防和减少事故发生的制度。

A. 劳动防护用品配备、管理和使用制度　　B. 安全生产考核和奖惩制度
C. 危险作业审批制度　　D. 生产安全事故隐患排查治理制度

答案：A

14. 有限空间作业通风时通风量应足够，保证能置换稀释作业过程中释放出来的有害物质，必须能够满足(　　)的要求。

A. 人员安全呼吸　　B. 设备正常运行　　C. 管理指挥　　D. 防火防爆

答案：A

15. 对于不同相对密度的气体应采取不同的通风方式。有毒有害气体(如硫化氢)相对密度比空气大的，通风时应选择(　　)。

A. 上部　　B. 中上部　　C. 中部　　D. 中下部

答案：D

16. 仪器设备操作人员应必须经过专门训练，熟悉了解设备的性能、操作要领及注意事项，(　　)，方准进行工作。

A. 操作指导后　　B. 培训后　　C. 自主学习后　　D. 考核合格后

答案：D

17. 电气设备外壳接地属于(　　)。

A. 工作接地　　B. 防雷接地　　C. 保护接地　　D. 大接地

答案：C

18. 工作人员应熟悉工作区域(　　)的位置，一旦发生火灾触电或其他电气事故时，应第一时间切断电源，避免造成更大的财产损失和人身伤亡。

A. 插座　　B. 电动设备　　C. 照明设备　　D. 总闸

答案：D

19. 发生电气设备故障时，(　　)自行拆卸。

A. 不要　　B. 可以　　C. 必须　　D. 视情况而定是否

答案：A

20. 移动所有的电气设备不论固定设备还是移动设备时，(　　)先切断电源再移动。

A. 严禁　　B. 可以　　C. 必须　　D. 视情况而定是否

答案：C

21. 电气着火后，不可用的灭火设备或物品是(　　)。

A. 二氧化碳灭火器　　B. 四氯化碳灭火器　　C. 泡沫灭火器　　D. 黄沙

答案：C

22. 危险化学品应当贮存在专门地点，配备专人管理，(　　)，不得与其他物资混合贮存，贮存方式方法与贮存数量必须符合国家标准。

A. 单人收发、单人保管　　B. 单人收发、双人保管

C. 双人收发、双人保管　　D. 双人收发、单人保管

答案：C

23. 压缩气体和液化气体的贮存条件是(　　)。

A. 必须与爆炸物品、氧化剂隔离贮存　　B. 必须与易燃物品、自燃物品隔离贮存

C. 必须与腐蚀性物品隔离贮存　　D. 以上均正确

答案：D

24. 盛装液化气体的容器属压力容器，必须有(　　)，并定期检查，不得超装。

A. 压力表　　B. 安全阀　　C. 紧急切断装置　　D. 以上均正确

答案：D

25. 下列对危险化学品贮存描述错误的是(　　)

A. 腐蚀性物品包装必须严密，不允许泄漏，严禁与液化气体和气体物品混存

B. 遇水容易发生燃烧、爆炸的危险化学品，尽量不要存放在潮湿或容易积水的地点

C. 受阳光照射容易发生燃烧、爆炸的危险化学品，不得存放在露天或者高温的地方，必要时还应该采取降温和隔热措施

D. 容器、包装要完整无损，如发现破损、渗漏必须立即进行处理

答案：B

26. 装卸危险化学品时，应避免使用(　　) 工具。

A. 木质　　B. 铁质　　C. 铜质　　D. 陶质

答案：B

27. 稀释或制备溶液时，应把(　　)，避免沸腾和飞溅。

A. 腐蚀性危险化学品加入水中　　B. 水加入腐蚀性危险化学品中

C. 水与腐蚀性危险化学品共同倒入容器　　D. 以上均正确

答案：A

28. 氯气瓶内压一般为 0.6~0.8MPa，不能在太阳下暴晒或接近热源，防止(　　)，发生爆炸。

A. 挥发　　B. 蒸发　　C. 液化　　D. 汽化

答案：D

29. 开启氯气瓶前，要检查氯气瓶放置的位置是否正确，保证出口朝(　　)。

A. 上　　B. 下　　C. 斜下　　D. 水平方向

答案：A

30. 关于危险化学品使用，下列描述错误的是(　　)。

A. 搬动药品时必须轻拿轻放

B. 严禁摔、翻、掷、抛、拖拽、摩擦或撞击，但可以滚动

C. 作业人员在每次操作完毕后，应立即用肥皂彻底清洗手、脸，并用清水漱口

D. 做好相应的防挥发、防泄漏、防火、防盗等预防措施，应有处理泄漏、着火等的应急保障设施

答案：B

31. 作业人员窒息的主要原因为有限空间内(　　)含量过低。

A. 氮气　　B. 一氧化碳　　C. 二氧化碳　　D. 氧

答案：D

32. 发生人员有毒有害气体中毒后，报警内容中应包括(　　)。

A. 单位名称、详细地址　　B. 发生中毒事故的时间、报警人及联系电话

C. 有毒有害气体的种类、危险程度　　D. 以上均正确

答案：D

33. 用水蒸气、惰性气体(如二氧化碳、氮气等)充入燃烧区域所采用的方法是(　　)。

A. 冷却灭火法　　B. 隔离灭火法　　C. 窒息灭火法　　D. 抑制灭火法

答案：C

34. (　　)灭火器适用于易燃、可燃的液体、气体及带电设备的初起火灾，还可扑救固体类物质的初起火灾，但不能扑救金属燃烧火灾。

A. 空气泡沫　　B. 手提式干粉　　C. 二氧化碳　　D. 酸碱

答案：B

35. 灭火时，操作者应对准火焰(　　)扫射。

A. 上部　　B. 中部　　C. 根部　　D. 中上部

答案：C

36. (　　)灭火器，适用于扑灭精密仪器、电子设备、珍贵文件、小范围的油类等引发的火灾，但不宜用于扑灭金属钾、钠、镁等引起的火灾。

A. 空气泡沫　　B. 手提式干粉　　C. 二氧化碳　　D. 酸碱

答案：C

37. 下列属于有限空间的区域是(　　)。

A. 员工宿舍　　B. 办公室　　C. 配电室　　D. 污泥贮存或处理设施

答案：D

38. 为保证设备操作者的安全，设备照明灯的电压应选(　　)。

A. 380V　　B. 220V　　C. 110V　　D. 36V 以下

答案：D

39. 电分强电和弱电。下列关于电的说法正确的是(　　)。

A. 强电和弱电开关等元件可通用　　B. 弱电开关等元件不可用在强电电路

C. 开关不分强弱　　D. 弱电开关等元件可用在强电电路

答案：B

40. 安装使用漏电保护器属于安全技术措施中的(　　)。

A. 基本安全措施　　B. 辅助安全措施　　C. 绝对安全措施　　D. 应急安全措施

答案：A

41. 下列有关使用漏电保护器的说法，正确的是(　　)。

A. 漏电保护器既可用来保护人身安全，还可用来对低压系统或设备的对地绝缘状况起到监督作用

B. 漏电保护器安装点以后的线路不可对地绝缘

C. 漏电保护器在日常使用中不可在通电状态下按动实验按钮来检验其是否可靠

D. 漏电保护器对两相触电起保护作用

答案：A

42. 火灾初起阶段是扑救火灾(　　)的阶段。

A. 最不利　　B. 最有利　　C. 较不利　　D. 无影响

答案：B

43. 实验楼因出现火情发现浓烟已蹿入实验室内时，下列行为正确的是(　　)。

A. 沿地面匍匐前进，当逃到门口时，不要站立开门

B. 打开实验室门后不用随手关门

C. 从楼上向楼下外逃时可以乘电梯

D. 躲到柜子底下，不要动

答案：A

44. 我国消防宣传活动日是每年的(　　)。

A. 11 月 9 日　　B. 1 月 19 日　　C. 9 月 11 日　　D. 9 月 10 日

答案：A

45. 在火灾逃生方法中，下列说法错误的是(　　)。

A. 用湿毛巾捂着嘴巴和鼻子　　B. 弯着身子快速跑到安全地点

C. 躲在床底下，等待消防人员救援　　D. 立刻从最近的消防通道跑到安全地点

答案：C

46. 违反《中华人民共和国消防法》行为，构成犯罪的，应(　　)。

A. 依法行政处罚　　B. 依法追究刑事责任　　C. 罚款或拘留　　D. 依法处分

答案：B

47. 由于行为人的过失引起火灾，造成严重后果的行为，构成(　　)。

A. 纵火罪　　B. 失火罪　　C. 重大责任事故罪　　D. 玩忽职守罪

答案：B

48. 贮存可燃物资仓库的管理，必须执行国家有关(　　)。

A. 消防安全　　B. 物资安全　　C. 劳动安全　　D. 房屋管理

答案：A

49. 压力表与压力容器的接管上装设的三通旋塞阀应设在(　　)管道上。

A. 水平　　B. 垂直　　C. 水平和垂直　　D. 任意

答案：B

50. 需要将硫酸、氢氟酸、盐酸和氢氧化钠各一瓶从化学品柜搬到通风橱内，正确的方法是(　　)。

A. 硫酸和盐酸同一次搬运，氢氟酸和氢氧化钠同一次搬运

B. 硫酸和氢氟酸同一次搬运，盐酸和氢氧化钠同一次搬运

C. 硫酸和氢氧化钠同一次搬运，盐酸和氢氟酸同一次搬运

D. 硫酸和盐酸同一次搬运，氢氟酸、氢氧化钠分别单独搬运

答案：D

51. 实验室电气设备所引起的火灾，应(　　)。

A. 用水灭火　　B. 用二氧化碳或干粉灭火器灭火

C. 用泡沫灭火器灭火　　D. 以上均正确

答案：B

52. 废弃的有害固体药品，应(　　)。

A. 直接丢弃在生活垃圾处　　B. 经处理解毒后，才可丢弃在生活垃圾处

C. 收集起来由专业公司处理　　D. 经处理解毒后可自行处理

答案：C

53. 可以在化学实验室穿着的鞋是(　　)。

A. 凉鞋　　B. 高跟鞋　　C. 拖鞋　　D. 球鞋

答案：D

54. 关于重铬酸钾洗液，下列说法错误的是(　　)。

A. 将化学反应用过的玻璃器皿不经处理，直接放入重铬酸钾洗液浸泡

B. 浸泡玻璃器皿时，不可以将手直接插入洗液缸里取放器皿

C. 从洗液中捞出器皿后，立即放进清洗杯，避免洗液滴落在洗液缸外等处，然后马上用水连同手套一起清洗

D. 取放器皿应戴上专用手套，但仍不能在洗液里停留过长时间

答案：A

55. 关于紫外线消毒，下列说法错误的是(　　)。

A. 紫外线消毒设备可以是固定式的，也可以是活动式的，但距离被照射物不超过 1.2m 为宜

B. 紫外线消毒方便实用，但不能彻底灭菌，特别是对细菌的芽孢杀灭效果较差
C. 紫外线对人体有伤害作用，不可直视，更不能在开着的紫外灯下工作
D. 紫外线可用于所有病原微生物的消毒
答案：D
56. 下列关于二级生物安全防护实验室的注意事项中，错误的是(　　)。
A. 必须使用生物安全柜等专用安全设备
B. 工作人员在做实验时应穿工作服，戴防护眼镜
C. 工作人员手上只有在皮肤破损或皮疹时，才应戴手套
D. 必须具备喷淋装置、洗眼器等应急防护设施
答案：C
57. 在微生物实验中，一些污染或盛有有害细菌和病毒的器皿，可(　　)。
A. 不需要经消毒和高压灭菌处理后就再利用
B. 不需要经消毒和高压灭菌处理后就直接弃掉
C. 经消毒和高压灭菌处理后，再利用
D. 消毒后直接丢弃
答案：C
58. 下列试剂不用分开保存的是(　　)。
A. 乙醚与高氯酸　　B. 苯与过氧化氢　　C. 丙酮与硝基化合物　　D. 浓硫酸与盐酸
答案：D
59. 下列不属于危险化学品的是(　　)。
A. 汽油、易燃液体
B. 放射性物品
C. 氧化剂、有机过氧化物、剧毒药品和感染性物品
D. 氯化钾
答案：D
60. 下列说法错误的是(　　)。
A. 丙酮、乙醇都有较强的挥发性和易燃性，二者不能在任何有明火的地方使用
B. 丙酮会对肝脏和大脑造成损害，因此应避免吸入丙酮气体
C. 强酸强碱等不能与身体接触
D. 弱酸弱碱在使用中可以与身体接触
答案：D
61. 下列不是发生爆炸的基本因素的是(　　)。
A. 温度　　B. 压力　　C. 湿度　　D. 着火源
答案：C

二、多选题

1. 危险源的有效防范应利用(　　)消除、控制危险源，防止事故发生，造成人员伤害和财产损失。
A. 工程技术控制　　B. 个人行为控制　　C. 安全教育培训
D. 管理手段　　E. 日常安全检查
答案：ABD
2. 有限空间内有毒有害气体物质主要来自(　　)。
A. 贮存的有毒化学品残留、泄漏或挥发
B. 某些生产过程中有物质发生化学反应产生的有毒物质，如有机物分解产生硫化氢
C. 某些相连或接近的设备或管道的有毒物质渗漏或扩散
D. 作业过程中引入或产生有毒物质，如焊接、喷漆或使用某些有机溶剂进行清洁
E. 因通风使有毒气体扩散

答案：ABCD

3. 有限空间作业必须配备个人防中毒、窒息等防护装备，设置安全警示标志，严禁无防护监护措施作业。现场要备足救生用的安全带、防毒面具、空气呼吸器等防护救生器材，并确保器材处于有效状态。安全防护装备包括(　　)、应急救援设备和个人防护用品。

A. 作业指导书　B. 通风设备　C. 照明设备　D. 通信设备

答案：BCD

4. 危险化学品使用人员必须做到(　　)。

A. 了解危险化学品的特性

B. 正确穿戴、使用各种安全防护用品

C. 做好个人安全防护工作

D. 严格按照危险化学品操作规程操作

答案：ABCD

5. 受阳光照射容易发生燃烧、爆炸的危险化学品，(　　)。

A. 不得存放在高温的地方

B. 必要时还应该采取降温措施

C. 必要时还应该采取隔热措施

D. 不得存放在露天的地方

答案：ABCD

6. 下列关于藉物救援的描述，正确的有(　　)。

A. 此法指救援者直接向落水者伸手将淹溺者拽出水面的救援方法

B. 救援者应尽量站在远离水面同时又能够到淹溺者的地方，将可延长距离的营救物如树枝、木棍、竹竿等物送至落水者前方，并嘱其牢牢握住

C. 此法适用于营救者距淹溺者的距离较近(数米之内)同时淹溺者还清醒的情况

D. 为避免坚硬物体给淹溺者造成伤害，应从淹溺者身侧横向移动将施救物交给淹溺者，不可将其直接伸向淹溺者胸前，以防将淹溺者刺伤

答案：BCD

7. 化验室必须建立危险化学品、剧毒物等管理制度，该类化学品的(　　)必须有严格的手续。

A. 申购　B. 贮存　C. 领取　D. 使用和销毁

答案：ABCD

8. 作业场所使用化学品是指可能使工人接触化学制品的任何作业活动，包括(　　)。

A. 化学品的生产、搬运、贮存、运输

B. 化学品废料的处置或处理

C. 作业活动导致的化学品排放

D. 化学品设备和容器的保养、维修和清洁

答案：ABCD

9. 危险化学品应当贮存在专门地点，由(　　)，不得与其他物资混合贮存，贮存方式方法与贮存数量必须符合国家标准。

A. 双人收发　B. 单人收存　C. 双人保管　D. 专人管理

答案：ACD

10. 消毒作业场所可能涉及的危险化学品有(　　)。

A. 次氯酸钠　B. 柠檬酸　C. 臭氧　D. 氯气

答案：ACD

11. 下列与空气能形成爆炸性混合物的是(　　)。

A. 氮气　B. 甲烷　C. 一氧化碳　D. 氢气

答案：BCD

12. 下列物质遇水或受潮时，会发生剧烈化学反应，放出大量的易燃气体和热量的是(　　)。

A. 铁　B. 钾　C. 钠　D. 铝

答案：BC

13. 危险化学品是指具有(　　)、助燃等性质，对人体、设施、环境具有危害的剧毒化学品和其他化学品。

A. 毒害　B. 腐蚀　C. 爆炸　D. 燃烧

答案：ABCD

14. (　　)可用来覆盖汞液面，防止汞蒸发。

A. 硫化钠　　B. 氯化钠　　C. 盐酸　　D. 硫黄

答案：AD

15. 职工应履行义务，在发现事故隐患和不安全因素后，应及时向(　　)报告。

A. 现场安全生产管理人员　　B. 上级领导　　C. 单位负责人

D. 班组长　　E. 任何管理人员

答案：AC

16. 进入重点防火防爆区禁止(　　)，重点部位设置防火器材。

A. 携带火种　　B. 携带打火机　　C. 穿铁钉鞋

D. 穿有静电的工作服　　E. 长发人员进入

答案：ABCD

17.《中华人民共和国突发事件应对法》将突发事件定义为突然发生，造成或者可能造成严重社会危害，需要采取应急处置措施予以应对的(　　)。

A. 自然灾害　　B. 事故灾难　　C. 公共卫生事件　　D. 社会安全事件

答案：ABCD

18. 膜清洗作业场所可能涉及的危险化学品有(　　)。

A. 次氯酸钠　　B. 柠檬酸　　C. 臭氧　　D. 氢氧化钠

答案：ABD

19.《化学品安全标签编写规定》中规定，安全标签用(　　)的组合形式，表示化学品所具有的危险性和安全注意事项。

A. 编码　　B. 图形符号　　C. 表格　　D. 文字

答案：ABD

20. 灭火器主要有(　　)。

A. 水型灭火器　　B. 空气泡沫灭火器　　C. 干粉灭火器　　D. 二氧化碳灭火器

答案：ABCD

三、判断题

1. 硫化氢是具有臭鸡蛋气味的有毒气体，能麻痹人的嗅觉，高浓度硫化氢能致人死亡。

答案：正确

2. 检测物品气味时，不可以直接对着容器口闻。

答案：正确

3. 仪器设备着火后不能使用水来灭火，应该使用二氧化碳灭火器灭火。

答案：正确

4. 发现火灾时，单位或个人应该先自救，当自救无效、火越着越大时，再拨打火警电话119。

答案：错误

5. 各种电源是否有电，可用试电笔检验。

答案：错误

6. 电气线路着火，要先切断电源，再用干粉灭火器或二氧化碳灭火器灭火，不可直接泼水灭火，以防触电或电气爆炸伤人。

答案：正确

7. 实验大楼出现火情时千万不要乘电梯，因为电梯可能停电或失控，同时又出现“烟囱效应”，电梯井常常成为浓烟的流通道。

答案：正确

8. 火灾发生后，受到火势威胁时，要当机立断披上浸湿的衣物、被褥等向安全出口方向冲去。

答案：正确

9. 火灾发生后，千万不要盲目跳楼，可利用疏散楼梯、阳台、窗口等逃生自救。也可用绳子或把床单、被套等撕成条状连成绳索，紧拴在窗框、铁栏杆等可靠的固定物上，用毛巾、布条等保护手心，顺绳滑下，或下到未着火的楼层进行逃生。

答案：正确

10. 消防工作的方针是：“预防为主，防消结合”，实行消防安全责任制。

答案：正确

11. 保险丝和空气开关可以有效地防止电气火灾。

答案：错误

12. 用电安全的基本要素有：电气设备绝缘良好、保证安全距离、线路与插座容量与设备功率相适宜、不使用三无产品。

答案：正确

13. 当电气设备发生火灾后，如果可能应当先断电后灭火。

答案：正确

14. 实验室必须配备符合本室要求的消防器材，消防器材要放置在明显或便于拿取的位置。严禁任何人以任何借口把消防器材移作他用。

答案：正确

15. 生物类实验室废弃物(包括动物残体等)，可以丢弃在普通垃圾箱内。

答案：错误

16. 一定强度的电场、磁场、电磁场都可能对人体造成损害。

答案：正确

17. 不得戴着实验防护手套开门、翻阅书籍、使用电脑。

答案：正确

18. 空调电源必须单独拉线，不得使用接线板。

答案：正确

19. 实验室气体钢瓶必须用铁链、钢瓶柜等固定，以防止倾倒引发安全事故。

答案：正确

20. 化学废液要回收并集中存放，不可倒入下水道。

答案：正确

21. 触电事故是因电流流过人体而造成的。

答案：正确

22. 在实验室同时使用多种电气设备时，其总用电量和分线用电量均应小于设计容量。

答案：正确

23. 实验室的电源总闸没有必要每天离开时都关闭，只要关闭常用电器的电源即可。

答案：错误

24. 移动某些非固定安装的电气设备时(如电风扇、照明灯)，可以不必切断电源。

答案：错误

25. 任何电气设备在未验明无电时，一律认为有电，不能盲目触及。

答案：正确

26. 当断线落地或大电流从接地装置流入大地时，若人站在附近则可能在两脚之间产生跨步电压。

答案：正确

27. 实验室必须妥善保管消防器材和防盗装置，并定期检查。消防器材不得移作他用，周围禁止堆放杂物。

答案：正确

28. 涉及生物安全性的动物实验，都必须在相应级别的生物安全实验室内进行。

答案：正确

29. 安全事故处理应本着先人后物的原则，果断、坚决地快速处置。

答案：正确

30. 进行需要戴防护眼镜的实验时，戴隐形眼镜的近视者可不戴防护眼镜。

答案：错误

31. 触电紧急救护时，首先应使触电者脱离电源，然后立即进行人工呼吸和心脏按压。

答案：正确

四、简答题

1. 简述常见的触电原因。

答：(1)违章冒险。

(2)缺乏电气知识。

(3)无意触摸绝缘损坏的带电导线或金属体。

2. 简述在危险源的防范措施中，管理方面控制危险源应建立的规章制度。

答：岗位安全生产责任制、危险源重点控制实施细则、安全操作规程、操作人员培训考核制度、日常管理制度、交接班制度、检查制度、信息反馈制度、危险作业审批制度、异常情况应急措施和考核奖惩制度等。

3. 简述火灾报警的方法。

答：(1)利用呼喊、警铃等平时约定的手段。

(2)利用广播。

(3)固定电话和手机。

(4)距离消防队较近的可直接派人到消防队报警。

(5)向消防部门报警。

4. 简述危险化学品安全技术说明书的定义。

答：化学品安全技术说明书是一份关于危险化学品燃爆、毒性和环境危害以及安全使用、泄漏应急处置、主要理化参数、法律法规等方面信息的综合性文件。

5. 简述使用易燃品的特殊安全操作规程。

答：(1)不许将易燃危险品放置在明火附近和实验地区附近。

(2)在贮存易燃物质的周围不应有明火作业。

(3)工作地点应有良好的通风，四周不可放置可燃性的物料。

(4)工作时要穿戴合理的防护器具，如护目镜、防护手套等。

(5)可燃的尤其是易挥发的可燃物，应存放在密闭的容器中，不许用无盖的开口容器贮存。

五、实操题

1. 简述消火栓的正确使用方法。

答：(1)打开消火栓门，取出水龙带、水枪。

(2)检查水带及接头是否良好，如有破损严禁使用。

(3)向火场方向铺设水带，避免扭折。

(4)将水带靠近消火栓端与消火栓连接，连接时将连接扣准确插入滑槽，按顺时针方向拧紧。

(5)将水带另一端与水枪连接(连接程序与消火栓连接相同)。

(6)连接完毕后，至少有2人握紧水枪，对准火场(勿对人，防止高压水伤人)。

(7)缓慢打开消火栓阀门至最大，对准火源根部进行灭火。

(8)进行消防水带连接，消防水带在套上消防水带接口时，须垫上一层柔软的保护物，然后用镀锌铁丝或喉箍扎紧。

(9)使用消防水带时，应将耐高压的消防水带接在离水泵较近的地方，充水后的消防水带应防止扭转或骤然折弯，同时应防止消防水带接口碰撞损坏。

(10)铺设消防水带时，要避开尖锐物体和各种油类，向高处垂直铺设消防水带时，要利用消防水带挂钩；通过交通要道铺设消防水带时，应垫上消防水带护桥；通过铁路时，消防水带应从轨道下面通过，避免消防水带被车轮碾坏而间断供水。

(11)严冬季节，在火场上需暂停供水时，为防止消防水带结冰，水泵应慢速运转，保持较小的出水量。

(12)消防水带使用后，要清洗干净。对输送泡沫的消防水带，必须细致洗刷，保护胶层。为了清除消防水带上的油脂，可用温水或肥皂洗刷。对冻结的消防水带首先要使之融化，然后清洗晾干；没有晾干的消防水带不应收卷存放。

第二节　理论知识

一、单选题

1. 下列选项中不属于化学反应的是(　　)。

A. 中和反应　B. 氧化还原反应　C. 核反应　D. 混凝反应

答案：C

2. 分析结果的准确度是指测得值与(　　)之间的符合程度。

A. 真实值　B. 平均值　C. 最大值　D. 最小值

答案：A

3. 在相同条件下，几次重复测定结果彼此相符合的程度称为(　　)

A. 准确度　B. 绝对误差　C. 相对误差　D. 精密度

答案：D

4. 作为水质指标，化学需氧量(COD)属于(　　)指标。

A. 生物性　B. 物理性　C. 化学性　D. 物理生物性

答案：C

5. 测定水中有机物的含量，通常用(　　)指标来表示。

A. 总有机碳(TOC)　B. 污泥体积指数(SVI)

C. 五日生化需氧量(BOD_5)　D. 混合液悬浮固体浓度(MLSS)

答案：C

6. 生物化学需氧量(BOD)表示污水及水体被(　　)污染的程度。

A. 悬浮物　B. 挥发性固体　C. 无机物　D. 有机物

答案：D

7. 下列数据中是4位有效数字的是(　　)。

A. 0.0376　B. 2.11　C. 0.07520　D. 88.0

答案：C

8. 几个数值相乘除时，小数点后的保留位数应以(　　)。

A. 小数点后位数最多的确定　B. 小数点后位数最少的确定

C. 小数点后位数的平均值确定　D. 没有一定要求

答案：B

9. 下列方法中可以减小分析中的偶然误差的是(　　)。

A. 进行空白试验　B. 进行仪器校正

C. 进行分析结果校正　D. 增加平行试验次数

答案：D

10. 0.0027的有效数字有(　　)。

A. 5位　B. 4位　C. 3位　D. 2位

答案：D

11. 下列论述正确的是(　　)。

A. 精密度高，准确度一定高　B. 准确度高，一定要求精密度高

C. 精密度高，系统误差一定小　D. 准确度高，系统误差可能大

答案：B

12. 一组测定值的精密度高，但准确度不高，是由于(　　)。

A. 操作失误　B. 记录错误　C. 随机误差大　D. 仪器设备未校准

答案：D

13. 下列关于中和反应的说法错误的是(　　)。

A. 中和反应要放出热量　　B. 中和反应一定有盐生成

C. 中和反应一定有水生成　　D. 酸碱中和反应完全后溶液的 pH = 0

答案：D

14. TOC 是指(　　)。

A. 总需氧量　　B. 生化需氧量　　C. 化学需氧量　　D. 总有机碳含量

答案：D

15. 污水物理指标不包括(　　)。

A. pH　　B. 温度　　C. 色度　　D. 臭味

答案：A

16. BOD_5 是(　　)时和 5d 时间内培养好氧微生物降解有机物所需要的氧量。

A. 15℃　　B. 20℃　　C. 25℃　　D. 30℃

答案：B

17. BOD 的测定，水温对生物氧化反应速度有很大影响，一般以(　　)为标准。

A. 常温　　B. 10℃　　C. 30℃　　D. 20℃

答案：D

18. 水样采集是指通过采集(　　)的一部分来反映被采样体的整体全貌。

A. 很少　　B. 较多　　C. 有代表性　　D. 数量一定

答案：C

19. TKN 是指水中有机氮与(　　)之和。

A. 氨氮　　B. 亚硝态氮　　C. 硝态氮　　D. 蛋白质

答案：A

20. 总凯氏氮(TKN)不包括(　　)。

A. 氨氮　　B. 亚硝酸盐氮、硝酸盐氮

C. 有机氮　　D. 氨氮、有机氮

答案：B

21. 下列国际单位制中基本单位的表示符号，正确的是(　　)。

A. 米的表示符号 M　　B. 秒的表示符号 S

C. 安培的表示符号 a　　D. 千克的表示符号 kg

答案：D

22. 臭味的测定方法是(　　)。

A. 气相色谱法　　B. 人的嗅觉器官判断　　C. 稀释法　　D. 吸附-气相色谱法

答案：B

23. 正常情况下，废水经二级处理后，BOD 去除率可达(　　)以上。

A. 30%　　B. 50%　　C. 70%　　D. 90%

答案：D

24. 污水中总固体量(TS)是把一定量水样在温度为(　　)的烘箱中烘干至恒重所得的质量。

A. 100~105℃　　B. 105~110℃　　C. 110~115℃　　D. 180℃以上

答案：B

25. 用指示电极测溶液的某组分离子，是因为指示电极的电位与溶液中(　　)呈线性关系。

A. 酸度　　B. pH　　C. 总离子浓度　　D. 被测定离子活度

答案：D

26. 水溶液中 H^+ 的浓度大于 OH^- 的浓度，该溶液叫作(　　)。

A. 酸性溶液　　B. 中性溶液　　C. 碱性溶液　　D. 饱和溶液

答案：A

27. 欲配制 pH 为 10.0 的缓冲溶液，应选择的较为合适的物质是(　　)。

A. 乙酸　　B. 氨水　　C. 氢氧化钠　　D. 盐酸

答案：B

28. 在 1L 浓度为 0.110mol/L 盐酸溶液中需加(　　)水，方能得到 0.100mol/L 的盐酸溶液。

A. 10mL　　B. 50mL　　C. 100mL　　D. 200mL

答案：C

29. 下列物质，能导电的是(　　)。

A. 石灰水　　B. 乙醇　　C. 固体碳酸钙　　D. 碳酸钙饱和溶液

答案：A

30. 测得水样两份，pH 分别为 6.0 和 9.0，它们的氢离子活度相差(　　)。

A. 1000 倍　　B. 3 倍　　C. 30 倍　　D. 300 倍

答案：A

31. 溶液的 pH 与 pOH 之和是(　　)。

A. 12　　B. 14　　C. 10　　D. 13

答案：B

32. 中和反应的实质是(　　)。

A. $H^+ + OH^- = H_2O$　　B. pH 改变　　C. 生成盐类物质　　D. 化合价不变

答案：A

33. 在 25℃时，标准溶液与待测溶液的 pH 变化一个单位，电池电动势的变化为(　　)。

A. 0.058V　　B. 0.58V　　C. 0.059V　　D. 0.59V

答案：C

34. 悬浮物是指颗粒直径约为(　　)mm 以上的微粒。

A. 10^{-6}　　B. 10^{6}　　C. 10^{-4}　　D. 10^{4}

答案：C

35. 水低于(　　)以后体积增大。

A. 2℃　　B. 3℃　　C. 4℃　　D. 5℃

答案：C

36. 在难溶物质溶液中，加入强电解质后，沉淀溶解度增大的现象为(　　)。

A. 同离子效应　　B. 盐效应　　C. 酸效应　　D. 配位效应

答案：B

37. 测定水的总硬度时，需控制溶液的 pH 为(　　)。

A. 10.0　　B. 8.0　　C. 9.0　　D. 11.0

答案：A

38. 当 pH>8.3 时，水中没有(　　)。

A. CO_3^{2-}　　B. HCO_3^-　　C. CO_2　　D. H_2CO_3

答案：C

39. 若分析结果的精密度高，准确度却很差，可能是(　　)引起的。

A. 称样量有差错　　B. 使用试剂的纯度不够

C. 操作中有溶液溅失现象　　D. 读数有误差

答案：B

40. 一个氧化还原反应的平衡常数可衡量该反应的(　　)。

A. 方向　　B. 速度　　C. 完全程度　　D. 可逆程度

答案：C

41. 已知某溶液可能是由盐酸、磷酸、磷酸二氢钠或它们的混合物组成，现用浓度为 c 的氢氧化钠溶液滴定，用甲基橙做指示剂需 AmL，同样的试样用酚酞做指示剂需 BmL($2A$mL)，则溶液的组成可能是(　　)。

A. 磷酸　　B. 磷酸+磷酸二氢钠

C. 盐酸+磷酸　　D. 盐酸+磷酸二氢钠

答案：A

42. 水中钙离子和镁离子的总含量是指(　　)。

A. 钙硬度　　B. 总硬度　　C. 镁硬度　　D. 碳硬度

答案：B

43. 对于同一溶液，温度一定时，(　　)值是不变的。

A. 电导率　　B. 电导　　C. 电阻　　D. 电容

答案：A

44. 下列关于氯气的描述中，正确的是(　　)。

A. 氯气以液态形式存在时，可称为液氯　　B. 氯气不能与非金属反应

C. 氯气无毒　　D. 氯气有杀菌消毒作用

答案：A

45. 王水是(　　)的混合物。

A. 盐酸和硝酸　　B. 硫酸和盐酸　　C. 硝酸和硫酸　　D. 盐酸和磷酸

答案：A

46. 氢氧化钠中常含有少量的碳酸钠，是因为其具有很强的(　　)。

A. 碱性　　B. 氧化性　　C. 吸湿性　　D. 还原性

答案：C

47. 下列物质中，碱性最强的是(　　)

A. 碳酸钠　　B. 氯化钠　　C. 氢氧化钠　　D. 硝酸钠

答案：C

48. 甲基橙指示剂的变色范围是 pH=(　　)。

A. 2.0~3.1　　B. 3.1~4.4　　C. 4.0~6.0　　D. 5.0~7.0

答案：B

49. 莫尔法用于测定(　　)。

A. Cl^-和 Br^-　　B. Ag^+　　C. CrO_4^{2-}　　D. SCN^-

答案：A

50. 10.140 是(　　)位有效数字。

A. 5　　B. 4　　C. 3　　D. 6

答案：A

51. 定量分析工作要求测定结果的误差(　　)。

A. 越小越好　　B. 等于零　　C. 在允许误差范围之内　　D. 小于 2%

答案：C

52. 目视比色法中，常用的标准系列法是比较(　　)。

A. 入射光的强度　　B. 溶液对白光的吸收情况

C. 一定厚度溶液的颜色深浅　　D. 透过光强度

答案：C

53. 确认测量数据达到预定目标的步骤称为(　　)。

A. 质量分析　　B. 质量保证　　C. 质量确认　　D. 质量目标

答案：B

54. 下列指示剂中，属于酸碱滴定指示剂的是(　　)。

A. 二甲酚橙　　B. 铬黑 T　　C. 甲基红　　D. 钙指示剂

答案：C

55. 测定水样的 COD 值时，如不能及时分析，必须用(　　)将水样的 pH 调至小于 2 并加以保存，必要时应在 0~5℃条件下保存，在 48h 内测定。

A. 盐酸　　B. 硝酸　　C. 硫酸　　D. 磷酸

答案：C

56. 酸与碱发生的反应属于(　　)。

A. 置换反应　　B. 分解反应　　C. 中和反应　　D. 氧化-还原反应

答案：C

57. 造成酸雨的主要物质是空气中的(　　)。

A. 二氧化碳　　B. 氮气　　C. 硫的氧化物　　D. 一氧化碳

答案：C

58. 电位滴定法的氧化还原滴定(如卡尔费休法测定水含量)中通常采用(　　)电极做指示电极。

A. 铂　　B. 银　　C. 饱和甘汞　　D. pH

答案：A

59. 正确填写化验数据，原始记录的方法是(　　)。

A. 可先记录在白纸上再抄到原始记录本上

B. 化验同时记录在原始记录本上，不应事后抄到本上

C. 先填写在化验单上，再抄到原始记录本上

D. 可先记录在草稿纸上，再抄到原始记录本上

答案：B

60. 硫酸要装在(　　)中保存。

A. 塑料瓶　　B. 玻璃瓶　　C. 金属瓶　　D. 以上均正确

答案：B

61. 盐酸滴定碳酸钠时，用(　　)可滴定至第二化学计量点。

A. 酚酞　　B. 百里酚酞　　C. 甲基红　　D. 甲基橙

答案：D

62. 称取烘干的基准物碳酸钠 0.1500g，溶于水，以甲基橙作为指示剂，用盐酸标准滴定溶液滴定至终点，消耗 25.00mL，则盐酸的浓度为(　　)。

A. 0.0566mol/L　　B. 0.1132mol/L　　C. 0.1698mol/L　　D. 0.2264mol/L

答案：B

63. 高锰酸钾法通常使用的滴定指示剂属于(　　)。

A. 专属指示剂　　B. 氧化还原指示剂　　C. 自身指示剂　　D. 酸碱指示剂

答案：C

64. 碱度表示水中含 OH^-、CO_3^{2-}、(　　)量及其他一些弱酸盐类量的总和。

A. CL^-　　B. HCO_3^-　　C. NO_3^-　　D. SO_4^{2-}

答案：B

65. 氨-氯化铵缓冲溶液缓冲 pH 范围是(　　)。

A. 8~11　　B. 4~6　　C. 5~7　　D. 11~13

答案：A

66. 下列是大气水的是(　　)。

A. 海洋　　B. 江　　C. 河　　D. 雨或雪

答案：D

67. 我国的化学试剂按用途可分为(　　)等级。

A. 1 个　　B. 2 个　　C. 3 个　　D. 4 个

答案：C

68. 氧化还原滴定是基于溶液中氧化剂和还原剂之间的(　　)进行的。

A. 离子移动　　B. 分子作用　　C. 电子转移　　D. 质子转移

答案：C

69. 测定水的硬度时，若冬季水温较低，络合反应速度较慢，可将水样预先加热至(　　)后进行滴定。

A. 20~30℃　　B. 30~40℃　　C. 40~50℃　　D. 50~60℃

答案：B

70. 测定水的硬度时，常运用(　　)作为指示剂。

A. 铬黑 T　　B. 酸性铬蓝 K　　C. 二苯胺(D. P. A)　　D. 酚酞

答案：A

71. 测硬度时所用的主要药品是(　　)

A. 甲基橙指示剂　　B. 氢氧化钠溶液　　C. EDTA 溶液　　D. 酚酞指示剂

答案：C

72. 在一定温度下，难溶化合物在其饱和溶液中，各离子浓度的乘积是一个常数，称为(　　)。

A. 稳定常数　　B. 平衡常数　　C. 电离常数　　D. 溶度积常数

答案：D

73. EDTA 与金属离子配合的特点是不论金属离子是几价的，多是以(　　)的关系配合。

A. 2∶1　　B. 1∶1　　C. 1∶2　　D. 1∶3

答案：B

74. 标定盐酸标准溶液的基准物质是(　　)。

A. 基准碳酸钠　　B. 基准邻甲二甲酸氢钾

C. 优级纯氢氧化钠　　D. 优级纯氢氧化钾

答案：A

75. 电位法测溶液的 pH，就是用电极(　　)测量溶液中氢离子的活度。

A. 直接　　B. 间接　　C. 计算　　D. 大致

答案：A

76. 高锰酸钾不能用作基准物，是因为其(　　)。

A. 稳定性不好　　B. 摩尔质量不大　　C. 不易提纯　　D. 不易溶解

答案：C

77. 电位滴定法实际上是借助(　　)电位的变化而不用指示剂来确定滴定终点的方法。

A. 指示电极　　B. 参比电极　　C. 混合电极　　D. 标准电极

答案：A

78. 某种无色溶液，加入淀粉指示剂呈蓝色，说明此溶液中有(　　)。

A. 碘单质(I_2)　　B. 溴单质(Br_2)　　C. 碘化钾　　D. 硫化氢

答案：A

79. 不遵循操作规程所造成的误差称为(　　)。

A. 系统误差　　B. 过失误差　　C. 随机误差　　D. 偶然误差

答案：B

80. 下列物质中，能导电的是(　　)。

A. 石灰水　　B. 酒精　　C. 固体碳酸钙　　D. 汽油

答案：A

81. 优级纯的化学试剂纯度需要达到(　　)以上。

A. 95%　　B. 99%　　C. 99.50%　　D. 99.95%

答案：D

82. 称取 4.0g 氢氧化钠固体，配成 1000mL 水溶液，这时氢氧化钠溶液物质的量浓度是(　　)。

A. 0.40%　　B. 0.1mol/mL　　C. 0.1mol/L　　D. 0.01mol/L

答案：C

83. 浓硫酸对纸、木、布等有机物能起碳化作用，是由于其(　　)缘故。

A. 还原性　　B. 氧化性　　C. 酸性　　D. 腐蚀性

答案：B

84. 绝对纯净的化学试剂是没有的，所有的化学试剂都会含一定量的杂质，我们应该根据分析的要求，选择(　　)的化学试剂。

A. 纯度越高越好　　B. 所含杂质不影响测试

C. 所含杂质影响测试　　D. 杂质越少越好

答案：B

85. 国际标准化组织的标准代号是(　　)。

A. GB　　B. ISO　　C. IP　　D. ASTM

答案：B

86. 下列物质中，(　　)是易燃物。

A. 盐酸　　B. 乙醚　　C. 氨气　　D. 四氯化碳

答案：B

87. 下列物质中，具有强氧化性的是(　　)。

A. 重铬酸钾　　B. 硫酸铜　　C. 碳酸钙　　D. 硫酸铁

答案：A

88. 活性炭是(　　)吸附剂，它的吸附主要由范德华力引起。

A. 非极性　　B. 极性　　C. 酸性　　D. 弱极性

答案：A

89. 符合正态分布的测定值，其误差绝对值(　　)，出现的概率大。

A. 小　　B. 大　　C. 很大　　D. 无穷大

答案：A

90. $Fe_2O_3 \cdot nH_2O$ 胶体沉淀，应选用(　　)定量滤纸。

A. 快速　　B. 中速　　C. 慢速　　D. 都可以

答案：A

91. 将 pH=1.0 与 pH=3.0 的两种强电解质溶液以等体积混合后溶液的 pH 为(　　)。

A. 2.0　　B. 1.3　　C. 4.0　　D. 3.0

答案：B

92. 间接标定的系统误差(　　)直接标定的系统误差。

A. 大于　　B. 等于　　C. 小于　　D. 无法判断

答案：A

93. 国际单位制中，物质的量单位名称为摩尔，符号为(　　)。

A. m　　B. mol　　C. kg　　D. kg/mol

答案：B

94. 碘量法测硫化物，加入碘液和硫酸后，溶液为无色，说明硫化物含量(　　)。

A. 较低　　B. 为零　　C. 适中　　D. 较高

答案：D

95. 硫酸钡在下列溶液中溶解度最大的是(　　)。

A. 0.01mol/L 硫酸溶液　　B. 水　　C. 0.10mol/L 硫酸溶液　　D. 0.01mol/L 硫酸钠溶液

答案：B

96. 以重铬酸钾法测定 COD 时的催化剂是(　　)。

A. 硫酸汞　　B. 硫酸铜　　C. 硫酸银　　D. 硝酸汞

答案：C

97. 配制浓度等于或低于(　　)的标准溶液时，应于临用前将浓度高的标准溶液用煮沸并冷却的蒸馏水稀释，必要时重新标定。

A. 0.06mol/L　　B. 0.04mol/L　　C. 0.02mol/L　　D. 0.01mol/L

答案：C

98. 暂时硬水煮沸后的水垢主要是(　　)。

A. 碳酸钙　　B. 碳酸镁　　C. 碳酸钙和碳酸镁　　D. 碳酸氢钙和碳酸镁

答案：C

99. 为避免非晶体沉淀形成胶体溶液，可采用(　　)的手段。
A. 陈化　　B. 加热并加入电解质
C. 在稀溶液中沉淀　　D. 在浓溶液中沉淀
答案：B
100. 水中挥发酚要在(　　)条件下，保持100℃蒸馏，随水蒸气带出。
A. 酸性　　B. 中性　　C. 碱性　　D. 弱碱性
答案：A
101. 对于溶解度小而又不易形成胶体的沉淀，可以用(　　)洗涤。
A. 蒸馏水　　B. 稀盐酸　　C. 稀硝酸　　D. 热蒸馏水
答案：A
102. 玻璃电极在使用前应在蒸馏水中浸泡(　　)以上。
A. 1h　　B. 5h　　C. 24h　　D. 48h
答案：C
103. 测定(　　)水样应定容采样。
A. COD　　B. 悬浮物　　C. 挥发酚　　D. 氨氮
答案：B
104. 使用0.01mol/L盐酸滴定0.01mol/L氢氧化钠溶液时，应选用(　　)做指示剂。
A. 甲基橙　　B. 甲基红　　C. 中性红　　D. 甲基紫
答案：B
105. 配制碘液时，需加入(　　)使碘液稳定。
A. 氯化钠　　B. 氯化钾　　C. 碘化钾　　D. 碘化银
答案：C
106. 基准物的纯度要求达到(　　)以上。
A. 90.00%　　B. 95.00%　　C. 99.00%　　D. 99.90%
答案：D
107. 测得某溶液的pH为7.0，其氢离子活度为(　　)。
A. 70mol/L　　B. 1/7mol/L　　C. 1×10^{-7}mol/L　　D. 7mol/L
答案：C
108. 悬浮物是指水样通过滤膜，截留在滤膜上并于(　　)烘干至恒重的固体物。
A. 100~105℃　　B. 100~110℃　　C. 103~105℃　　D. 105~110℃
答案：C
109. 测得某溶液的pH为6.0，则该溶液的pOH为(　　)。
A. 8.0　　B. 4.0　　C. 6.0　　D. 10.0
答案：A
110. 碳酸氢钠在270~300℃灼烧1~2h，干燥后固体组分为(　　)。
A. 碳酸氢钠　　B. 碳酸钠　　C. 氢氧化钠　　D. 氧化钠
答案：B
111. 标定盐酸溶液时，应使用的基准物是(　　)。
A. 草酸　　B. 碳酸钠　　C. 草酸钠　　D. 重铬酸钾
答案：B
112. 高锰酸钾溶液吸收的光是(　　)。
A. 蓝色光　　B. 白色光　　C. 绿色光　　D. 红色光
答案：C
113. 用重铬酸钾法测定COD值时，反应须在(　　)沸腾回流2h的条件下进行。
A. 中性　　B. 强酸性　　C. 碱性　　D. 弱碱性
答案：B

114. 酸度计测定溶液 pH 时，使用(　　)作为参比电极。
A. 铂电极　B. 玻璃电极　C. 甘汞电极　D. 银电极
答案：C
115. 当滴定剂与被测物的反应速度较慢或缺乏合适的指示剂时，可采用(　　)方式。
A. 直接滴定　B. 置换滴定　C. 返滴定　D. 沉淀滴定
答案：C

二、多选题

1. 天然水中有(　　)。
A. 悬浮杂质　B. 胶体杂质　C. 气体杂质　D. 离子杂质
答案：ABCD
2. 从机理来看，水体自净是由(　　)组成的。
A. 物理净化过程　B. 化学过程　C. 物理化学过程　D. 生物净化过程
答案：ABCD
3. 测定水的硬度，主要是测定水中(　　)的含量。
A. 钙离子　B. 铝离子　C. 镁离子　D. 铁离子
答案：AC
4. 水的预处理一般包括(　　)。
A. 加热　B. 混凝　C. 澄清　D. 过滤
答案：BCD
5. 沉淀滴定法适用于测定(　　)。
A. 氯离子　B. 溴离子　C. 硫氰酸离子　D. 碘离子
答案：ABCD
6. 下列属于浓度单位的是(　　)。
A. kg　B. kg/L　C. g/mL　D. mol/L
答案：BCD
7. 精密度常用(　　)来表示。
A. 偏差　B. 标准偏差　C. 相对标准偏差　D. 误差
答案：BC
8. 水样存放与运送时，应注意检查的点包括(　　)。
A. 水样容器是否封闭严密　B. 水样容器是否贴好标签
C. 是否有防冻措施　D. 水样容器是否放在不受阳光直射的阴凉处
答案：ABCD
9. 影响电导率测定的因素有(　　)。
A. 温度　B. 电导池电极极化
C. 电极系统的电容　D. 样品中可溶性气体
答案：ABCD
10. 分析常用的仪器包括(　　)。
A. 容量瓶　B. 滴定管　C. 移液管　D. 锥形瓶
答案：ABCD
11. 纯水是一种(　　)的液体。
A. 无嗅　B. 无色　C. 无味　D. 透明
答案：ABCD
12. 下列各组物质中，不属于同一种物质的是(　　)。
A. 冰和干冰　B. 煤气和沼气　C. 石灰石和生石灰　D. 乙醇和酒精
答案：ABC

13. 定量分析中产生误差的原因包括(　　)。
A. 方法误差　　B. 仪器误差　　C. 试剂误差　　D. 操作误差
答案：ABCD
14. 水的物理性水质指标包括(　　)。
A. pH　　B. 电导率　　C. COD　　D. 总固体(TS)
答案：BD
15. 重铬酸钾法测定 COD 属于(　　)的测定方法。
A. 配位滴定　　B. 氧化还原　　C. 酸碱滴定　　D. 容量分析法
答案：BD
16. 污水按照来源分类，可分为(　　)。
A. 生活污水　　B. 工业废水　　C. 初期雨水　　D. 地下水渗入
答案：ABCD
17. 下列物质中，不是混合物的是(　　)
A. 烧碱　　B. 磷酸三钠　　C. 石油　　D. 铁
答案：ABD
18. 下列说法正确的是(　　)。
A. 除了碳以外，氮是有机物中最主要的元素
B. 磷是微生物生长的重要营养元素
C. 处理生活污水一般不需要另外补充磷营养源
D. 过多的碳进入水体，将引起水体富营养化
答案：ABC
19. 下列不属于污水化学指标的是(　　)。
A. 电导率　　B. 固体含量　　C. COD　　D. pH
E. 重金属有毒物质　　F. 大肠菌群数　　G. 总有机碳
答案：ABF
20. 测定水中微量有机物的含量，通常用(　　)指标来说明。
A. BOD_5　　B. COD　　C. 总有机碳　　D. 溶解氧量(DO)
答案：AB
21. 总凯氏氮包括(　　)。
A. 氨氮　　B. 亚硝酸盐氮　　C. 硝酸盐氮　　D. 有机氮
答案：AD
22. 最常用的温标有(　　)。
A. 摄氏温度　　B. 华氏温度　　C. 绝对温度　　D. 相对温度
答案：ABC
23. 污水分为(　　)。
A. 生活污水　　B. 工业废水　　C. 初期雨水　　D. 灌溉用水
答案：ABC
24. 氨氮包括(　　)。
A. 游离氨　　B. 铵离子　　C. 凯氏氮　　D. 亚硝态氮
答案：AB
25. 下列属于污水的化学指标的是(　　)。
A. COD　　B. 总氮　　C. 总磷　　D. 浊度
答案：ABC
26. 磷的存在形态中有(　　)。
A. 正磷酸盐　　B. 聚磷酸盐　　C. 有机磷　　D. 游离态的磷
答案：ABC

27. 下列关于污水中指标的说法正确的是(　　)。
A. 污水中氨氮含量大于有机氮含量
B. 污水中总氮为凯氏氮和氨氮、硝酸盐氮、亚硝酸盐氮之和
C. 污水中凯氏氮含量大于氨氮含量
D. 污水中总固体包括悬浮固体(SS)、溶解性固体(DS)、挥发性固体(VS)
E. 水中低浓度悬浮颗粒和胶体数量影响浊度
F. 氧化还原电位大于零，污水处于好氧状态
答案：CE
28. 废水中含磷化合物可分为有机磷和无机磷两类。有机磷的存在形式主要有(　　)。
A. 葡萄糖-6-磷酸　B. 偏磷酸盐　C. 磷酸二氢盐　D. 2-磷酸-甘油酸
E. 正磷酸盐　F. 磷肌酸　G. 磷酸氢盐
答案：ADF
29. (　　)能较确切地代表活性污泥微生物的数量。
A. 污泥体积指数　B. 污泥沉降比(SV)
C. 混合液悬浮固体浓度　D. 混合液挥发性悬浮固体浓度(MLVSS)
答案：D
30. 污水中的污染物按其物理形态来分，可分为(　　)。
A. 悬浮状态　B. 胶体状态　C. 固液混合状态　D. 溶解状态
答案：ABD

三、判断题

1. 缓冲溶液是一种能对溶液酸碱度起稳定作用的试液，它能耐受进入其中的大量强酸或强碱以及用水稀释的影响而保持溶液 pH 基本不变。
答案：错误
2. pH=0 的溶液为中性溶液。
答案：错误
3. pH 越小，溶液的碱性越强；pH 越大，溶液的酸性越强。
答案：错误
4. 电离常数 K 值越大，表示弱电解质电离程度越大。
答案：正确
5. 电离常数和电离度都可以表示强电解质的相对强弱。
答案：错误
6. 碳酸钠和盐酸反应的离子方程式为：$2H^+ + CO_3^{2-} = H_2CO_3$
答案：错误
7. 电解质在水溶液中发生了离子互换反应，称为离子反应。
答案：正确
8. 在酸性溶液中 $c(H^+) < c(OH^-)$。
答案：错误
9. 在碱性溶液中，$c(H^+) > 10^{-7}$ mol/L。
答案：错误
10. 室温下，酸性溶液 pH<7，pH 越小，酸性越强。
答案：正确
11. pH 越大，酸性越强；pOH 越大，碱性越强。
答案：错误
12. 某溶液呈中性(pH=7)，这种溶液一定不含水解的盐。
答案：错误

13. 硫酸铝的水溶液呈碱性。

答案：错误

14. 盐的水解反应一定吸热，因为中和反应都放热。

答案：正确

15. 缓冲溶液是一种能对溶液酸碱性起稳定作用的试液。

答案：正确

16. 缓冲溶液的选用依据是所需控制的溶液的 pH。

答案：正确

17. 在氯化亚铁溶液中通入适量氯气后，再加入硫氰化钾溶液，则溶液颜色的变化为浅绿→无色→血红色。

答案：错误

18. 氯化铁是由铁和氯气直接化合得到的。

答案：错误

19. 氯气的水溶液叫作液氯。

答案：错误

20. 氯水在日光照射下会有气体逸出，这气体是溶解在水中的氯气。

答案：错误

21. 硝酸具有不稳定性，因此它要装于棕色瓶中并放在阴凉处保存。

答案：正确

22. 二氧化氮与水接触生成腐蚀性的硝酸，是形成酸雨的祸源。

答案：正确

23. 亚硝酸及亚硝酸盐只有还原性。

答案：错误

24. 五氧化二砷的酸性比三氧化二砷的弱，其水合物为砷酸。

答案：错误

25. 一氧化碳燃烧放出的热量比碳燃烧生成二氧化碳放出的热量少。

答案：错误

26. 通常市售的硝酸是硝酸的水溶液，含 68%～70%的硝酸，相当于 10mol/L。

答案：错误

27. 分析纯试剂的标签颜色是金光红色。

答案：正确

28. 在进行分析工作时，首先应了解物质的有关成分，然后根据欲测组分含量的要求来确定适当的定量分析方法。

答案：正确

29. 无机分析的对象是无机物，一般都是测定其离子或原子团来表示各组分的含量。

答案：正确

30. 一般定性分析采用半微量分析法，在化学分析中采用常量分析法。

答案：正确

31. 重量分析法和滴定分析法通常用于分析待测组分的含量小于 1%的测定。

答案：错误

32. 仪器分析法的优点是操作简单、快速，有一定的准确度，但灵敏度低。

答案：错误

33. 与其他分析法相比，分光光度法具有选择性较好、分析速度较快的特点。

答案：正确

34. 滴定分析法要求化学反应必须按化学反应式定量完成，必须达到 100%。

答案：错误

35. 滴定分析法按化学反应类型不同可分为酸碱滴定法、络合滴定法、氧化还原滴定法和沉淀法。

答案：错误

36. 因为重量分析法操作烦琐、时间长，所以进行水质分析时，实验室应尽量避免使用此法。

答案：正确

37. 如果水中 SO_4^{2-} 含量较高时，常用沉淀重量法测定，沉淀剂一般是氯化钡。

答案：正确

38. 真色是指溶解性物质和悬浮性物质两种物质综合造成的色度。

答案：错误

39. 用于测定色度的标准色列可以长期使用。

答案：错误

40. 测定色度的水样贮存于清洁玻璃瓶中，要尽快进行测定。

答案：正确

41. 测水样的色度时，要用白瓷板衬垫管底，自下向上比色。

答案：错误

42. 福尔马肼标准液是将硫酸溶液和 10% 六次甲基四胺溶液反应配制成的标准储备液。

答案：错误

43. 浊度是水中不同大小、密度、形状的悬浮物、胶体物质和微生物等杂质对光所产生效应的表达语。

答案：正确

44. 在氧化还原反应中，凡能失去电子的物质称为还原剂；凡能得到电子的物质称为氧化剂。

答案：正确

45. 指示剂的变色范围越宽越好。

答案：错误

46. 稀释或浓缩溶液的过程中，只是增减了溶剂，溶质的物质的量并没有改变。

答案：正确

47. 总酸度与 pH 是两个相同的概念。

答案：错误

48. pH 表示水的酸碱度情况，其范围是 1～12。

答案：错误

49. 偏差是指真值与实验值之间的差值。

答案：错误

50. 总硬度表示钙离子、镁离子含量之和。

答案：正确

51. pH 是表示溶液中氢氧根离子浓度的负对数。

答案：错误

52. 常用的滴定分析方法，可分为酸碱滴定法、沉淀滴定法、氧化还原滴定法和络合滴定法等。

答案：正确

53. 溶液的 pH 是其氢离子浓度的负对数值。

答案：正确

54. 以物质的物理、物理化学性质为基础的分析方法称化学分析。

答案：错误

55. Ca^{2+}、Mg^{2+} 和 HCO_3^- 所形成的硬度叫永久硬度。

答案：错误

四、简答题

1. 简述重量分析法和滴定分析法的优缺点。

答：重量分析法和滴定分析法通常用于高含量和中含量组分的测定，即待测组分的含量大于 1% 时。重量分析法准确度高，但操作烦琐，消耗时间较长，在常规分析中较少采用。滴定分析法操作简便、快速，所用仪器设备又很简单，测定结果的准确度也较高，因此在水质分析中得到广泛应用。

2. 简述仪器分析法的定义和分类。

答：仪器分析法是以物质的物理化学性质为基础并借用较精密的仪器测定被测物质含量的分析方法。它包括光学分析法、电化学分析法、色谱分析法和质谱分析法等。

3. 简述仪器分析的优缺点。

答：仪器分析的优点：操作简单、快速、灵敏度高，有一定的准确度，适用于生产过程中的控制分析及微量组分的测定。缺点：仪器价格较高，平时的维修要求较高，越是复杂精密的仪器，维护要求就越高。此外在进行仪器分析时，分析的预处理及分析的结果必须与已知标准做比较，而所用的标准往往须用化学分析方法进行测定。

4. 简述滴定分析法对化学反应的要求。

答：滴定分析法对化学反应的要求必须符合下列条件：

(1)反应必须按照化学反应式定量地完成，一般要求达到99%。这是定量计算的基础。

(2)反应必须迅速，要求能在瞬间完成。

(3)能用比较简便的方法确定等当点。

5. 简述滴定分析法的分类，并加以解释。

答：滴定分析法根据标准溶液和被测物质反应的类型不同，可分为下列4类：

(1)酸碱滴定法：利用质子传递反应进行测定的方法。

(2)沉淀滴定法：利用生成沉淀的反应进行测定的方法。

(3)络合滴定法：利用络合反应对金属离子进行测定的方法。

(4)氧化还原滴定法：利用氧化还原反应进行测定的方法。

6. 简述重量分析法的两种分析方法，并加以解释。

答：重量分析法包括沉淀法和气化法两种分析方法。沉淀法是重量分析法的主要方法。这种方法是在试液中加入适当过量的沉淀剂，将被测组分以难溶化合物的形式沉淀下来，将沉淀过滤，干燥或灼烧后称量，从称得的质量计算被测组分的含量。气化法则适用于测定挥发性的组分。通常是用加热或其他方法，使试样中某种组分以挥发性气体逸出，然后根据试样减少的质量计算该组分的含量；有时选择一定的吸收剂来吸收逸出的气体，根据吸收剂增加的质量来计算该组分的含量。

7. 简述重量分析法的特点。

答：重量分析法通常是用适当的方法将被测组分与试液中的其他组分分离，然后转化为一定的形式，用称量质量的方法测定该组分的含量。由于重量分析法直接用分析天平称量而获得分析结果，无须与基准物质相比较，如果分析方法可靠，操作细心，可以获得准确的结果。但是，重量分析须经沉淀、过滤、洗涤、灼烧和称量等手续，操作烦琐，费时较多。一般来说，若有其他方法可以代替，应尽量避免使用重量分析法。

8. 简述容量分析法的定义及原理。

答：容量分析法又称滴定分析法，其原理是：将一种已知准确浓度的试剂溶液(标准溶液)从滴定管滴加到被测物质的溶液中，直到所加的试剂与被测物质按化学计量关系定量反应完全，然后根据标准溶液的浓度和所滴加的体积，计算被测物质的含量。

9. 简述色度测定的意义及原理。

答：(1)测定意义：由于水中含有的杂质不同，其呈现的色度也不同。水中的色度分为真色和假色两种，由溶解状态的物质所产生的颜色，称为真色。由悬浮物质产生的颜色，称为假色。水分析中要求测定的色度是真色，所以测定色度前应先将水中的悬浮物质除去。

(2)测定原理：用氯铂酸钾和氯化钴配成铂-钴标准溶液，同时规定每升水中含1mg铂；以$(PtCl_6)^{2-}$形式存在时所具有的颜色作为一个色度单位，称为1度。用目视法比色测定水样的色度。

10. 简述余氯的定义，并说明余氯的几种存在形式。

答：余氯是指水经加氯消毒，接触一定时间后，余留在水中的氯。余氯有3种形式：总余氯，包括次氯酸、一氯胺及二氯胺等；化合余氯，包括一氯胺、二氯胺及其他氯胺类化合物；游离余氯，包括次氯酸和CO^-等。

11. 简述悬浮物杂质的主要特性。

答：悬浮物在动水中常呈悬浮状态，但在静水中可以分离出来，轻的上浮，重的下沉。地面水中无机物主要来源于水流冲刷挟带而引入的泥沙、大颗粒黏土或矿物质废渣等，它们是密度较大、易于下沉的杂质。有机悬浮物大的如草木，小的如水中某些浮游生物(如藻类、细菌或原生动物)的繁殖和死亡残骸等，也有来自废水的有机污染物。

12. 举例说明胶体杂质的分类。

答：胶体有2种：一种是由许多分子或离子聚集而成的低分子胶体，如天然水中硅酸胶体和黏土胶体等；另一种是高分子物质，如天然水中各种蛋白质和腐殖质等。前者大多是无机微粒；后者主要是水中有机物分解过程中的产物。此外，某些尺寸较小的细菌、病毒(尺寸为10~3000μm)及随生活污水或工业废水排入水体的其他有机物，大多也属于胶体范围。

13. 简述胶体颗粒的主要特性。

答：胶体颗粒的主要特性是在水中相当稳定，静置很长时间甚至数年也不会自然下沉；光线照射时即被散射而使水呈混浊现象。其中有机胶体颗粒往往使水带色，如腐殖质常使水呈黄绿色或褐色，甚至黑色。

14. 简述絮凝过程的两个阶段。

答：(1)水分子的布朗运动使水中脱稳颗粒可以相互接触而凝聚，通常称为异向凝聚。

(2)当颗粒粒径大于1μm时，依靠水流的紊动和流速梯度，使颗粒进行碰撞，结成大颗粒的矾花，称为同向凝聚。

五、计算题

1. pH=2.5和pH=4.5的两种溶液，哪种溶液酸性较强？前者的H^+浓度$c(H^+)$是后者的多少倍？

解：因pH<7，溶液显酸性，pH越小酸性越强，所以pH=2.5的溶液酸性较强。

$pH=-\lg c(H^+)=2.5$，$c(H^+)=10^{-2.5}mol/L$

$pH=-\lg c(H^+)=4.5$，$c(H^+)=10^{-4.5}mol/L$

$10^{-2.5}/10^{-4.5}=10^2=100$

答：pH=2.5的溶液酸性较强。pH=2.5的溶液的H^+浓度是pH=4.5的溶液的H^+浓度的100倍。

2. 室温下，甲溶液的pH=1，乙溶液中的OH^-的浓度$c(OH^-)=10^{-10}mol/L$，求甲乙两种溶液中H^+的物质的量浓度之比。

解：甲溶液的pH=1，所以其$c(H^+)=10^{-1}mol/L$。

乙溶液的$c(OH^-)=10^{-10}mol/L$，因为$c(H^+)c(OH^-)=10^{-14}$，所以乙溶液的H^+浓度为$10^{-4}mol/L$。

即甲溶液与乙溶液中H^+的物质的量浓度之比为$10^{-1}:10^{-4}=1000:1$。

答：甲溶液与乙溶液中H^+的物质的量浓度之比是1000∶1。

3. 在1L氢氧化钠溶液里含有0.04g氢氧化钠，求溶液的pH。

解：0.04g氢氧化钠相当于0.04/40=0.001mol。

这是1L溶液中含氢氧化钠的物质的量，即该氢氧化钠溶液的浓度为0.001mol/L。

氢氧化钠是强电解质，它在稀溶液中完全电离，所以$c(OH^-)=10^{-3}mol/L$。

根据溶度积常数$K=c(H^+)c(OH^-)=10^{-14}$，可知$c(H^+)=10^{-11}mol/L$。

$pH=-\lg c(H^+)=-\lg 10^{-11}=11$

答：此溶液的pH为11。

4. 测定水样中氯化物，5次测定结果为：78.2mg/L、81.8mg/L、80.5mg/L、79.9mg/L、82.4mg/L，试计算其平均值及测定值80.5的绝对偏差、相对偏差。

解：平均值$\bar{x}=(78.2+81.8+80.5+79.9+82.4)/5\approx 80.6mg/L$

绝对偏差$d_i=80.5-80.6=-0.1mg/L$

相对偏差$\delta=(-0.1/80.6)\times 100\%=-0.12\%$

答：平均值为80.6mg/L；测定值80.5的绝对偏差为-0.1mg/L，相对偏差为-0.12%。

5. 测定某水样中氯化物的含量，3次测定的结果分别为25.12mg/L、25.21mg/L、25.09mg/L，计算分析结果的平均偏差和相对平均偏差。

解：平均值$\bar{x}=(25.12+25.21+25.09)/3=25.14$

平均偏差 $\bar{d}=(|d_1|+|d_2|+|d_3|)/3=(0.02+0.07+0.05)/3\approx0.0467$

相对平均偏差 $\bar{d}(\%)=\bar{d}/\bar{x}\times100\%\approx0.186\%$

答：分析结果的平均偏差为 0.0467，相对平均偏差为 0.186%。

6. 标定高锰酸钾溶液时，准确量取 0.04961mol/L 的草酸溶液 25.00mL，用待标定的高锰酸钾溶液滴定到终点时，消耗高锰酸钾溶液 24.55mL，求高锰酸钾溶液的准确浓度。

解：反应式为 $2MnO_4^-+5H_2C_2O_4+6H^+ = 2Mn^{2+}+10CO_2\uparrow+8H_2O$

草酸的物质的量为 $n(H_2C_2O_4)=0.04961\times(25/1000)=0.001240mol$

相当于高锰酸钾的物质的量为 $n(KMnO_4)=0.001240\times(2/5)=0.0004960mol$

高锰酸钾的准确浓度为 $c(KMnO_4)=0.0004960\times(1000/24.55)=0.02020mol/L$

答：高锰酸钾的准确浓度为 0.02020mol/L。

7. 某试液中，银的含量是 8.1234g/L，而 3 次测定的结果分别为 8.1201g/L、8.1193g/L 和 8.1185g/L，分别求分析结果的绝对误差和相对误差。

解：平均值 $\bar{x}=(8.1201+8.1193+8.1185)/3=8.1193g/L$

绝对误差 $E=8.1193-8.1234=-0.0041g/L$

相对误差 $E_r=E/T=-0.0041/8.1234\times100\%\approx-0.050\%$

答：绝对误差为-0.0041g/L，相对误差为-0.050%。

8. 测定某试样中氯的含量，3 次测定结果分别为 25.12%、25.21% 和 25.09%，计算分析结果的平均偏差和相对平均偏差。

解：平均值 $\bar{x}=(25.12\%+25.21\%+25.09\%)/3=25.14\%$

平均偏差 $\bar{d}=(|d_1|+|d_2|+|d_3|)/3=(0.02\%+0.07\%+0.05\%)/3\approx0.047\%$

相对平均偏差 $\bar{d}(\%)=\bar{d}/\bar{x}\times100\%\approx0.19\%$

答：平均偏差为 0.047%，相对平均偏差为 0.19%。

9. 欲配制 0.05mol/L 的硝酸银溶液 2500mL，计算应称取硝酸银基准试剂的质量。（硝酸银的相对分子质量为 169.88。）

解：硝酸银的物质的量浓度为 $c(AgNO_3)=0.05mol/L$，则 2500mL 中硝酸银的物质的量为 $n(AgNO_3)=0.05\times(2500/1000)=0.125mol$。

硝酸银的质量为 $m(AgNO_3)=0.125\times169.88=21.2g$

答：应称取硝酸银基准试剂 21.2g。

10. 欲配制 0.025mol/L 的碳酸钠溶液 500mL，试计算应称取干燥的碳酸钠基准试剂的质量。（碳酸钠的相对分子质量为 106。）

解：碳酸钠溶液的物质的量浓度为 $c(Na_2CO_3)=0.025mol/L$，则 500mL 中碳酸钠的物质的量为 $n(Na_2CO_3)=0.025\times(500/1000)=0.0125mol$。

应称取的碳酸钠的质量为 $m(Na_2CO_3)=0.0125\times106=1.325g$。

答：应称取干燥的碳酸钠基准试剂 1.325g。

11. 欲配制 $c(1/6K_2Cr_2O_7)=0.1000mol/L$ 的重铬酸钾标准溶液 1500mL，试计算应称取干燥的重铬酸钾基准试剂的质量。（重铬酸钾的相对分子质量为 294.18。）

解：1500mL 重铬酸钾标准溶液中 $1/6K_2Cr_2O_7$ 的物质的量为 $n(1/6K_2Cr_2O_7)=0.1000\times(1500/1000)=0.15mol$。

则应称取的重铬酸钾基准试剂的质量为 $m(K_2Cr_2O_7)=0.15\times(294.18/6)=7.3545g$。

答：应称取干燥的重铬酸钾基准试剂 7.3545g。

12. 欲配制 0.1mg/mL 的铁标准溶液 250mL，试计算应称取的硫酸亚铁铵 $[Fe(NH_4)_2(SO_4)_2\cdot6H_2O]$ 的质量。（硫酸亚铁铵的相对分子质量为 392.13，铁的相对分子质量为 55.85。）

解：250mL 铁标准溶液中含铁的质量为 $m(Fe)=0.1\times250\times(1/1000)=0.025g$。

设应称取硫酸亚铁铵的质量为 $x(g)$，由 $M_r(Fe):M_r[Fe(NH_4)_2(SO_4)_2\cdot6H_2O]=55.85:392.13=0.025:x$，得 $x=392.13\times0.025/55.85\approx0.1755g$。

答：应称取硫酸亚铁铵0.1755g。

13. 准确称取0.8856g纯碘酸钾，溶解后转移至250mL容量瓶中，稀释至刻度，从中准确取出25mL，在酸性溶液中与过量的碘化钾反应，析出的碘用硫代硫酸钠溶液滴定，用去硫代硫酸钠溶液24.32mL，求硫代硫酸钠溶液的物质的量浓度。（碘酸钾相对分子质量为214。）

解：反应式为 $IO_3^-+5I^-+6H^+ = 3I_2+3H_2O$

$I_2+2S_2O_3^{2-} = 2I^-+S_4O_6^{2-}$

1mol IO_3^- 相当于6mol $S_2O_4^{2-}$。

25mL碘酸钾溶液中碘酸钾的物质的量为 $n(KIO_3)=(0.8856/214)\times(25/250)\approx0.0004138mol$。

可生成 I_2 的物质的量为 $n(I_2)=0.0004138\times3\approx0.001241mol$。

参与反应的硫代硫酸钠的物质的量为 $n(Na_2S_2O_3)=0.001241\times2\approx0.002482mol$。

硫代硫酸钠的物质的量浓度为 $c(Na_2S_2O_3)=0.002482/24.32\times1000\approx0.1021mol/L$。

答：硫代硫酸钠溶液的物质的量浓度为0.1021mol/L。

14. 标定EDTA标准溶液时，准确称取锌粒的质量为0.6876g，加酸溶解后稀释至1000mL，从中准确取出25.00mL，用EDTA标准溶液滴定，用去EDTA溶液24.85mL，求EDTA溶液的准确浓度。（锌的相对分子质量为65.37。）

解：因为锌与EDTA络合反应的络合比为1：1，所以锌粒的物质的量为 $n(Zn)=0.6876/65.37=0.01052mol$。

25mL溶液中含有锌的物质的量为 $n_1=0.01052/1000\times25=0.0002630mol$。

EDTA的准确浓度为 $c(EDTA)=0.00002630/24.85\times1000\approx0.01058mol/L$。

答：EDTA溶液的准确浓度为0.01058mol/L。

15. 准确称取1.5064g干燥的碳酸钠，溶于水后稀释至250mL，从中取出25.00mL，用待标定的盐酸溶液滴定至终点，用去盐酸溶液27.98mL，求盐酸溶液的准确浓度。（碳酸钠的相对分子质量为106。）

解：反应式为 $2HCl+Na_2CO_3 = 2NaCl+CO_2\uparrow+H_2O$

碳酸钠的物质的量浓度为 $c(Na_2CO_3)=(1.5064/106)\times(1000/250)\approx0.05685mol/L$。

取出的25mL溶液中碳酸钠的物质的量为 $n(Na_2CO_3)=0.05685\times(25.00/1000)\approx0.001421mol$，相当于盐酸的物质的量为 $c(HCl)=0.001421\times2=0.002842mol$。

盐酸的浓度为 $c(HCl)=0.002842\times(1000/27.98)\approx0.1016mol/L$。

答：盐酸溶液的准确浓度为0.1016mol/L。

16. 用0.1005mol/L的盐酸标准溶液标定氢氧化钠标准溶液，取盐酸标准溶液25.00mL，标定时用去氢氧化钠溶液24.85mL，求氢氧化钠溶液的准确浓度。

解：反应式为 $HCl+NaOH = NaCl+H_2O$

因为氢氧化钠的浓度与体积乘积与盐酸的浓度与体积乘积相等，即 $c(NaOH)V(NaOH)=c(HCl)V(HCl)$。

所以 $c(NaOH)=25.00\times0.1005/24.85\approx0.1011mol/L$。

答：氢氧化钠溶液的准确浓度为0.1011mol/L。

17. 准确称取2.8864g干燥的碳酸钠溶于水，稀释后定容到250mL，从中取出25.00mL，用待标定的硫酸溶液滴定到终点，耗去硫酸溶液26.85mL，求硫酸溶液的准确浓度。（碳酸钠的相对分子质量为106。）

解：反应式为 $Na_2CO_3+H_2SO_4 = Na_2SO_4+CO_2\uparrow+H_2O$

碳酸钠溶液的浓度为 $c(Na_2CO_3)=(2.8864/106)\times(1000/250)\approx0.1089mol/L$。

因为硫酸的浓度与体积乘积与碳酸钠的浓度与体积乘积相等，即 $c(H_2SO_4)V(H_2SO_4)=c(Na_2CO_3)V(Na_2CO_3)$，所以 $c(H_2SO_4)=0.1089\times25/26.85\approx0.1014mol/L$。

答：硫酸溶液的准确浓度为0.1014mol/L。

18. 市售浓硫酸中硫酸的质量分数为96%，试换算成硫酸的物质的量浓度。（浓硫酸的相对密度为1.84，硫酸的相对分子质量为98.09。）

解：1L浓硫酸中含硫酸的质量为 $m(H_2SO_4)=1000\times1.84\times96\%=1766.4g$。

硫酸的物质的量浓度为 $c(H_2SO_4)=1766.4/(98.09\times1)\approx18mol/L$

答：硫酸的物质的量浓度约为18mol/L。

19. 测定某试样中氧化镁的含量。取试样0.2359g，加入沉淀剂沉淀，再灼烧成焦磷酸镁($Mg_2P_2O_7$)，称其质量为0.3817g，计算试样中氧化镁的质量分数。(氧化镁相对分子质量为40.30，焦磷酸镁的相对分子质量为222.55。)

解：0.3817g焦磷酸镁中含氧化镁的质量为$m(MgO)=0.3817/222.55\times2\times40.30\approx0.1382$g。

试样中氧化镁的质量分数为$w(MgO)=0.1382/0.2359\times100\%\approx58.58\%$。

答：试样中氧化镁的质量分数为58.58%。

20. 用滴定度$T(HCl/NaOH)=0.00400$g/mL的标准盐酸溶液测定样品中氢氧化钠的含量。称取样品0.2102g，溶解后用盐酸溶液滴定，消耗盐酸溶液10.20mL，求样品中氢氧化钠的质量分数。

解：样品中氢氧化钠的质量为$m(NaOH)=T(HCl/NaOH)V(HCl)=0.00400\times10.20=0.0408$g。

样品中氢氧化钠的质量分数为$w(NaOH)=0.0408/0.2102\times100\%\approx19.41\%$。

答：样品中氢氧化钠的质量分数为19.41%。

21. 称取纯氢氧化钠0.5320g，溶解后用标准盐酸溶液滴定，耗去盐酸溶液24.85mL，求盐酸溶液的滴定度$T(HCl/NaOH)$。

解：盐酸滴定度为氢氧化钠的质量与盐酸体积的比值，即$T(HCl/NaOH)=m(NaOH)/V(HCl)=0.5320/24.85=0.02141$g/mL。

答：盐酸溶液的滴定度为0.02141g/mL。

22. 测定某碱液的浓度，取该碱液5mL，稀释到100mL，再从中取出25mL，用0.05mol/L的盐酸溶液进行滴定，消耗盐酸溶液18.20mL，求该碱液的物质的量浓度。

解：反应式为$HCl+NaOH=\!=\!=NaCl+H_2O$

所消耗的盐酸的物质的量为$n(HCl)=0.05\times18.20/1000=0.00091$mol，则稀释后碱液25mL中含氢氧化钠的物质的量为0.00091mol。

5mL原碱液含氢氧化钠的物质的量为$n(NaOH)=0.00091\times(100/25)=0.00364$mol。

该碱液的物质的量浓度为$c_{碱}=0.00364/5\times1000=0.728$mol/L。

答：该碱液的物质的量浓度为0.728mol/L。

23. 测定某盐酸溶液的浓度，取该酸液5mL，稀释到100mL，再从中取出20mL，用0.05mol/L的氢氧化钠溶液进行滴定，消耗氢氧化钠溶液24.35mL，求该盐酸溶液的物质的量浓度。

解：反应式为$HCl+NaOH=\!=\!=NaCl+H_2O$

所消耗的氢氧化钠的物质的量为$n(NaOH)=0.05\times24.35/1000=0.001218$mol，则取出的20mL溶液中盐酸的物质的量为0.001218mol。

5mL该盐酸溶液中含盐酸的物质的量为$n(HCl)=0.001218\times(100/20)=0.006090$mol。

该盐酸溶液的物质的量浓度为$c(HCl)=0.006090/5\times1000=1.2180$mol/L。

答：该盐酸溶液的物质的量浓度为1.2180mol/L。

24. 称取草酸0.3802g，溶于水后用氢氧化钠溶液滴定，消耗氢氧化钠溶液24.50mL，计算氢氧化钠溶液的物质的量浓度。(草酸相对分子质量为126.1。)

解：反应式为$H_2C_2O_4+2OH^-=\!=\!=C_2O_4^{2-}+2H_2O$

草酸的物质的量为$n(H_2C_2O_4)=0.3802/126.1\approx0.003015$mol。

氢氧化钠的物质的量为$n(NaOH)=0.003015\times2=0.006030$mol。

氢氧化钠溶液的物质的量浓度为$c(NaOH)=0.006030/24.50\times1000\approx0.2461$mol/L。

答：氢氧化钠溶液的物质的量浓度为0.2461mol/L。

25. 用草酸溶液标定氢氧化钠溶液的浓度时，取氢氧化钠溶液25.00mL，用0.02000mol/L的草酸溶液标定，标定时耗去草酸溶液23.75mL，计算氢氧化钠溶液的准确浓度。

解：反应式为$H_2C_2O_4+2OH^-=\!=\!=C_2O_4^{2-}+2H_2O$

消耗草酸的物质的量为$n(H_2C_2O_4)=0.02000\times(23.75/1000)=0.0004750$mol。

则氢氧化钠的物质的量为$n(NaOH)=0.0004750\times2=0.0009500$mol。

氢氧化钠溶液的物质的量浓度为$c(NaOH)=0.0009500/25\times1000=0.03800$mol/L。

答：氢氧化钠溶液的准确浓度为0.03800mol/L。

26. 用硫酸滴定氢氧化钠溶液，取0.05mol/L的氢氧化钠溶液25mL，用硫酸标准溶液滴定至终点时耗用硫酸标准溶液28.55mL，求硫酸溶液对氢氧化钠的滴定度$T(H_2SO_4/NaOH)$。（氢氧化钠的相对分子质量为40.00。）

解：25mL 0.05mol/L的氢氧化钠溶液中含氢氧化钠的质量为$m(NaOH)=0.05×25/1000×40=0.05g$。

$T(H_2SO_4/NaOH)=0.05×1000/28.55≈1.7513mg/mL$。

答：硫酸溶液对氢氧化钠的滴定度为1.7513mg/mL。

27. 用氢氧化钠标准溶液滴定硫酸溶液，取0.05mol/L的硫酸溶液25.00mL，用氢氧化钠溶液滴定到终点时耗用氢氧化钠溶液43.65mL，求氢氧化钠溶液对硫酸的滴定度$T(NaOH/H_2SO_4)$。（硫酸的相对分子质量为98.07。）

解：25mL 0.05mol/L的硫酸溶液中硫酸的质量为$m(H_2SO_4)=0.05×25/1000×98.07≈0.1226g$。

$T(NaOH/H_2SO_4)=0.1226×1000/43.65≈2.809mg/mL$。

答：氢氧化钠溶液对硫酸的滴定度为2.809mg/mL。

28. 用碳酸钠基准物质标定盐酸溶液时，称取干燥的碳酸钠0.8653g，溶解后稀释到100mL，从中取出25mL，用盐酸溶液滴定，到终点时消耗盐酸溶液18.25mL，求盐酸的准确浓度。（碳酸钠相对分子质量为106。）

解：反应式为$Na_2CO_3+2HCl=2NaCl+CO_2↑+H_2O$

0.8653g碳酸钠的物质的量为$n(Na_2CO_3)=0.8653/106≈0.008163mol$。

从中取出的碳酸钠的物质的量为$n_1=0.008163×25/100≈0.002041mol$。

标定时相当于盐酸的物质的量$n(HCl)=0.002041×2=0.004082mol$。

盐酸溶液的浓度为$c(HCl)=0.004082/18.25×1000≈0.2237mol/L$。

答：盐酸的准确浓度为0.2237mol/L。

29. 用硼砂（$Na_2B_4O_7·10H_2O$）基准物标定盐酸溶液时，称取干燥的硼砂2.3567g，溶解后稀释到100mL，从中取出25.00mL，用盐酸溶液滴定到终点时消耗盐酸溶液24.15mL，求盐酸溶液准确浓度。（硼砂的相对分子质量为381.37。）

解：反应式为$Na_2B_4O_7+2HCl=2NaCl+H_2B_4O_7$

硼砂的物质的量为$n_{硼砂1}=2.3567/381.37≈0.006180mol$。

取出的25mL溶液中含硼砂的物质的量$n_{硼砂2}=0.006180×(25/100)=0.001545mol$。

标定时相当于盐酸的物质的量为$n(HCl)=0.001545×2=0.03090mol$。

盐酸的物质的量浓度为$c(HCl)=0.03090/24.15×1000≈0.1280mol/L$。

答：盐酸溶液准确浓度为0.1280mol/L。

第三节 操作知识

一、单选题

1. 为了使测定的BOD具有可比性，将污水在20℃下培养（　　）d，作为BOD测定的标准条件。

A. 5　　B. 4　　C. 3　　D. 2

答案：A

2. 取水样的基本要求是水样要（　　）。

A. 定数量　　B. 定方法　　C. 具有代表性　　D. 按比例

答案：C

3. 测定COD时，将锥形瓶连接到回流装置冷凝管下端后，从冷凝管上端缓慢加入硫酸银-硫酸溶液的目的是（　　）。

A. 保证操作安全　　B. 防止低沸点有机物逸出

C. 冲洗冷凝管　　D. 避免氯离子与硝酸银反应

答案：B

4. 不能放在无色透明试剂瓶中的试剂为(　　)。

A. 氢氧化钠溶液　　B. 硝酸银溶液　　C. 硫酸溶液　　D. 碳酸钠溶液

答案：B

5. 往碱溶液中逐滴加入酸溶液，溶液 pH(　　)。

A. 逐渐变大　　B. 逐渐变小　　C. 不变　　D. 变化不确定

答案：B

6. 使用滴定管时，刻度准确到 0.1 mL，读数应读至(　　)。

A. 0.01　　B. 0.1　　C. 1　　D. 0.001

答案：A

7. 在配制药品时发现药品超期或失效，应(　　)。

A. 继续使用　　B. 停止使用　　C. 请示领导后再使用　　D. 随意处置

答案：B

8. 为了校验分析仪器是否存在系统误差，下列方法错误的是(　　)。

A. 用标准样品校验　　B. 与同类仪器做比对试验

C. 做几个样品取平均值　　D. 不同分析方法做比对试验

答案：C

9. 在使用天平称量时，下列操作步骤正确的是(　　)。

A. 不同天平的砝码可混用　　B. 天平内洒落药品不必清理干净

C. 应在物体和天平室温度一致时进行称量　　D. 使用前天平无须预热

答案：C

10. 下列分析化验操作正确的是(　　)。

A. 将称量瓶放在电炉上加热

B. 用量筒量取透明液体时，视线与量筒液体的弯月面的最低处保持水平

C. 液体试剂用完后倒回原瓶以节省药品

D. 容量瓶可以加热干燥

答案：B

11. 邻苯二甲酸氢钾是常用的基准物，在使用前要放在(　　)烘箱干燥 1~2h。

A. 160~180℃　　B. 110~120℃　　C. 90~100℃　　D. 80~90℃

答案：B

12. 铬酸洗液使用一段时间后，溶液变成(　　)表明洗液已经失效。

A. 红色　　B. 黑色　　C. 绿色　　D. 黄色

答案：C

13. 用 25mL 移液管取出的溶液体积应记录为(　　)。

A. 25mL　　B. 25.0mL　　C. 25.00mL　　D. 25.000mL

答案：C

14. 正确操作移液管应该(　　)。

A. 三指捏在移液管刻度线以下　　B. 三指捏在移液管上端

C. 手指可以捏在移液管任何位置　　D. 必须两手同时握住移液管

答案：B

15. 测定总氮的水样的保存方法是(　　)。

A. 用氢氧化钠调节 pH>8，冷冻保存　　B. 不需要加试剂保存

C. 用浓硫酸调节 pH 至 1~2，常温保存 7d　　D. 加硝酸保存

答案：C

16. 滴定管活塞中涂凡士林的目的是(　　)。

A. 防止漏液　　B. 使活塞转动灵活

C. 使活塞转动灵活并防止漏液　　D. 都不是

答案：C

17. 在水质分析中，常用过滤的方法将杂质分为(　　)。

A. 悬浮物与胶体物　B. 胶体物与溶解物　C. 悬浮物与溶解物　D. 无机物与有机物

答案：C

18. 测定悬浮物时，取适量水样过滤，将滤材连同残渣在(　　)下烘至恒重。

A. 100℃　B. 103~105℃　C. 600℃　D. 95℃

答案：B

19. 在COD测定中，硫酸银是(　　)。

A. 指示剂　B. 催化剂　C. 氧化剂　D. 还原剂

答案：B

20. 分析纯试剂瓶的标签颜色为(　　)。

A. 深绿色　B. 金光红色　C. 中蓝色　D. 橙色

答案：B

21. 通常，两次称量差不超过(　　)时，表示沉淀已被灼烧至恒重。

A. 0.1mg　B. 0.2mg　C. 0.4mg　D. 0.3mg

答案：C

22. 用硝酸银容量法测氯离子时，应在(　　)溶液中进行。

A. 酸性　B. 中性　C. 碱性　D. 弱酸性

答案：B

23. 标定硫酸标准溶液可用(　　)作为基准物。

A. 氢氧化钠　B. 氨水　C. 碳酸钠　D. 氯化钠

答案：C

24. 在测定水样中的(　　)时，水样采集必须注满容器。

A. 铁　B. 悬浮物　C. pH　D. BOD

答案：D

25. 滴定完毕后，滴定管下端嘴外有液滴悬挂，则滴定结果(　　)。

A. 偏高　B. 偏低　C. 无影响　D. 低20%

答案：A

26. 玻璃器皿洗净的标准是(　　)。

A. 无污点　B. 无油渍　C. 透明　D. 均匀润湿，无水珠

答案：D

27. 用EDTA滴定法测定凝结水硬度时，常出现终点色为灰绿色的情况，说明(　　)干扰较大，需要加掩蔽剂。

A. 硫酸盐　B. 铁　C. 硅　D. 磷酸盐

答案：B

28. 在实验中要准确量取20.00 mL的溶液，可以使用的仪器是(　　)。

A. 量筒　B. 滴管　C. 量杯　D. 移液管

答案：D

29. 现需配制浓度为0.1000mol/L的重铬酸钾标准溶液，称取一定量的固体后，需要的仪器是(　　)。

A. 容量瓶　B. 酸式滴定管　C. 量筒　D. 碱式滴定管

答案：A

30. 化学试剂标志等级一级品的瓶签颜色是(　　)。

A. 绿色　B. 红色　C. 蓝色　D. 黄色

答案：A

31. 使用天平时，应先检查(　　)。

A. 水平　B. 零点　C. 干燥剂　D. 电源

答案：A

32. 下列不宜加热的仪器是(　　)。

A. 试管　　B. 坩埚　　C. 蒸发皿　　D. 移液管

答案：D

33. 下列物质中，不能用直接法配制的标准溶液是(　　)溶液。

A. 高锰酸钾　　B. 氯化钠　　C. 邻苯二甲酸氢钾　　D. 碳酸钠

答案：A

34. 对具有一定黏度的液体进行加热，则黏度(　　)。

A. 增大　　B. 不变　　C. 变小　　D. 先变小后变大

答案：C

35. 用倾泻法过滤时，玻璃棒下端应靠在漏斗内(　　)位置。

A. 3 层滤纸　　B. 1 层滤纸　　C. 漏斗底部　　D. 以上均正确

答案：A

36. 将 5mL 浓度为 10mol/L 的盐酸稀释成 250mL 溶液，再从稀释后的溶液中取出 50mL，这 50mL 溶液的浓度是(　　)。

A. 0. 08mol/L　　B. 0. 2mol/L　　C. 0. 5mol/L　　D. 1mol/L

答案：B

37. 在蒸馏水中加入 1~2 滴酚酞试剂，水会呈现(　　)。

A. 红色　　B. 无色　　C. 橙色　　D. 蓝色

答案：B

38. 用移液管移取溶液时，管下端应(　　)。

A. 插到瓶子底部　　B. 伸入液面下约 1cm 处

C. 刚刚接触液面　　D. 只要在溶液中就可以

答案：B

39. 递减称量法适用于称取(　　)。

A. 易吸水、粉末状的试剂　　B. 不易吸水、在空气中稳定的试剂

C. 不需要准确称量的试剂　　D. 液体试剂

答案：A

40. 下列项目中，要求水样用硫酸调节 pH≤2 且保存时间不超过 24 h 的是(　　)。

A. 总氮、氨氮　　B. 氨氮、总磷

C. 总有机碳、总氮　　D. COD、总碱度

答案：B

41. 测定 COD 时，在回流前向水样中加入硫酸汞的目的是消除(　　)离子干扰。

A. 硫　　B. 硝酸根　　C. 氯　　D. 氨氮

答案：C

42. 下列污水检测指标中，不需要每天都测的是(　　)。

A. pH 和溶解氧量　　B. 混合液悬浮固体浓度和混合液挥发性悬浮固体浓度

C. COD 和 BOD_5　　D. 硝氮和总氮

答案：B

43. 测定 COD 的水样，在保存时应(　　)。

A. 加碱　　B. 加酸　　C. 过滤　　D. 蒸馏

答案：B

44. 污水处理活性污泥镜检时的指示性生物是(　　)。

A. 细菌　　B. 原生动物　　C. 后生动物　　D. 藻类

答案：B

45. 通常在废水处理系统运转正常，有机负荷较低，出水水质良好的情况下，才会出现的动物是(　　)。

A. 纤毛虫　　B. 瓢体虫　　C. 线虫　　D. 轮虫

答案：D

46. 用络合滴定法测定水中的硬度时，pH 应控制在(　　)左右。

A. 6　　B. 8　　C. 10　　D. 12

答案：C

47. 测定钠离子浓度，定位时若反应迟钝(平衡时间大于 10min)，应该(　　)。

A. 用 0.1mol/L 氯化钾浸泡钠电极　　B. 用无硅水浸泡钠电极

C. 用酒精擦拭钠电极　　D. 更换新电极

答案：A

二、多选题

1. 配制硫代硫酸钠溶液要用刚煮沸又冷却的蒸馏水，其原因是(　　)。

A. 减少溶于水中的二氧化碳　　B. 减少溶于水中的氧气

C. 防止硫代硫酸钠分解　　D. 杀死水中的微生物

答案：AD

2. 配制弱酸及其共轭碱组成的缓冲溶液，主要应(　　)。

A. (如果是液体)计算出所需液体体积　　B. (如果是固体)计算出固体的质量

C. 计算出所加入的强酸或强碱的量　　D. 计算出所加入的弱酸或弱碱的量

答案：AB

3. 滴定管可使用(　　)方法进行校正。

A. 绝对校正(称量)　　B. 相对校正(称量)　　C. 相对校正(移液管)　　D. 相对校正(容量瓶)

答案：AC

4. 萃取分离法的缺点是(　　)。

A. 简单　　B. 萃取剂常是易挥发的

C. 萃取剂常是易燃、有毒的　　D. 手工操作工作量较大

答案：BCD

5. 在沉淀过程中，为了除去易吸附的杂质离子，应采取的方法有(　　)。

A. 将易被吸附的杂质离子分离掉　　B. 改变杂质离子的存在形式

C. 在较浓溶液中进行沉淀　　D. 洗涤沉淀

答案：AB

6. 选择缓冲溶液时，应使其(　　)。

A. 酸性或碱性不能太强　　B. 所控制的 pH 在缓冲范围之内

C. 有足够的缓冲容量　　D. 对分析过程无干扰

答案：BCD

7. 硫氰酸铵标准滴定溶液采用间接法配制的原因是(　　)。

A. 硫氰酸铵见光易分解　　B. 硫氰酸铵常含有硫酸盐、硫化物等杂质

C. 硫氰酸铵易潮解　　D. 硫氰酸铵溶液不稳定

答案：BC

8. (　　)属于容量分析法。

A. 酸碱滴定法　　B. 配位滴定法　　C. 比色法　　D. 沉淀滴定法

答案：ABD

9. 对于 98.08g 的硫酸，下列表示方式正确的是(　　)。

A. 1mol H_2SO_4　　B. 2mol($1/2H_2SO_4$)　　C. 1mol($1/2H_2SO_4$)　　D. 4mol H_2SO_4

答案：AB

10. 容量瓶可使用(　　)方法进行校正。

A. 绝对校正(称量)　　B. 相对校正(称量)　　C. 相对校正(移液管)　　D. 相对校正(滴定管)

答案：AC

11. 用称量法校正容量仪器时，应对(　　)进行校正。

A. 水密度因温度变化而产生的变化　　B. 天平误差

C. 空气浮力对称量的影响　　D. 砝码误差

答案：AC

12. 下列操作会产生负误差的是(　　)。

A. 滴定管位于眼睛下方读取起始读数

B. 移液管未用试液淋洗 3 遍，直接移取试液

C. 采用固定重量称量法称取无水碳酸钠

D. 滴定前滴定管悬液未靠掉

答案：BD

13. 下列污水检测项目中，需要每天都检测的有(　　)。

A. 总磷　　B. COD　　C. 总氮　　D. 悬浮固体

答案：ABCD

14. 下列污水检测项目中，需要每半年都检测的有(　　)。

A. 总汞　　B. 总砷　　C. 烷基汞　　D. 总铁

答案：ABCD

三、判断题

1. 称量有腐蚀性和易潮解的药品应该使用烧杯盛装。

答案：正确

2. 量筒和量杯可以用来移取大体积的水样。

答案：正确

3. 容量瓶中有污渍时，可以用超声波清洗。

答案：正确

4. 取用液体试剂时，必须倾倒在洁净的容器中再吸取使用，不得在试剂瓶中直接吸取，倒出的试剂不得再倒回原瓶。

答案：正确

5. 测定油类、粪大肠菌群、悬浮物等项目要求单独采样，但是对取样瓶没有要求。

答案：错误

6. 采集测定油类的水样时，不应该用水样荡洗采样器和水样容器 2~3 次。

答案：正确

7. 使用移液管移取溶液时，应将管尖残留的溶液吹出。

答案：错误

8. 稀释浓硫酸时，一定要将酸缓慢地倒入水中，并边倒边搅拌，决不能把水倾倒入浓酸中。

答案：正确

9. 一种溶液加入酚酞指示剂不变色，此溶液为酸性。

答案：错误

10. 移液次数越多，误差越大。

答案：正确

11. 为减少称量误差，用于配制标准溶液的基准物质最好具有较大的相对分子质量。

答案：正确

12. 测定水中总硬度时，当溶液由蓝色变为紫红色时，即指示终点到来。

答案：错误

13. 终止蒸馏前必须先移开接收器再停止加热，或在停止加热前即将冷凝管与蒸馏瓶分开，以防接收器中的溶液被倒吸入蒸馏瓶中。

答案：正确

14. 由于在一级水、二级水的纯度下，难于测定真实 pH，因此对一级水、二级水的 pH 不做要求。

答案：正确

15. 测定 BOD_5 时，稀释程度一般以经过 5d 培养后，消耗的溶解氧至少为 1mg/L，剩余的溶解氧至少为 2mg/L 为宜。

答案：错误

16. 在不了解其化学性质的情况下，严禁任意混合化学物质。

答案：正确

17. 浓碱性溶液不能贮于磨口塞玻璃瓶内。

答案：正确

18. 凡是透明、均匀的液体都是溶液。

答案：错误

19. 只要溶液的 pH 稍有改变就能观察到指示剂颜色的变化。

答案：错误

20. 酸碱指示剂的变色范围与其电离平衡常数有关。

答案：正确

21. 化验室贵重仪器设备着火，不要用二氧化碳灭火器，因其会腐蚀损坏仪器，且留有痕迹。

答案：错误

22. 化验室内易燃液体应加以严格限制并避热妥善存放。

答案：正确

23. 在设有通风橱的化验室内，可以随便进行刺激性、腐蚀性、损害健康或恶臭气体的操作。

答案：错误

24. 基准物的组成和化学式不一定要完全相符。

答案：错误

25. 电线着火时，电流未关闭，即可以用水或泡沫灭火器灭火。

答案：错误

26. 二硫化碳、电石着火，不能用四氯化碳灭火器扑灭，因其能产生光气类毒气。

答案：正确

27. 灭火的基本方法有冷却法、窒息密闭法、隔离法和抑制灭火法 4 种。

答案：正确

28. 保证安全是维持化验室正常工作的先决条件，每一位化验分析人员都必须在思想上重视安全。

答案：正确

29. 稀释一定浓度的硫酸时，应将水倒入硫酸中。

答案：错误

30. 天平的分度值越小，灵敏度越高。

答案：正确

31. 当强碱溅到眼睛时，应立即将伤员送医院急救。

答案：错误

32. 平行试验是为了消除偶然误差。

答案：正确

33. 水中的硬度大小就是指水中 Ca^{2+}、Mg^{2+} 含量的多少。

答案：正确

34. 溶液呈中性时，溶液里没有 H^+ 和 OH^-。

答案：错误

35. 误差存在于一切测量的全过程中。

答案：正确

36. 百里酚蓝有两个变色点。

答案：正确

37. 分析结果的有效数字和有效位数与仪器实测的精密度无关。

答案：错误

38. 相同质量的同一物质，由于所采用的基本单元不同，其物质的量也不同。

答案：正确

39. AR 级是优级纯化学试剂的代号。

答案：错误

40. 试验数据要坚持执行三级检查，测定者和检查者必须在记录上签字并负责。

答案：正确

41. 化验室常用试剂的规格可分为基准试剂、优级纯试剂、分析纯试剂、化学试剂和实验试剂。

答案：正确

42. 硝酸银、硫代硫酸钠受光作用易分解，应保存在棕色瓶中，放在暗处。

答案：正确

43. 砝码的准确程度直接影响称量的精度和可靠性。

答案：正确

44. 用直接电导法测定水的纯度时，水的电导率越低，水的纯度就越高。

答案：正确

45. 抽样必须遵循的原则是真实可靠、随机抽样，而且要具有一定的数量。

答案：正确

46. 碳酸钠的水溶液的 pH 大于 7，所以说碳酸钠是碱。

答案：错误

47. EDTA 对每一种金属离子都有一个可以滴定的 pH 范围。

答案：正确

48. 凡是含氧元素的化合物都是氧化物。

答案：错误

49. 对于指导初学仪器的分析者，只要教会他使用仪器进行分析就可以了。

答案：错误

50. 影响溶液溶解度的因素有溶质和溶剂的性质和溶液的温度。

答案：正确

51. 空白试验可以消除试剂和器皿带来杂质所造成的系统误差。

答案：正确

52. 甲基红变色点的 pH 小于 7。

答案：正确

53. 工作服不能吸收有毒气体，故穿工作服回家没什么害处。

答案：错误

54. 在有可燃性气体产生的区域内采样，必须关闭手机等通信工具。

答案：正确

55. 滴定分析对化学反应的要求之一是反应速度要慢。

答案：错误

56. 化验室的原始记录和台账，应设专人领取和保管，对口发至有关岗位，做到有计划的使用。

答案：正确

57. EDTA 主要用于测定金属离子。

答案：正确

58. 物质间到达等量反应时叫滴定终点。

答案：错误

59. EDTA 测定不同的金属离子需要在不同的 pH 条件下测定。

答案：正确
60. 已知浓度的溶液叫作标准溶液。
答案：错误
61. 烧瓶和量筒都可以加热。
答案：错误
62. 分析数据的报出，只需所分析的数据准确无疑，无须经任何查核。
答案：错误
63. 常用甘汞电极作为酸度计的参比电极。
答案：正确
64. 每升溶液中所含溶质的物质的量，称为物质的量浓度。
答案：正确
65. 利用测量电极电位求得物质含量的方法叫作电位分析法。
答案：正确
66. 电位滴定法是指利用滴定过程电位发生突变来确定终点的滴定分析法。
答案：正确
67. 化学电池可以分为原电池和电解电池两大类。
答案：正确
68. 分析仪器使用前无须计量检定。
答案：错误
69. 由方法本身不完善引起的方法误差，属于随机误差。
答案：错误
70. 8. 23 是 3 位有效数字，参与运算时应看作 4 位有效数字。
答案：正确
71. 化验室新进仪器未经校验或检定不能使用，应贴黑色“禁用”标志。
答案：正确
72. 在盐酸、硫酸、硝酸这 3 种溶液中分别加入氢氧化钡水溶液，都会产生白色沉淀。
答案：错误
73. 取用高纯度化学试剂配制溶液时，因取出量过多，为了节约，应将多余的试剂倒回原瓶中。
答案：错误
74. 化验室要配备足够的适宜消防器材，分析化验人员必须学会使用各种灭火器。
答案：正确
75. 溶液由溶质和溶剂组成，用来溶解别种物质的物质叫作溶剂。
答案：正确
76. 剧毒品应锁在专门的毒品柜中，建立双人登记签字领用制度。
答案：正确
77. 清洗玻璃仪器，要求器壁不挂水珠，才算洗涤合格。
答案：正确
78. 浓硫酸敞于空气中，浓度会变低。
答案：正确
79. 标定盐酸溶液的浓度用在相对湿度为 30%的容器中保存的硼砂，则标定所得的浓度偏高。
答案：错误
80. 用铬黑 T 指示剂检验水样时，水样呈现紫红色，表明水中含有阳离子。
答案：正确
81. 滴定分析中酸碱滴定是中和反应。
答案：正确
82. 溶液在稀释前后，溶质的质量保持不变。

答案：正确

83. 铬酸洗液毒性较大，废液又易污染环境，能用合成洗涤剂或有机溶剂等去除油污的容器，就坚决不用铬酸洗液。

答案：正确

84. 滴定管读数时，对于无色或浅色溶液，应读取弯月面最高处与水平线相切点。

答案：错误

85. 化验结束后，工作人员未关闭电源、热源、水源就可以离开工作室。

答案：错误

86. 盐酸溶液中没有 OH^-。

答案：错误

87. 空白试验可以消除由于试剂不纯而引起的误差。

答案：正确

88. 为了得到精密度好的结果，应该删去一些误差较大的测量数据。

答案：错误

89. 一个方法的检测下限是指能测出的待测物的最小浓度。

答案：正确

90. 化验室均要设有化验分析原始记录及相应质量台账。

答案：正确

四、简答题

1. 简述污水厂水质指标的用途。

答：(1)提供水质数据，反映生产情况。

(2)监督整个工艺运转和保证正常运转。

(3)积累历史性资料，促进环保工作。

2. 简述全程序空白的定义，并概括做全程序空白的意义。

答：全程序空白值是指以实验用水代替样品，其他分析步骤及使用试液与样品测定完全相同的操作过程所测得的值。通过测得实验空白可以了解实验用水质量、试剂纯度、器皿洁净度、仪器性能和环境条件对实验的影响，空白值通常在很小范围内波动。

3. 简述色度的测定步骤。

答：(1)取 50mL 透明的水样于比色管中，如水样色度过高，可少取水样，加纯水稀释后比色，将结果乘以稀释倍数。

(2)另取比色管 11 支，分别加入铂-钴标准溶液 0mL、0.5mL、1.00mL、1.50mL、2.00mL、2.50mL、3.00mL、3.50mL、4.00mL、4.50mL 及 5.00mL，加纯水到刻度，摇匀，即配成色度为 0、5、10、15、20、25、30、35、40、45 及 50 的标准色列，可长期使用。

(3)将水样与铂-钴标准色列比较。如水样与标准色列的色调不一致，即为异色，可用文字描述。

(4)计算结果：

$$C = m/V \times 500$$

式中：C——水样色度；

m——相当于铂-钴标准溶液用量，mg；

V——水样体积，mL。

4. 简述使用便携式 pH 计测量 pH 的步骤。

答：(1)将探头与控制器连接，并开机。

(2)将探头置于液面下 0.3~0.5cm 深。

(3)操作仪器，进行 pH 测量。

(4)读取数据。

(5)测量完毕，冲洗并擦干探头，测量结束。

5. 简述测定水中悬浮物的步骤。

答：(1)用无齿扁嘴镊子夹取0.45μm微孔滤膜放于称量瓶中，移入鼓风干燥箱中于105℃烘干1h后，取出放入干燥器内冷却至室温，称其重量。反复烘干、冷却、称重，直至两次称量的质量差小于等于0.2mg。滤膜和称量瓶的质量记为m_1(mg)。

(2)将恒重的滤膜正确放置在滤膜过滤器的滤膜托盘上，加盖配套的布氏漏斗，并用夹子固定好，以蒸馏水湿润滤膜，并不断吸滤。

(3)准确量取充分混合均匀的水样100mL，抽吸过滤，再以每次10mL蒸馏水连续洗涤3次，继续吸滤以除去痕量水分。

(4)停止吸滤后，仔细取出滤膜放在原来恒重的称量瓶中，移入鼓风干燥箱中于105℃烘干至恒重，称其质量，悬浮物、滤膜和称量瓶的质量之和记为m_2(mg)。

(5)利用公式计算出样品的悬浮物含量，记为c_{ss}，单位为mg/L。

$$c_{ss}=\frac{(m_2-m_1)\times10^6}{V}$$

第二章

中 级 工

第一节　安全知识

一、单选题

1. 下列几种情况中，漏电保护器不起作用的是(　　)。
A. 单手碰到带电体
B. 人体碰到带电设备
C. 双手碰到两相电线(此时人体作为负载，已触电)
D. 人体碰到漏电机壳
答案：C
2. 在含硫化氢场所作业时，下列做法错误的是(　　)。
A. 出现中毒事故，个人先独立处理　　B. 作业过程设专人监护
C. 佩戴有效的防毒器具　　D. 进入受限空间作业前进行采样分析
答案：A
3. 事故应急救援的特点不包括(　　)。
A. 不确定性和突发性　　B. 应急活动的复杂性
C. 后果易猝变、激化和放大　　D. 应急活动时间长
答案：D
4. 单位应当落实逐级消防安全责任制和(　　)。
A. 部门消防安全责任制　　B. 岗位消防安全责任制
C. 个人安全责任制　　D. 内部消防安全责任制
答案：B
5. 试剂或异物溅入眼内，下列处理措施正确的是(　　)。
A. 溴：用大量水洗，再用 1%碳酸氢钠溶液洗涤
B. 酸：用大量水洗，用 1%～2%碳酸氢钠溶液洗涤
C. 碱：用大量水洗，再以 1%硼酸溶液洗涤
D. 以上均正确
答案：D
6. 关于溺水后救护的要点，下列做法错误的是(　　)。
A. 救援人员必须正确穿戴救援防护用品，确保安全后方可进行施救，以免盲目施救导致次生事故
B. 迅速将伤者移至救助人员较多的地点
C. 判断伤者意识、心跳、呼吸、脉搏
D. 清理伤者口腔及鼻腔中的异物

答案：B

7. 关于溺水后救护的要点，下列做法错误的是(　　)。

A. 判断伤者意识、心跳、呼吸、脉搏

B. 清理伤者口腔及鼻腔中的异物

C. 等待救护人员到位后进行施救

D. 搬运伤者过程中要轻柔、平稳，尽量不要拖拉、滚动

答案：C

8. 关于人员急救的描述，下列错误的是(　　)。

A. 对意识清醒的患者实施保暖措施，进一步检查患者伤情，尽快送医治疗

B. 对意识丧失但有呼吸、心跳的患者实施人工呼吸

C. 确保患者保暖，避免呕吐物堵塞患者呼吸道

D. 对有心跳的患者实施心肺复苏术

答案：D

9. 实验室人员发生触电时，下列行为错误的是(　　)。

A. 应迅速切断电源，将触电者上衣解开，取出口中异物，然后进行人工呼吸

B. 应迅速给触电者注射兴奋剂

C. 当患者伤势严重时，应立即送医院抢救

D. 第一时间切断电源，并将触电者拉开

答案：B

10. 实验中如遇刺激性及神经性中毒，让伤者先服牛奶或鸡蛋清使其伤情缓和，再服用(　　)。

A. 氢氧化铝膏、鸡蛋清

B. 硫酸铜溶液(30g溶于一杯水中)催吐

C. 乙酸果汁、鸡蛋清

D. 以上均正确

答案：B

11. 在实验中，下列做法错误的是(　　)。

A. 一旦浓硫酸落在人体上，应用4.5%乙酸或1.5%左右的盐酸中和洗涤

B. 一旦浓硫酸落在人体上，应用弱碱(2%碳酸钠)或肥皂液中和洗涤

C. 一旦碱液溅到皮肤上，应用4.5%乙酸或1.5%左右的盐酸中和洗涤

D. 一旦碱液溅到皮肤上，应立即用较多的水冲洗，然后涂上硼酸

答案：A

12. 下列是酸灼伤的处理方法：①以1%~2%碳酸氢钠溶液洗涤；②立即用大量水洗涤；③送医院。其正确的顺序为(　　)。

A. ①③②　　B. ②①③　　C. ③①②　　D. ③②①

答案：B

13. 发生火灾后，下列逃生方法错误的是(　　)。

A. 用湿毛巾捂着嘴和鼻子　　B. 弯着身子快速跑到安全地点

C. 躲在床底下，等待消防人员救援　　D. 不乘坐电梯，使用安全通道

答案：C

14. 下列导致操作人员中毒的原因中，除(　　)外，都与操作人员防护不到位相关。

A. 进入特定的空间前，未对有毒物质进行检测

B. 未佩戴有效的防护用品

C. 防护用品使用不当

D. 有毒物质的毒性高

答案：D

15. 皮肤被强酸烧伤后，可用大量温清水或2%(　　)水溶液冲洗。

A. 氢氧化钠　　B. 碳酸氢钠　　C. 碳酸钠　　D. 盐

答案：B

16. 化学泡沫适用于扑救(　　)火灾。

A. 油类　　B. 醇类　　C. 酮类　　D. 金属类

答案：A

17. 不能与氢气钢瓶放置在同一钢瓶间内的有(　　)钢瓶。

A. 氮气　　B. 氧气　　C. 氦气　　D. 氩气

答案：B

18. 引起慢性中毒的毒物绝大部分具有(　　)。

A. 蓄积作用　　B. 强毒性　　C. 弱毒性　　D. 中强毒性

答案：A

19. 企业安全生产管理体制的总原则是(　　)。

A. 管生产必须管安全，谁主管谁负责

B. 由安全部门管安全，谁主管谁负责

C. 由各级安全员管安全，谁主管谁负责

D. 有关事故应急措施应经过当地安全监管部门审批

答案：A

20. 溺水救援中，(　　)指借助某些物品(如木棍等)把落水者拉出水面的方法，适用于营救者与淹溺者距离较近(数米之内)同时淹溺者还清醒的情况。

A. 伸手救援　　B. 藉物救援　　C. 抛物救援　　D. 下水救援

答案：B

21. 溺水救援中，(　　)指向落水者抛投绳索及漂浮物(如救生圈、救生衣、木板等)的营救方法，适用于落水者与营救者距离较远且无法接近落水者，同时淹溺者还处在清醒状态的情况。

A. 伸手救援　　B. 藉物救援　　C. 抛物救援　　D. 下水救援

答案：C

22. 关于火灾逃生自救，下列描述错误的是(　　)。

A. 身上着火，千万不要奔跑，可就地打滚或用厚重的衣物压灭火苗

B. 遇火灾可乘坐电梯，也可向安全出口方向逃生

C. 室外着火，门已发烫，千万不要开门，以防大火蹿入室内，要用浸湿的被褥、衣物等堵塞门窗缝，并泼水降温

D. 若逃生线路被大火封锁，要立即退回室内，用打手电筒、挥舞衣物、呼叫等方式向窗外发送求救信号，等待救援

答案：B

23. 下列属于布条包扎法的是(　　)。

A. 环形绷带包扎法　　B. 螺旋形绷带包扎法

C. "8"字形绷带包扎法　　D. 以上均正确

答案：D

24. 下列关于毛巾包扎法的描述，正确的是(　　)。

A. 下颌包扎的方法是在三角巾顶处打一结，套于下颌部，底边拉向枕部，上提两底角，拉紧并交叉压住底边，再绕至前额打结，包完后在眼、口、鼻处剪开小孔

B. 头部包扎的方法是将三角巾的底边折叠两层约二指宽，放于前额齐眉以上，顶角拉向枕后部，三角巾的两底角经两耳上方，拉向枕后，先拉一个半结，压紧顶角，将顶角塞进结里，然后再将左右底角拉到前额打结

C. 胸部包扎的方法是将毛巾折成鸡心状放在肩上，腰边穿一根带子绕上臂固定，前后两角系带在对侧腋下打结

D. 肩部包扎的方法是将三角巾顶角向上，贴于局部，如左胸受伤，顶角放在右肩上，底边扯到背后在后

面打结；再将左角拉到肩部与顶角打结。背部包扎与胸部包扎相同，唯位置相反，结打于胸部

答案：B

25. 安全生产责任制是企业岗位责任制的一个组成部分，是安全规章制度的核心，安全生产责任制的实质是(　　)。

A. 谁主管谁负责　　B. 预防为主　　C. 安全第一　　D. 一切按规章办事

答案：A

26. 依照《中华人民共和国安全生产法》的规定，承担(　　)的机构应当具备国家规定的资质条件。

A. 安全评价、认可、检测、检查　　B. 安全预评价、认证、检测、检查

C. 安全评价、认证、检测、检验　　D. 安全预评价、认可、检测、检验

答案：C

27. 依据《中华人民共和国消防法》的规定，消防安全重点单位应当实行(　　)防火巡查，并建立巡查记录。

A. 每日　　B. 每周　　C. 每旬　　D. 每月

答案：A

28. 根据《中华人民共和国职业病防治法》的规定，建设项目在竣工验收时，其职业病防护设施应经(　　)验收合格后，方可投入正式生产和使用。

A. 建设行政部门　　B. 卫生行政部门

C. 劳动保障行政部门　　D. 安全生产监督管理部门

答案：D

29. 依据《中华人民共和国安全生产法》的规定，对未依法取得批准或者验收合格的单位擅自从事有关活动的，负责行政审批的部门发现或者接到举报后，应当立即(　　)。

A. 予以停产整顿　　B. 予以取缔　　C. 予以责令整改　　D. 予以通报批评

答案：B

30. 依据《中华人民共和国消防法》的规定，公安消防机构应当对机关团体、企业、事业单位遵守消防法律、法规的情况依法进行监督检查，发现火灾隐患，应当及时通知有关单位或者个人采取(　　)措施。

A. 立即停止作业　　B. 撤离危险区域

C. 限期消除隐患　　D. 给予警告和罚款

答案：C

31. 装卸危险化学品时，应避免使用(　　)工具。

A. 木质　　B. 铁质　　C. 铜质　　D. 陶质

答案：B

32. 在易燃易爆危险化学品贮存区域，应在醒目位置设置(　　)标志，防止发生火灾爆炸事故。

A. 严禁逗留　　B. 当心火灾　　C. 禁止吸烟和明火　　D. 火警电话

答案：C

33. 搬运可燃气危险化学品气瓶时，正确的做法是(　　)。

A. 为防止气瓶倾倒，应用手握紧气瓶阀头搬运

B. 为防止气瓶砸伤人员，应将气瓶放倒，小心滚至贮存位置

C. 为降低安全风险，应使用小型气瓶车推运至贮存位置

D. 为防止气瓶漏气，应安装气瓶阀门扳手搬运

答案：C

34. 关于事故应急救援的基本任务，下列描述错误的是(　　)。

A. 立即组织营救受害人员，组织撤离或者采取其他措施保护危害区域内的其他人员

B. 迅速控制事态，并对事故造成的危害进行检测、监测，测定事故的危害区域、危害性质及危害程度

C. 消除危害后果，做好现场恢复

D. 按照“四不放过”原则开展事故调查

答案：D

35. 下列不属于污水处理厂常见有毒有害气体的是(　　)。

A. 硫化氢　　B. 氢气　　C. 一氧化碳　　D. 甲烷

答案：B

36. 生产经营单位应在有危险源的区域设置(　　)进行警示。

A. 职业危害告知　　B. 区域划分　　C. 值守人员　　D. 危险源警示标牌

答案：D

37. 单位应对发现的事故隐患，根据其(　　)，按照规定分级，实行信息反馈和整改制度，并做好记录。

A. 类别和性质　　B. 性质和严重程度　　C. 类别和严重程度　　D. 类别和接触人员

答案：B

38. 搬动移动电气设备前，一定要(　　)。

A. 切断电源　　B. 检查电线是否被碾压　　C. 检查接头是否损坏　　D. 向相关人员报告

答案：A

39. 下列对触电防护措施描述，错误的是(　　)。

A. 使用漏电保护装置可保证触电事故不会发生

B. 安全标志是保证安全生产预防触电事故的重要措施

C. 设置障碍不能防止人有意绕过障碍去触及带电体

D. 各种电气设备要采取接地或接零保护措施

答案：A

40. 冷却灭火法就是将灭火剂直接喷洒在可燃物上，使可燃物的温度降低到自燃点以下，从而使燃烧停止。(　　)的主要作用就是冷却灭火。

A. 用水扑救火灾

B. 将火源附近的易燃易爆物质转移到安全地点

C. 用水蒸气、惰性气体(如二氧化碳、氮气等)充入燃烧区域

D. 关闭设备或管道上的阀门

答案：A

41. 隔离灭火法是指将燃烧物与附近可燃物隔离或者疏散开，从而使燃烧停止。(　　)即采取隔离灭火的具体措施。

A. 用水扑救火灾

B. 将火源附近的易燃易爆物质转移到安全地点

C. 用水蒸气、惰性气体(如二氧化碳、氮气等)充入燃烧区域

D. 用沙土、泡沫等不燃或难燃材料覆盖燃烧或封闭孔洞

答案：B

42. 窒息灭火法，即采取适当的措施，阻止空气进入燃烧区，或用惰性气体稀释空气中的氧含量，使燃烧物质缺乏或断绝氧而熄灭，适用于扑救封闭式的空间、生产设备装置及容器内的火灾。火场上运用窒息法扑救火灾时，可采用(　　)。

A. 用水扑救火灾

B. 将火源附近的易燃易爆物质转移到安全地点

C. 用水蒸气、惰性气体(如二氧化碳、氮气等)充入燃烧区域

D. 关闭设备或管道上的阀门

答案：C

43. (　　)是指将化学灭火剂喷入燃烧区参与燃烧反应，中止链反应而使燃烧反应停止。

A. 冷却灭火法　　B. 隔离灭火法　　C. 窒息灭火法　　D. 抑制灭火法

答案：D

44. 窒息灭火法必须注意的事项不包括(　　)。

A. 燃烧部位较小，容易堵塞封闭，在燃烧区域内没有氧化剂时，适于采取这种方法

B. 在采取用水淹没或灌注方法灭火时，必须考虑到火场物质被水浸没后能否产生不良后果

C. 采取窒息方法灭火以后，必须确认火已熄灭，方可打开孔洞进行检查。严防过早地打开封闭的空间或生产装置而使空气进入，造成复燃或爆炸

D. 采用惰性气体灭火时，一定要将大量的惰性气体充入燃烧区，迅速降低空气中氧的含量，以达到窒息灭火的目的

答案：A

45. 安全电压是指保证不会对人体产生致命危险的电压值，工业中使用的安全电压是不高于(　　)。

A. 25V　　B. 36V　　C. 50V　　D. 110V

答案：B

46. 楼内失火应(　　)。

A. 从疏散通道逃离　　B. 乘坐电梯逃离　　C. 在现场等待救援　　D. 见到门口就跑

答案：A

47. 实验大楼因出现火情发生浓烟已蹿入实验室内时，下列行为正确的是(　　)。

A. 沿地面匍匐前进，当逃到门口时，不要站立开门

B. 打开实验室门后不用随手关门

C. 从楼上向楼下外逃时可以乘电梯

D. 以上均正确

答案：A

48. 被火困在室内，下列逃生方法正确的是(　　)。

A. 跳楼

B. 到窗口或阳台挥动物品求救，用床单或绳子拴在室内牢固处下到下一层逃生

C. 躲到床下，等待救援

D. 打开门，冲出去

答案：B

49. 可以用水扑灭的火灾是(　　)。

A. 油类起火　　B. 酒精起火　　C. 电气起火　　D. 棉被起火

答案：D

50. 扑救电气设备火灾时，不能用的灭火器是(　　)。

A. 四氯化碳灭火器　　B. 二氧化碳灭火器　　C. 泡沫灭火器　　D. 干粉灭火器

答案：C

51. 火场逃生的原则是(　　)。

A. 抢救国家财产为上　　B. 先带上日后生活必需钱财要紧

C. 安全撤离、救助结合　　D. 逃命要紧

答案：C

52. 窒息灭火法是指将氧气浓度降低至最低限度，以防止火势继续扩大。其主要工具是(　　)。

A. 沙子　　B. 水　　C. 二氧化碳灭火器　　D. 干粉灭火器

答案：C

53. 压力容器上的压力表的检验周期为至少每(　　)1 次。

A. 半年　　B. 1 年　　C. 2 年　　D. 3 年

答案：A

54. 身上着火，最好的做法是(　　)。

A. 就地打滚或用水冲　　B. 奔跑　　C. 大声呼救　　D. 边跑边脱衣服

答案：A

55. 使用离心机时，下列操作错误的是(　　)。

A. 离心机必须盖紧盖子　　B. 不需要考虑离心管的对角平衡

C. 液体不能超过离心管 2/3　　D. 每次使用后要清洁离心机腔

答案：B

56. 实验室生物安全防护的内容包括(　　)。
A. 安全设备、个体防护装置和措施
B. 严格的管理制度和标准化的操作程序和规程
C. 实验室的特殊设计和建设要求
D. 以上均正确
答案：D
57. 被电击的人能否获救，关键在于(　　)。
A. 触电的方式　　B. 能否尽快脱离电源和施行紧急救护
C. 触电电压的高低　　D. 人体电阻
答案：B
58. 实验室内的浓酸、浓碱处理，一般可(　　)。
A. 先中和后倾倒，并用大量的水冲洗管道
B. 先中和后倾倒，无须用大量的水冲洗管道
C. 不经处理，沿下水道流走
D. 无须中和，直接向下水道倾倒
答案：A
59. 具有(　　)性质的化学品属于化学危险品。
A. 爆炸　　B. 易燃、腐蚀、放射性　　C. 毒害　　D. 以上均正确
答案：D
60. 购买剧毒药品，下列说法错误的是(　　)
A. 向学校保卫处申请并批准备案
B. 经过公安局审批
C. 经过环保局审批
D. 通过正常渠道在指定的化学危险品商店购买
答案：C
61. 电线插座损坏时，既不美观也不方便工作，并可能造成(　　)。
A. 吸潮漏电　　B. 空气开关跳闸　　C. 触电伤害　　D. 以上均正确
答案：D
62. 不适用金属梯子的工作场所是(　　)。
A. 带电作业的工作场所　B. 坑穴或密闭场所　　C. 高空作业场所　　D. 有静电的场所
答案：A
63. 实验大楼安全出口的疏散门应(　　)。
A. 自由开启　　B. 向外开启
C. 向内开启　　D. 关闭，需要时可自行开启
答案：B
64. 需要将硫酸、氢氟酸、盐酸和氢氧化钠各一瓶从化学品柜搬到通风橱内，正确的方法是(　　)。
A. 硫酸和盐酸同一次搬运，氢氟酸和氢氧化钠同一次搬运
B. 硫酸和氢氟酸同一次搬运，盐酸和氢氧化钠同一次搬运
C. 硫酸和氢氧化钠同一次搬运，盐酸和氢氟酸同一次搬运
D. 硫酸和盐酸同一次搬运，氢氟酸和氢氧化钠分别单独搬运
答案：D
65. 下列药品中，可以与水直接接触的是(　　)。
A. 金属钠、钾　　B. 电石　　C. 白磷　　D. 金属氢化物
答案：C
66. 下列试剂不用分开保存的是(　　)。
A. 乙醚与高氯酸　　B. 苯与过氧化氢　　C. 丙酮与硝基化合物　　D. 浓硫酸与盐酸

答案：D

67. 下列物质无毒的是(　　)。

A. 乙二醇　　B. 硫化氢　　C. 乙醇　　D. 甲醛

答案：C

68. 溶剂的闪点越低，越容易燃烧。下列几种溶剂，闪点在-4℃以上的是(　　)。

A. 甲醇、乙醇、乙腈　　B. 乙酸乙酯、乙酸甲酯

C. 乙醚、石油醚　　D. 汽油、丙酮、苯

答案：A

69. 下列药品按毒性从大到小排序正确的是(　　)。

A. 甲醛、苯、苯乙烯、丙酮　　B. 苯、甲醛、甲苯、丙酮

C. 甲苯、甲醛、苯、丙酮　　D. 苯、丙酮、甲苯、甲醛

答案：B

70. 金属汞具有高毒性，下列关于金属汞在常温下挥发情况的描述，正确的是(　　)。

A. 不挥发　　B. 慢慢挥发

C. 很快挥发　　D. 需要在一定条件下才会挥发

答案：B

71. 2,4-二硝基苯甲醚、萘、二硝基萘等可升华的固体药品在燃烧时，正确的灭火方式是(　　)。

A. 用灭火器灭火

B. 火灭后还要不断向燃烧区域上空及周围喷雾水

C. 用水灭火，并不断向燃烧区域上空及周围喷雾水至可燃物完全冷却

D. 以上均正确

答案：D

72. 一般无机酸、碱液和稀硫酸不慎滴在皮肤上时，正确的处理方法是(　　)。

A. 用酒精棉球擦　　B. 不做处理，立刻去医院

C. 用水直接冲洗　　D. 用碱液中和后，再用水冲洗

答案：C

73. 使用碱金属引起燃烧时，正确的处理方法是(　　)。

A. 立刻使用灭火器灭火

B. 立刻向燃烧处浇水灭火

C. 立刻用石棉布或沙子盖住燃烧处，尽快移开临近的其他溶剂，关闭热源和电源，再用灭火器灭火

D. 以上均正确

答案：C

74. 容器中的溶剂或易燃化学品发生燃烧时，正确的处理方法是(　　)。

A. 用灭火器灭火或加沙子灭火　　B. 加水灭火

C. 用不易燃的瓷砖、玻璃片盖住瓶口　　D. 用湿抹布盖住瓶口

答案：A

75. 处理用过的废洗液的方法是(　　)。

A. 可直接倒入下水道　　B. 作为废液交相关部门统一处理

C. 可以用来洗厕所　　D. 随意处置

答案：B

76. 发生电气火灾，首先应该采取的措施是(　　)。

A. 打电话报警　　B. 切断电源　　C. 扑灭明火　　D. 求援

答案：B

77. 下列情况是引发电气火灾的初始原因的是(　　)。

A. 电源保险丝不起作用　　B. 带电改接电气线路

C. 绝缘老化或破坏　　D. 室内湿度过高

答案：C

78. 安装使用漏电保护器，属于安全技术措施中的(　　)。

A. 基本安全措施　　B. 辅助安全措施　　C. 绝对安全措施　　D. 应急安全措施

答案：A

79. 下列有关使用漏电保护器的说法，正确的是(　　)。

A. 漏电保护器既可用来保护人身安全，还可用来对低压系统或设备的对地绝缘状况起到监督作用

B. 漏电保护器安装点以后的线路不可对地绝缘

C. 漏电保护器在日常使用中不可在通电状态下按动实验按钮来检验其是否可靠

D. 对两相触电起保护作用

答案：A

80. 摩擦是产生静电的一种主要原因，尤其在干燥的环境中，人体的活动和物体的移动都会产生很强的静电。静电在突然释放时会对人体或设备造成损伤，预防静电事故的主要方法是(　　)。

A. 人体接触对静电敏感设备时提前释放自己身体中积累的电荷，例如带静电防护手环、使用静电防护毯

B. 用电设备都良好接地

C. 保证电路良好的绝缘

D. 在易产生静电的场所梳理头发

答案：A

81. 下列情况是引发电气火灾的初始原因的是(　　)。

A. 电源保险丝不起作用　　B. 带电改接电气线路

C. 线路或设备过电流运行　　D. 没有保护性接零或接地

答案：C

82. 使用灭火器扑救火灾时，要对准火焰的(　　)喷射。

A. 上部　　B. 中部　　C. 根部　　D. 中上部

答案：C

83. 实验中用到的很多玻璃器皿容易破碎，为避免造成割伤，应该注意(　　)。

A. 装配时不可用力过猛，用力处不可远离连接部位

B. 不能口径不合而勉强连接

C. 玻璃折断面需烧圆滑，不能有棱角

D. 以上均正确

答案：D

84. 化学强腐蚀烫、烧伤事故发生后，应(　　)，保持创伤面的洁净以待医务人员治疗，或用适合于消除这类化学药品的特种溶剂、溶液仔细洗涤烫、烧伤面。

A. 迅速用大量清水冲洗干净皮肤

B. 迅速解脱伤者被污染的衣服，及时用大量清水冲洗干净皮肤

C. 迅速解脱伤者被污染的衣服

D. 迅速用大量清水冲洗干净被污染的衣服

答案：B

85. 有异物刺入伤者头部或胸部时，错误的急救方法是(　　)。

A. 快速送往医院救治　　B. 用毛巾等物将异物固定住，不让其乱动

C. 马上拔出，进行止血　　D. 尽可能平复伤者情绪，减缓血流流速

答案：C

86. 易燃、易爆物品和杂物等应该放在(　　)。

A. 烘箱、箱式电阻炉等附近　　B. 冰箱、冰柜等附近

C. 单独通风的实验室内　　D. 以上均正确

答案：C

87. 一氧化碳的味道是(　　)。

A. 酸味　　B. 烂苹果味　　C. 无味　　D. 臭鸡蛋味

答案：C

88. 关于重铬酸钾洗液，下列说法错误的是(　　)。

A. 将化学反应用过的玻璃器皿不经处理，直接放入重铬酸钾洗液浸泡

B. 浸泡玻璃器皿时，不可以将手直接插入洗液缸里取放器皿

C. 从洗液中捞出器皿后，立即放进清洗杯，避免洗液滴落在洗液缸外等处，然后马上用水连同手套一起清洗

D. 取放器皿应戴上专用手套，但仍不能在洗液里浸泡时间过长

答案：A

89. 剧毒物品必须保管、贮存在(　　)。

A. 铁皮柜　　B. 木柜子

C. 带双锁的铁皮保险柜　　D. 带双锁的木柜子

答案：C

90. 处置实验过程产生的剧毒药品废液，下列说法错误的是(　　)。

A. 妥善保管　　B. 不得随意丢弃、掩埋

C. 集中保存，统一处理　　D. 稀释后用大量水冲净

答案：D

91. 下列液体中，投入金属钠最可能发火燃烧的是(　　)。

A. 无水乙醇　　B. 苯　　C. 水　　D. 汽油

答案：C

92. 一般将闪点在 25℃以下的化学试剂列入易燃化学试剂，它们多是极易挥发的液体。下列物质不是易燃化学试剂的是(　　)。

A. 乙醚　　B. 苯　　C. 甘油　　D. 汽油

答案：C

93. 下列不属于易燃类液体的溶剂组合的是(　　)。

A. 甲醇、乙醇　　B. 四氯化碳、乙酸　　C. 乙酸丁酯、石油醚　　D. 丙酮、甲苯

答案：B

94. 下列物质无毒的是(　　)。

A. 乙二醇　　B. 硫化氢　　C. 乙醇　　D. 甲醛

答案：C

95. (　　)不是实验室常用于皮肤或普通实验器械的消毒液。

A. 0.2%~1%漂白粉溶液　　B. 70%乙醇

C. 2%碘酊　　D. 0.2%~0.5%的氯己定

答案：A

96. 下列关于存放自燃性试剂的说法，错误的是(　　)。

A. 单独贮存　　B. 贮存于通风、阴凉、干燥处

C. 存放于试剂架上　　D. 远离明火及热源，防止太阳直射

答案：C

二、多选题

1. 需要进行危险化学品登记的单位为(　　)。

A. 生产危险化学品的单位

B. 使用其他危险化学品数量构成重大危险源的单位

C. 经营危险化学品的单位

D. 使用剧毒化学品的单位

答案：ABCD

2. 从事高处作业人员禁止穿(　　)等易滑鞋上岗或酒后作业。

A. 高跟鞋　　B. 硬底鞋　　C. 拖鞋

D. 劳保鞋　　E. 雨鞋

答案：ABCE

3. 下列语句描述正确的是(　　)。

A. 有限空间发生爆炸、火灾，往往瞬间或很快耗尽有限空间的氧气，并产生大量有毒有害气体，造成严重后果

B. 甲烷的相对空气密度约为 0.55，无须与空气混合就能形成爆炸性气体

C. 一氧化碳与血红蛋白的亲和力比氧与血红蛋白的亲和力高 200~300 倍

D. 一氧化碳极易与血红蛋白结合，形成碳氧血红蛋白，使血红蛋白丧失携氧的能力和作用，造成组织窒息

E. 污水处理厂工作环境中存在大量的有毒物质，人一旦接触后易引起化学性中毒，可能导致死亡

答案：ACDE

4. 压力下气体包括(　　)。

A. 压缩气体　　B. 液化气体　　C. 溶解液体　　D. 冷冻液化气体

答案：ABCD

5. 人员受伤后的处理，下列描述正确的有(　　)。

A. 当伤口很深，流血过多时，应该立即止血

B. 如果条件不足，一般用手直接按压伤口可以快速止血

C. 如果条件允许，可以在伤口处放一块干净、吸水的毛巾，然后用手压紧

D. 不可以用清水清理伤口

答案：ABC

6. 关于高处坠落事故应急措施，下列描述正确的有(　　)。

A. 发生高空坠落事故后，现场知情人应当立即采取措施，切断或隔离危险源，防止救援过程中发生次生灾害

B. 当发生人员轻伤时，现场人员应采取防止受伤人员大量失血、休克、昏迷等紧急救护措施

C. 遇有创伤性出血的伤员，应迅速包扎止血，使伤员保持在脚低头高的卧位，并注意保暖

D. 如果伤者处于昏迷状态但呼吸和心跳未停止，应立即进行口对口人工呼吸，同时进行胸外心脏按压；昏迷者应平卧，面部转向一侧，维持呼吸道通畅

答案：ABD

7. 下列关于直接触电防护措施的描述正确的是(　　)。

A. 绝缘，即用绝缘的方法来防止人触及带电体，不让人体和带电体接触，从而避免发生触电事故

B. 屏护，即用屏障或围栏防止人触及带电体，设置的屏障或围栏与带电体距离较近

C. 障碍，即设置障碍以防止人无意触及带电体或接近带电体，但不能防止人有意绕过障碍去触及带电体

D. 间隔，即保持间隔以防止人无意触及带电体

E. 安全标志，是保证安全生产预防触电事故的重要措施

答案：ACDE

8. 下列关于灭火通常采用的方法描述正确的有(　　)。

A. 隔离灭火法是将燃烧物与附近可燃物隔离或者疏散开，从而使燃烧停止

B. 将火源附近的易燃易爆物质转移到安全地点是采用隔离灭火法

C. 关闭设备或管道上的阀门，阻止可燃气体、液体流入燃烧区是采用隔离灭火法

D. 排除生产装置、容器内的可燃气体、液体，阻拦、疏散可燃液体或扩散的可燃气体是采用隔离灭火法

答案：ABCD

9. 火灾逃生自救应注意(　　)。

A. 火灾袭来时要迅速逃生，不要贪恋财物

B. 平时就要了解掌握火灾逃生的基本方法，熟悉几条逃生路线

C. 受到火势威胁时，要当机立断披上浸湿的衣物、被褥等向安全出口方向冲出去

D. 穿过浓烟逃生时，要尽量使身体贴近地面，并用湿毛巾捂住口鼻

答案：ABCD

10. 危险化学品包括(　　)。

A. 爆炸品、压缩气体、液化气体和易燃气体　　B. 锅炉燃烧产生的废气

C. 有毒品和腐蚀品　　D. 遇湿易燃品

答案：ACD

11. 毒物进入人体的主要途径包括(　　)。

A. 呼吸道　　B. 消化道　　C. 皮肤　　D. 血液

答案：ABC

12. 事故处理“四不放过”指(　　)。

A. 事故原因分析不清不放过

B. 群众没有受到教育不放过

C. 事故责任者没有受到处理不放过

D. 没有落实防范措施不放过

答案：ABCD

13. 所有人员应遵守有限空间作业的职责和安全操作规程，正确使用(　　)。

A. 化学品安全技术说明书(MSDS)　　B. 手机

C. 个人防护用品　　D. 安全装备

答案：CD

14. 打扫卫生、擦拭设备时，严禁用水冲洗或用湿布擦拭电气设备，以防发生(　　)事故。

A. 触电　　B. 断路　　C. 灼伤　　D. 短路

答案：AB

15. 使用过程中暂存的危险化学品，应在固定地点分类分室存放，并做好相应的(　　)等预防措施，应有处理泄漏、着火等应急保障设施。

A. 防泄漏　　B. 防火　　C. 防盗　　D. 防挥发

答案：ABCD

16. 搬运酸、碱前应仔细检查(　　)。

A. 地面是否整洁　　B. 容器的位置固定是否稳定

C. 装酸或碱的容器是否封严　　D. 装运器具的强度

答案：BCD

17. 气瓶打开过程中需注意(　　)。

A. 开瓶时要缓慢开半圆

B. 一切正常时逐渐打开

C. 如果阀门难以开启，可以用工具敲打

D. 如果阀门难以开启，不能用长柄扳手使劲扳，以防将阀杆拧断

答案：ABD

18. 按照社会危害程度、影响范围等因素，自然灾害、事故灾难、公共卫生事件分为(　　)级。

A. 一般　　B. 较大　　C. 重大　　D. 特别重大

答案：ABCD

19. 常用的断电办法有(　　)。

A. 关闭电源开关、拔去插头或熔断器

B. 用干燥的木棒、竹竿等非导电物品移开电源或使触电人员脱离电源

C. 用平口钳、斜口钳等绝缘工具剪断电线

D. 用身边的物体挑开电源线

答案：ABC

20. 依据灭火原理，灭火通常采用(　　)。

A. 冷却灭火法　　B. 隔离灭火法　　C. 窒息灭火法　　D. 抑制灭火法

答案：ABCD

21. 下列关于灭火通常采用的方法描述，正确的有(　　)。

A. 用水扑救火灾，其主要原理就是冷却灭火

B. 关闭设备或管道上的阀门，阻止可燃气体、液体流入燃烧区采用的是冷却灭火法

C. 抑制灭火法可用水蒸气、惰性气体(如二氧化碳、氮气等)充入燃烧区域

D. 抑制灭火法可使用的灭火剂有干粉灭火剂和卤代烷灭火剂

答案：AD

22. 下列对有毒有害气体的描述，正确的是(　　)。

A. 甲烷对人基本无毒，但浓度过量时会使空气中氧含量明显降低，使人窒息

B. 硫化氢浓度越高，对呼吸道及眼的局部刺激越明显

C. 当硫化氢浓度超高时，人体内游离的硫化氢在血液中来不及氧化，会引起全身中毒反应

D. 硫化氢的化学性质不稳定，在空气中容易爆炸

E. 硫化氢气体溶于乙醇、汽油、煤油、原油中，溶于水后生成氢硫酸

答案：ACDE

23. 爆炸物质(或混合物)是一种固态或液态物质(或物质的混合物)，其本身能够通过化学反应产生气体，而产生气体的(　　)能对周围环境造成破坏。

A. 温度　　B. 压力　　C. 速度　　D. 密度

答案：ABC

三、判断题

1. 消防队在扑救火灾时，有权根据灭火的需要，拆除或者破损临近火灾现场的建筑。

答案：正确

2. 对容易产生静电的场所，要保持空气潮湿；工作人员要穿防静电的衣服和鞋靴。

答案：正确

3. 使用大功率的实验设备前，要检查线路是否接地。

答案：正确

4. 电击(触电)通常指因为人体接触带电的线路或设备而受到伤害的事故。为了避免电击(触电)事故的发生，设备须可靠接地和人体对地绝缘。

答案：正确

5. 短路会使短路处甚至整个电路过热，从而导致线路的绝缘层燃烧，引发火灾。

答案：正确

6. 用灭火器灭火时，灭火器的喷射口应该对准火焰的中部。

答案：错误

7. 高压容器是三类压力容器。

答案：正确

8. 实验室必须配备符合本室要求的消防器材，消防器材要放置在明显或便于拿取的位置。严禁任何人以任何借口把消防器材移作他用。

答案：正确

9. 实验室应将相应的规章制度和操作规程挂到墙上或便于取阅的地方。

答案：正确

10. 只要不影响实验，可以在实验室洁净区域铺床睡觉。

答案：错误

11. 有易燃易爆危险品的实验室禁止使用明火。

答案：正确

12. 可以用湿布擦电源开关。

答案：错误

13. 无论误食酸还是碱，都可以灌注牛奶，不要服用呕吐剂。

答案：正确

14. 仪器设备用电或线路发生故障着火时，应立即切断现场电源，将人员疏散，并组织人员用灭火器进行灭火。

答案：正确

15. 有“严禁烟火”警示牌的大楼和实验室，可不必配置必要的消防、冲淋、洗眼、报警和逃生设施和设置明显标志。

答案：错误

16. 在实验室发生事故时，现场人员应迅速组织、指挥，切断事故源，尽量阻止事态蔓延，保护现场；及时有序地疏散学生等人员，指导现场已受伤人员自助自救、保护人身及财产。

答案：正确

17. 实验时，禁止用口吸方式移液。

答案：正确

18. 实验室灭火要针对起因选用合适的方法。一般小火用湿布、石棉布或沙子覆盖燃烧物即可灭火。

答案：正确

19. 燃烧必须具备可燃物、助燃物和点火源三大条件，缺一不可。因此，可以采取尽量隔离的方式来防止实验室火灾的发生。

答案：正确

20. 电气设备着火时，可以用水扑灭。

答案：错误

21. 实验大楼出现火情时千万不要乘电梯，因为电梯可能因停电或失控，以及“烟囱效应”，电梯井常常成为浓烟的流通道。

答案：正确

22. 在室外灭火时，应站在上风位置。

答案：正确

23. 扑救气体火灾切忌盲目扑灭火势，首先应切断火势蔓延途径，然后疏散火势中压力容器或受到火焰辐射热威胁的压力容器，不能疏散的部署水枪进行冷却保护。

答案：正确

24. 用灭火器灭火时，灭火器的喷射口应该对准火焰的中部。

答案：错误

25. 发现火灾时，单位或个人应该先自救，当自救无效、火越着越大时，再拨打火警电话119。

答案：错误

26. 在扑灭电气火灾的明火时，应用气体灭火器扑灭。

答案：正确

27. 电气设备着火，首先必须采取的措施是灭火。

答案：错误

28. 静电可以引起爆炸、电气绝缘和电子元器件被击穿。

答案：正确

29. 在熟睡时，听到火警信号后正确的做法是：①用手试一试门是否热，如是冷的，可开门逃生；②准备好湿毛巾；③切勿随意跳楼，自制救生绳索后再设法安全着落；④利用自然条件作为救生滑道。

答案：正确

30. 可燃液体在容器内燃烧时，应从容器的一侧上部向容器中喷射，但注意不能将喷流直接喷射在燃烧液面上，防止灭火剂的冲力将可燃液体冲出容器而扩大火势。

答案：正确

31. 实验室不得乱拉电线，套接接线板。

答案：正确

32. 实验室内不得停放自行车、电动车、汽车。

答案：正确

33. 某人因机械操作不慎，致使左手食指从指根处完全离断，急救处理首先是找器皿保存断指，然后包扎残端伤口止血。

答案：错误

34. 火或热水等引起的大面积烧伤、烫伤，必须用湿毛巾、湿布、湿棉被覆盖，然后送医院进行处理。

答案：正确

35. 发生火情时，人员应尽快沿着疏散指示标志和安全出口方向迅速离开火场。

答案：正确

36. 火灾发生后，千万不要盲目跳楼，可利用疏散楼梯、阳台、窗口等逃生自救。也可用绳子或把床单、被套等撕成条状连成绳索，紧拴在窗框、铁栏杆等可靠的固定物上，用毛巾、布条等保护手心，顺绳滑下，或下到未着火的楼层进行逃生。

答案：正确

37. 使用手提灭火器时，拔掉保险销，对准着火点根部用力压下压把，喷出灭火剂，就可灭火。

答案：正确

38. 发现实验室楼的配电箱起火，可以用楼内的消火栓放水灭火。

答案：错误

39. 饮水加热器、灭菌锅等可以无水干烧。

答案：错误

40. 在触电现场，若触电者已经没有呼吸或脉搏，此时可以判定触电者已经死亡，可以放弃抢救。

答案：错误

41. 当有人发生触电事故时，应马上直接将其拉开。

答案：错误

42. 溅入口中已下咽的强碱，应先饮用大量水，再服用乙酸果汁、鸡蛋清。

答案：正确

43. 如酚灼伤皮肤，先用浸了甘油或聚乙二醇和酒精混合液(7∶3)的棉花除去污物，再用清水冲洗干净，然后用饱和硫酸钠溶液湿敷。但不可用水直接冲洗污物，否则有可能使创伤加重。

答案：正确

44. 实验结束后，要关闭设备，断开电源，并将有关实验用品整理好。

答案：正确

45. 在实验室同时使用多种电气设备时，其总用电量和分线用电量均应小于设计容量。

答案：正确

46. 烘箱(干燥箱)在加热时，门可以开启。

答案：错误

47. 使用过的实验服脱下后，不得与日常衣服放在一起，也不得放在洁净区域。

答案：正确

48. 因吸入少量氯气、溴蒸气而中毒，可用碳酸氢钠溶液漱口，不可进行人工呼吸。

答案：正确

49. 电气设备和大型仪器须接地良好，对电线老化等隐患要定期检查并及时排除。

答案：正确

50. 在使用微波炉时，可以使用金属容器以及空载。

答案：错误

51. 遇有电气设备着火，应马上用灭火器灭火。

答案：错误

52. 生产危险化学品的装置应当密闭，并设有必要的防爆、泄压设施。

答案：正确

四、简答题

1. 简述安全从业人员的职责。

答：(1)自觉遵守安全生产规章制度，不违章作业，并随时制止他人违章作业。

(2)不断提高安全意识，丰富安全生产知识，增强自我防范能力。

(3)积极参加安全学习及安全培训，掌握本职工作所需的安全生产知识，提高安全生产技能，增强事故预防和应急处理能力。

(4)爱护和正确使用机械设备、工具及个人防护用品。

(5)主动提出改进安全生产工作意见。

(6)有权对单位安全工作中存在的问题提出批评、检举、控告，有权拒绝违章指挥和强令冒险作业。

(7)发现直接危及人身安全的紧急情况时，有权停止作业或者在采取可能的应急措施后，撤离作业现场。

(8)从业人员在作业过程中，应当严格遵守本单位的安全生产规章制度和操作规程，服从管理，正确佩戴和使用劳动防护用品。

2. 简述《中华人民共和国突发事件应对法》中对突发事件的定义。

答：突然发生，造成或者可能造成严重社会危害，需要采取应急处置措施予以应对的自然灾害、事故灾难、公共卫生事件和社会安全事件。

3. 简述发生突发事故后处置的通则。

答：一旦发生突发安全事故，发现人应在第一时间向直接领导进行汇报，视实际情况进行处理，并视现场情况拨打119、120、999、110等社会救援电话。

4. 简述电气火灾事故的一般处理方法。

答：(1)关闭电源开关，切断电源；用稀土、沙土、干粉灭火器、二氧化碳灭火器进行灭火。

(2)对于无法切断电源的带电火灾，必须带电灭火时，应当优选二氧化碳、干粉等灭火剂灭火；或采取灭火人员穿戴绝缘胶鞋、手套或绝缘服，水枪安装接地线，用喷雾水或直流水枪点射等方法灭火。

5. 简述皮肤沾上强酸或强碱时的处理方法。

答：(1)沾上强酸：立即用大量水冲洗，再用饱和碳酸氢钠溶液(或稀氨水、肥皂水)冲洗，最后再用水冲洗。

(2)沾上强碱：立即用大量水冲洗，再用2%乙酸溶液或饱和硼酸溶液冲洗，最后用水冲洗。

五、实操题

1. 泡沫灭火器的正确使用方法。

答：使用泡沫灭火器时，应手提灭火器的提把迅速奔到燃烧处，在距燃烧物6m左右，先拔出保险销，一手握住开启压把，另一手握住喷枪，紧握开启压把，将灭火器的密封开启，空气泡沫即从喷枪中喷出。使用时，应一直紧握开启压把，不能松开，也不能将灭火器倒置或者横卧使用，否则泡沫会中断。

2. 二氧化碳灭火器的正确使用方法。

答：使用二氧化碳灭火器时，将灭火器提到起火地点，在距燃烧物5m处，将喷嘴对准火源，打开开关，即可进行灭火。

若使用鸭嘴式二氧化碳灭火器，应先拔下保险销，一手紧握喇叭口根部，另一只手将启闭阀压把压下；若使用手轮式二氧化碳灭火器，应向左旋转手轮。

使用二氧化碳灭火器不能直接用手抓住喇叭口外壁或金属连接管，防止手被冻伤。在室外使用时，应选择上风方向喷射；室内窄小空间使用时，使用者在灭火后应迅速离开，防止窒息。

第二节　理论知识

一、单选题

1. 朗伯定律解释的是溶液对光的吸收与(　　)的规律。
A. 液层厚度成反比　　B. 溶液浓度成反比
C. 液层厚度成正比　　D. 溶液浓度成正比
答案：C

2. 比耳定律解释的是溶液对光的吸收与(　　)规律。
A. 液层厚度成反比　　B. 溶液浓度成反比
C. 液层厚度成正比　　D. 溶液浓度成正比
答案：D

3. 如果溶液的浓度 c 以物质的量浓度表示，液层厚度 L 单位为(　　)，则朗伯-比耳定律中的常数 K 称为摩尔吸光系数，用 ε 表示。
A. cm　　B. mm　　C. in　　D. dm
答案：A

4. 为了提高比色分析的灵敏度，必须选择 ε 值(　　)的有色化合物。
A. 适中　　B. 较小　　C. 较大　　D. 为 1
答案：C

5. 目视比色法要求标准色列与被测试液在(　　)相同的条件下显色，稀释混匀后与标准色列比较。
A. 温度　　B. 体积　　C. 浓度　　D. 完全
答案：B

6. 配制比色标准系列管时，要求各管中加入(　　)。
A. 不同量的标准溶液和相同量的显色剂　　B. 不同量的标准溶液和不同量的显色剂
C. 相同量的标准溶液和相同量的显色剂　　D. 相同量的标准溶液和不同量的显色剂
答案：A

7. 吸光光度法与光电比色法工作原理相似，区别在于(　　)不同。
A. 使用的光源　　B. 测量的物质　　C. 获取单色光的方式　　D. 使用的条件
答案：C

8. 吸光度法的灵敏度较高，可以测定待测物质的浓度下限为(　　)。
A. 10^{-6}~10^{-5}mol/L　　B. 10^{-5}~10^{-4}mo/L　　C. 10^{-4}~10^{-3}mol/L　　D. 10^{-3}~10^{-2}mol/L
答案：A

9. 使用吸光光度法进行(　　)分析，其准确度不如滴定分析法及重量分析法。
A. 微量　　B. 常量　　C. 有机　　D. 无机
答案：B

10. 吸光光度法要求显色反应的选择性要高，生成的络合物(　　)。
A. 必须无色　　B. 不一定要有色　　C. 颜色要浅　　D. 颜色要深
答案：D

11. 吸光光度法要求显色反应生成的有色络合物的离解常数要(　　)。
A. 大　　B. 小　　C. 适中　　D. 等于 1
答案：B

12. 在吸光光度法中，若增加比色皿的厚度则吸光度(　　)。
A. 不一定增加　　B. 不一定减小　　C. 一定减少　　D. 一定增加
答案：D

13. 符合比耳定律的有色溶液稀释时，将会产生(　　)。

A. 最大吸收峰向长波方向移动　　B. 最大吸收峰向短波方向移动
C. 最大吸收峰波长不移动，但峰值降低　　D. 最大吸收峰波长不移动，但峰值增大
答案：C
14. 在吸光光度法中，透过光强度和入射光强度之比，称为(　　)。
A. 吸光度　　B. 透光度　　C. 吸收波长　　D. 吸光系数
答案：B
15. 分光光度计的可见光波长范围是(　　)。
A. 200~400nm　　B. 400~800nm　　C. 500~1000nm　　D. 800~1000nm
答案：B
16. 紫外光区的波长范围是(　　)。
A. 200~360nm　　B. 360~800nm　　C. 100~200nm　　D. 10~100nm
答案：A
17. 有色溶液的浓度增加一倍时，其最大吸收峰的波长(　　)。
A. 增加 1 倍　　B. 减少一半　　C. 不变　　D. 不一定
答案：C
18. 分光光度计产生单色光的元件是(　　)。
A. 光栅+狭缝　　B. 光栅　　C. 狭缝　　D. 棱镜
答案：A
19. 分光光度计控制波长纯度的元件是(　　)。
A. 棱镜+狭缝　　B. 光栅　　C. 狭缝　　D. 棱镜
答案：A
20. 用分光光度法测铁所用的比色皿的材料为(　　)。
A. 石英　　B. 塑料　　C. 硬质塑料　　D. 玻璃
答案：D
21. 用邻二氮杂菲测铁时，为测定最大吸收波长，从 400~600nm，每隔 10nm 进行连续测定，现已测完 480nm 处的吸光度，欲测定 490nm 处吸光度，调节波长时不慎调过 490nm，此时正确的做法是(　　)。
A. 反向调节波长至 490nm 处
B. 反向调节波长过 490nm 少许，再正向调至 490nm 处
C. 从 400nm 开始重新测定
D. 调过 490nm 处继续测定，最后再补测 490nm 处的吸光度值
答案：B
22. 已知邻二氮杂菲亚铁络合物的吸光系数 $a=190\mathrm{L/(g\cdot cm)}$，一组浓度分别为 100μg/L、200μg/L、300μg/L、400μg/L、500μg/L 的工作溶液，测定吸光度时应选用(　　)比色皿。
A. 0. 5cm　　B. 1cm　　C. 3cm　　D. 10cm
答案：B
23. 比色皿中溶液的高度应为缸的(　　)。
A. 1/3　　B. 2/3　　C. 无要求　　D. 装满
答案：B
24. 用分光光度法测铁时，(　　)不是测量前调节溶液酸度的原因。
A. 酸度过低，Fe^{2+}要水解　　B. 保证显色反应正常进行
C. 掩蔽钙镁离子　　D. 控制铁络合物的颜色
答案：A
25. 摩尔吸光系数 ε 的单位为(　　)。
A. mol/ (L · cm)　　B. L/(mol · cm)　　C. mol/(g · cm)　　D. g/(mol · cm)
答案：B
26. 有色溶液的摩尔吸光系数越大，则测定时(　　)越高。

A. 灵敏度　B. 准确度　C. 精密度　D. 对比度

答案：A

27. 使用不纯的单色光时，测得的吸光度(　　)。

A. 有正误差　B. 有负误差　C. 无误差　D. 误差不定

答案：B

28. 吸光光度分析中比较适宜的吸光度范围是(　　)。

A. 0.1~1.2　B. 0.2~0.8　C. 0.05~0.6　D. 0.2~1.5

答案：B

29. 最经典的化学分析方法是(　　)分析法。

A. 滴定　B. 仪器　C. 比色　D. 重量

答案：D

30. 在酸碱滴定过程中，(　　)发生变化，有多种酸碱指示剂可供选择来指示等当点的到达。

A. 反应速度　B. H^+浓度　C. 溶液温度　D. 电离度

答案：B

31. 酸碱指示剂一般是有机弱酸或有机弱碱，它们在不同 pH 的溶液中呈现不同颜色是因为(　　)。

A. 具有不同的结构　B. 所带电荷不同　C. 发生氧化还原反应　D. 发生取代反应

答案：A

32. 酸碱指示剂在溶液中(　　)。

A. 全部离解成离子　B. 部分离解成离子　C. 全部为分子形式　D. 没有一定规律

答案：B

33. 酸碱指示剂颜色的变化是由 $c(HIn)/c(In^-)$ 的比值所决定的，当 $c(HIn)/c(In^-)\geqslant 10$ 时(　　)。

A. 只能看到酸色　B. 只能看到碱色

C. 看到的是它们的混合颜色　D. 无法判断

答案：A

34. 酚酞在水中存在如下离解平衡，HIn(无色)$\rightleftharpoons$$H^+$+$In^-$(红色)。当向溶液中加入碱时，溶液的颜色(　　)。

A. 不变　B. 无法判断　C. 变浅　D. 变深

答案：D

35. 酸碱滴定中，当 $c(HIn)=c(In^-)$ 时，此时的 pH 称为指示剂的(　　)。

A. 等当点　B. 滴定终点　C. 理论变色点　D. 计量点

答案：C

36. 在 pH=10.0 的溶液中滴加酚酞溶液，溶液呈(　　)。

A. 无色　B. 红色　C. 黄色　D. 蓝色

答案：B

37. pH=3.0 的溶液能使刚果红试纸呈(　　)。

A. 红色　B. 蓝紫色　C. 无色　D. 黄色

答案：A

38. 在某些滴定中由于终点变色不够敏锐，滴定的准确度变差，这时可采用(　　)方法提高准确度。

A. 多加指示剂　B. 少加指示剂　C. 加混合指示剂　D. 不加指示剂

答案：C

39. 混合指示剂利用颜色互补的原理，使终点变色敏锐，变色范围(　　)。

A. 不变　B. 变宽　C. 变窄　D. 无法确定

答案：C

40. 在酸碱滴定曲线上，有一段曲线几乎是垂直上升的，这段曲线所对应的 pH 范围叫作(　　)。

A. 指示剂的变色范围　C. 被测溶液浓度变化曲线

B. 滴定剂的浓度变化曲线　D. 滴定突跃

答案：D

41. 用氢氧化钠标准溶液滴定盐酸溶液时，滴定曲线(　　)。

A. 上升趋势　　B. 下降趋势　　C. 先升后降　　D. 先降后升

答案：A

42. 用盐酸标准溶液滴定氢氧化钠溶液时，滴定曲线(　　)。

A. 上升趋势　　B. 下降趋势　　C. 先升后降　　D. 先降后升

答案：B

43. 选择指示剂的主要依据是(　　)。

A. 被测组分的浓度　　B. 标准溶液的浓度

C. 滴定曲线上的滴定突跃　　D. 被测溶液的性质

答案：C

44. 如果所选择的指示剂的变色范围只有部分位于滴定突跃范围之内，则(　　)。

A. 不可以选用，误差太大　　B. 可以选用，但误差稍大

C. 可以选用，误差没有增大　　D. 可以选用，误差反而更小

答案：B

45. 选用指示剂时，要考虑到等当点附近指示剂的颜色是否(　　)。

A. 变得更深　　B. 变得更浅　　C. 变化明显易于分辨　　D. 变得太慢

答案：C

46. 指示剂的用量不宜多加，若加大指示剂用量，则改变了指示剂的(　　)，从而影响分析结果。

A. 变色范围　　B. 性质　　C. 颜色　　D. 变化速度

答案：A

47. 酸碱指示剂的变化范围是在一定温度下的测定值，如果温度变化，则指示剂(　　)。

A. 颜色变深　　B. 颜色变浅　　C. 变色范围改变　　D. 颜色变化改变

答案：C

48. 用纯水将下列溶液稀释 10 倍，其中 pH 变化最大的是(　　)。

A. 0. 1mol/L 盐酸溶液　　B. 0. 1mol/L 乙酸溶液

C. 1mol/L 氨水　　D. 1mol/L 乙酸+1mol/L 乙酸钠溶液

答案：A

49. 在纯水中加入一些酸，则溶液中(　　)。

A. H^+的浓度与 OH^-的浓度的乘积增大　　B. H^+的浓度与 OH^-的浓度的乘积减小

C. H^+的浓度与 OH^-的浓度的乘积不变　　D. 水的质子自递常数增大

答案：C

50. 按酸碱质子理论，磷酸氢二钠属于(　　)。

A. 中性物质　　B. 酸性物质　　C. 碱性物质　　D. 两性物质

答案：D

51. 市售硫酸(ρ=1. 84g/cm^3)的物质的量浓度约为(　　)。

A. 15mol/L　　B. 20mol/L　　C. 12mol/L　　D. 18mol/L

答案：D

52. 市售氨水(ρ=0. 91g/cm^3)的物质的量浓度约为(　　)。

A. 14mol/L　　B. 15mol/L　　C. 18mol/L　　D. 20mol/L

答案：B

53. 饱和的氢氧化钠溶液的物质的量浓度约是(　　)。

A. 19. 3mol/L　　B. 14. 2mol/L　　C. 15. 5mol/L　　D. 50. 5mol/L

答案：A

54. 金属指示剂大多是一种(　　)。

A. 无机阳离子　　B. 有机阳离子　　C. 有机染料　　D. 无机染料

答案：B

55. 金属指示剂能与某些金属离子生成有色络合物，此络合物的颜色必须与金属指示剂的颜色(　　)。

A. 相同　　B. 不同　　C. 可能相同　　D. 可能不同

答案：B

56. 用 EDTA 测定镁离子，以铬黑 T 做指示剂，控制溶液的 pH = 10.0，滴定终点时，溶液由红色变为蓝色，这是(　　)的颜色。

A. EDTA 与金属络合物　　B. EDTA 与铬黑 T 络合物

C. 游离的铬黑 T　　D. 金属离子与铬黑 T

答案：C

57. 指示剂与金属离子形成的络合物的稳定常数和 EDTA 与金属离子形成的络合物的稳定常数相比(　　)。

A. 前者要大于后者　　B. 前者要等于后者　　C. 前者要小于后者　　D. 谁大谁小都可以

答案：C

58. 指示剂的僵化是指指示剂与(　　)。

A. 金属离子形成的络合物稳定常数太大　　B. 金属离子形成的络合物稳定常数太小

C. EDTA 的络合能力相近　　D. 金属离子形成的络合物溶解度太小

答案：D

59. 铬黑 T 的水溶液不稳定，在其中加入三乙醇胺的作用是(　　)。

A. 防止铬黑 T 被氧化　　B. 防止铬黑 T 被还原

C. 防止铬黑 T 发生分子聚合而变质　　D. 提高铬黑 T 的溶解度

答案：C

60. 铬黑 T 在碱性溶液中不稳定，加入盐酸羟胺或抗坏血酸的作用是(　　)。

A. 防止铬黑 T 被氧化　　B. 防止铬黑 T 被还原

C. 防止铬黑 T 发生分子聚合而变质　　D. 提高铬黑 T 的溶解度

答案：A

61. 在一定条件下，先向试液中加入已知过量的 EDTA 标准溶液，然后用另一种金属离子的标准溶液滴定过量的 EDTA，由两种标准溶液的浓度和用量求得被测物质的含量的方法是(　　)滴定法。

A. 直接　　B. 返　　C. 置换　　D. 间接

答案：B

62. 当被测离子与 EDTA 的反应速度太慢，或没有合适的指示剂时，可选用(　　)滴定法。

A. 直接　　B. 返　　C. 置换　　D. 间接

答案：B

63. 重铬酸钾法属于(　　)滴定法。

A. 酸碱　　B. 络合　　C. 沉淀　　D. 氧化还原

答案：D

64. 氧化还原法的分类是根据(　　)不同进行分类的。

A. 所用仪器　　B. 所用指示剂　　C. 分析时条件　　D. 所用标准溶液

答案：D

65. 用高锰酸钾滴定无色或浅色的还原剂溶液时，所用的指示剂为(　　)。

A. 自身指示剂　　B. 专属指示剂　　C. 金属指示剂　　D. 酸碱指示剂

答案：A

66. 在碘量法中，当溶液呈现深蓝色时，这是(　　)。

A. 游离碘的颜色　　B. 游离碘与淀粉生成的络合物的颜色

C. I^-的颜色　　D. I^-与淀粉生成的络合物的颜色

答案：B

67. 在碘量法中，以淀粉做指示剂，当碘分子(I_2)被还原为I^-时，溶液的颜色变为(　　)。

A. 红色　　B. 蓝色　　C. 无色　　D. 黄色

答案：C

68. 在碘量法中，以淀粉做指示剂，滴定的终点是根据(　　)的出现与消失指示终点。

A. 蓝色　　B. 红色　　C. 黄色　　D. 紫色

答案：A

69. 在酸性溶液中高锰酸钾的氧化能力(　　)。

A. 不变　　B. 增强　　C. 减弱　　D. 无法确定

答案：B

70. 在强酸溶液中高锰酸钾被还原成(　　)。

A. MnO_4^{2-}　　B. MnO_2　　C. Mn^{2+}　　D. 无法确定

答案：C

71. 在中性或弱碱性溶液中，高锰酸钾被还原成(　　)。

A. MnO_4^{2-}　　B. MnO_2　　C. Mn^{2+}　　D. 无法确定

答案：B

72. 相同条件下，重铬酸钾的氧化能力比高锰酸钾的氧化能力(　　)。

A. 相同　　B. 无法比较　　C. 强　　D. 弱

答案：D

73. 重铬酸钾的化学性质比高锰酸钾的化学性质(　　)。

A. 相同　　B. 无法比较　　C. 稳定　　D. 不稳定

答案：C

74. 用重铬酸钾配制的标准溶液(　　)。

A. 非常稳定　　B. 不稳定　　C. 要经常标定其浓度　　D. 不能长期保存

答案：A

75. 碘分子(I_2)是一种(　　)的氧化剂。

A. 很强　　B. 较强　　C. 中等强度　　D. 较弱

答案：D

76. 用 SO_4^{2-} 沉淀 Ba^{2+}时，加入过量的 SO_4^{2-} 可使 Ba^{2+}沉淀更加完全，这是利用(　　)。

A. 络合效应　　B. 同离子效应　　C. 盐效应　　D. 酸效应

答案：B

77. 水的硬度主要是指水中含有(　　)的多少。

A. 氢离子　　B. 氢氧根离子

C. 可溶性硫酸根离子　　D. 可溶性钙盐和镁盐

答案：D

78. 硬度大的水不宜工业使用，因为它使锅炉及换热器(　　)，影响热效率。

A. 腐蚀　　B. 结垢　　C. 漏水　　D. 漏气

答案：B

79. 当用 EDTA 标准溶液测定水的硬度时，EDTA 先与游离的 Ca^{2+}和 Mg^{2+}反应，再与 $CaIn^-$与 $MgIn^-$反应，释放出来的(　　)使溶液呈蓝色。

A. Ca^{2+}　　B. Mg^{2+}　　C. EDTA　　D. In^-

答案：D

80. 表示水硬度时，1 德国度相当于水中含有氧化钙(　　)。

A. 1mg/L　　B. 10mg/L　　C. 50mg/L　　D. 100mg/L

答案：B

81. 一般天然水中碱度绝大部分是(　　)。

A. 碳酸盐　　B. 重碳酸盐　　C. 氢氧化物　　D. 磷酸盐

答案：A

82. 给水原水所含碱度与铝盐或铁盐反应，起(　　)作用。

A. 混凝　　B. 过滤　　C. 消除　　D. 杀菌

答案：A

83. 在测定水中碱度时，以酚酞作为指示剂，当用标准酸溶液滴至红色刚消失时为终点，滴定值相当于(　　)。

A. 氢氧化物的总量　　B. 碳酸盐的总量

C. 重碳酸的总量　　D. 氢氧化物和一半的碳酸盐

答案：D

84. 在测定水中碱度时，先向水样中加酚酞指示剂，水样呈无色；再向水样中加入甲基橙指示剂，水样呈黄色。用标准酸溶液滴定至橙色为终点，滴定值相当于(　　)。

A. 重碳酸的总量　　B. 重碳酸盐和一半的碳酸盐

C. 碳酸盐的总量　　D. 氢氧化物的总量

答案：C

85. 电导率仪的温度补偿旋钮是下列电子元件中的(　　)。

A. 电容　　B. 可变电阻　　C. 二极管　　D. 三极管

答案：B

86. 关于电导率的测定，下列说法正确的是(　　)。

A. 测定低电导值的溶液时，可用铂黑电极；测定高电导值的溶液时，可用光亮铂电极

B. 应在测定标准溶液电导率时相同的温度下测定待测溶液的电导率

C. 溶液的电导率值受温度影响不大

D. 电极镀铂黑的目的是增加电极有效面积，增强电极的极化

答案：B

87. 下列说法错误的是(　　)。

A. 电导率测量时，测量信号采用直流电

B. 可以用电导率来比较水中溶解物质的含量

C. 测量不同电导范围，应选用不同电极

D. 选用铂黑电极，可以增大电极与溶液的接触面积，降低电流密度

答案：A

88. 电导池常数所用的标准溶液是(　　)。

A. 饱和氯化钾溶液　　B. 1mol/L 氯化钾溶液　　C. 饱和氯化钾溶液　　D. 纯水

答案：B

89. 在测定乙酸溶液的电导率时，使用的电极是(　　)。

A. 玻璃电极　　B. 甘汞电极　　C. 铂黑电极　　D. 光亮电极

答案：C

90. 乙酸溶液电导率的测定中，真实电导率即为(　　)。

A. 通过电导率仪所直接测得的数值　　B. 水的电导率减去乙酸溶液的电导率

C. 乙酸溶液的电导率加上水的电导率　　D. 乙酸溶液的电导率减去水的电导率

答案：D

91. 氯化物是水和废水中一种常见的无机阴离子，几乎所有的天然水中都有氯离子存在，它的含量范围(　　)。

A. 变化不大　　B. 变化很大　　C. 变化很小　　D. 恒定不变

答案：B

92. 中性或弱碱性的水，加入铬酸钾指示剂，用硝酸银滴定氯化物，滴定时硝酸银先与(　　)生成沉淀。

A. 铬酸钾　　B. 干扰物质　　C. 氯离子　　D. 无一定规律

答案：C

93. 用硝酸银测定氯离子时，如果水样碱度过高，则会生成氢氧化银或碳酸银沉淀，使终点不明显或(　　)。

A. 结果偏高　　B. 无法滴定　　C. 不显红色　　D. 结果偏低

答案：D

94. 用硝酸银测定氯离子，以铬酸钾做指示剂，如果水样酸度过高，则会生成(　　)，不能获得红色铬酸银终点。

A. 酸性铬酸盐　　B. 铬酸银　　C. 硝酸　　D. 硝酸盐

答案：A

95. 硫酸盐可用重量法、铬酸钡比色法及比浊法测定，其中比较准确的方法是(　　)。

A. 铬酸钡比浊法　　B. 重量法　　C. 铬酸钡比色法　　D. 以上均正确

答案：B

96. 虽然络合氰化物的毒性比简单氰化物小得多，但由于它(　　)，所以仍应予以重视。

A. 存在广泛　　B. 易被人体吸收

C. 容易扩散　　D. 能分解出简单氰化物

答案：D

97. 用异烟酸-吡唑酮分光光度法测定水中氰化物，测定的是(　　)。

A. 游离氰的含量　　B. 络合氰的含量

C. 游离氰和部分络合氰的含量　　D. 游离氰和络合氰的总量

答案：C

98. 用异烟酸-吡唑酮分光光度法或吡啶-巴比妥酸分光光度法测定水中氰化物、游离氰和部分络合氰的含量，若取 250 mL 水样，最低检测浓度为(　　)。

A. 0. 002 mg/L　　B. 0. 02 mg/L　　C. 0. 05 mg/L　　D. 0. 005 mg/L

答案：A

99. 硒可以通过(　　)侵入人体。

A. 胃肠道一条途径　　B. 胃肠道、呼吸道两条途径

C. 胃肠道、呼吸道、皮肤三条途径　　D. 胃肠道、皮肤二条途径

答案：C

100. 铅的毒性较强，天然水中如含铅量增至 0. 3~0. 5 mg/L 时，即能抑制水生物的生长，会(　　)。

A. 引起人畜急性中毒　　B. 降低水的自净能力

C. 引起其他金属离子增加　　D. 降低其他金属离子含量

答案：B

101. 水中铅可用原子吸收法及双硫腙比色法测定，(　　)快速准确。

A. 原子吸收法　　B. 双硫腙比色法　　C. 两种方法都　　D. 两种方法都不

答案：A

102. 用双硫腙比色法测定水中的铅，若取 50mL 水样，最低检测浓度为(　　)。

A. 0. 10mg/L　　B. 0. 05mg/L　　C. 0. 02mg/L　　D. 0. 01mg/L

答案：B

103. 三价铬为绿或紫色，六价铬为(　　)。

A. 红色　　B. 无色　　C. 绿色　　D. 黄或深黄色

答案：D

104. 铬在自然界有六价和三价两种存在价态，而(　　)。

A. 六价铬的毒性强　　B. 三价铬的毒性强

C. 2 种价态毒性一样　　D. 2 种价态的毒性无法确定

答案：A

105. 测定总铬时，在酸性溶液中用(　　)将三价铬氧化为六价铬。

A. 重铬酸钾　　B. 浓硫酸　　C. 过氧化钠　　D. 高锰酸钾

答案：D

106. 用二苯碳酰二肼分光光度法测定水中的铬，如取水样 50mL，则最低检出浓度为(　　)。

A. 0. 004mg/L　　B. 0. 001mg/L　　C. 0. 01mg/L　　D. 0. 05mg/L

答案：A

107. 分光光度法测定镉的原理是：在碱性溶液中，镉离子与(　　)生成红色螯合物，用氯仿萃取后比色定量。

A. 二苯碳酰二肼　　B. 邻二氮菲　　C. 双硫腙　　D. 二氨基萘

答案：C

108. 若配制浓度为20μg/mL的铁使用液，应(　　)。

A. 准确移取200μg/mL的Fe^{3+}储备液10mL于100mL容量瓶中，用纯水稀至刻度

B. 准确移取100μg/mL的Fe^{3+}储备液10mL于100mL容量瓶中，用纯水稀至刻度

C. 准确移取200μg/mL的Fe^{3+}储备液20mL于100mL容量瓶中，用纯水稀至刻度

D. 准确移取200μg/mL的Fe^{3+}储备液5mL于100mL容量瓶中，用纯水稀至刻度

答案：A

109. 测铁工作曲线时，要使工作曲线通过原点，参比溶液应选(　　)。

A. 试剂空白　　B. 纯水　　C. 溶剂　　D. 水样

答案：A

110. 测铁工作曲线时，工作曲线截距为负值原因可能是(　　)。

A. 参比液缸比被测液缸透光度大　　B. 参比液缸与被测液缸吸光度相等

C. 参比液缸比被测液缸吸光度小　　D. 参比液缸比被测液缸吸光度大

答案：D

111. 测铁工作曲线时，要求相关系数$R=0.999$，表明(　　)。

A. 数据接近真实值　　B. 测量的准确度高　　C. 测量的精密度高　　D. 工作曲线为直线

答案：C

112. 测量一组使用液并绘制标准曲线，要使标准曲线通过坐标原点，应该(　　)

A. 以纯水做参比，吸光度扣除试剂空白　　B. 以纯水做参比，吸光度扣除缸差

C. 以试剂空白做参比　　D. 以试剂空白做参比，吸光度扣除缸差

答案：D

113. 下列情况所引起的误差中，属于系统误差的是(　　)。

A. 没有用参比液进行调零调满　　B. 比色皿外壁透光面上有指印

C. 缸差　　D. 比色皿中的溶液太少

答案：C

114. 下列操作中，错误的是(　　)。

A. 拿比色皿时用手捏住比色皿的毛面，切勿触及透光面

B. 比色皿外壁的液体要用细而软的吸水纸吸干，不能用力擦拭，以保护透光面

C. 在测定一系列溶液的吸光度时，按从稀到浓的顺序进行以减小误差

D. 被测液要倒满比色皿，以保证光路完全通过溶液

答案：D

115. 污水物理指标不包括(　　)。

A. pH　　B. 温度　　C. 色度　　D. 臭味

答案：A

116. 水体中由(　　)造成的颜色称为真色。

A. 溶解物质　　B. 胶体　　C. 悬浮物、胶体　　D. 胶体、溶解物质

答案：D

117. BOD_5的测定一般采用的方法是(　　)。

A. 稀释法　　B. 接种法　　C. 稀释与接种法　　D. 稀释培养法

答案：C

118. 下列消毒药剂消毒能力最强的是(　　)。

A. 氯气　　B. 臭氧　　C. 二氧化氯　　D. 氯化钠

答案：B

119. 在分光光度法中，宜选用的吸光度读数范围是(　　)。

A. 0.1~0.3　B. 0~0.2　C. 0.2~0.7　D. 0.3~1.0

答案：C

120. 臭氧消毒的优点是(　　)。

A. 运行费低　B. 便于管理　C. 不受水的 pH 影响　D. 可持续消毒

答案：C

121. 水体富营养化的征兆是(　　)的大量出现。

A. 绿藻　B. 蓝藻　C. 硅藻　D. 鱼类

答案：B

122. 棱镜的色散作用是利用光的(　　)原理。

A. 折射　B. 干涉　C. 衍射　D. 透射

答案：A

123. 有色溶液的浓度增加 1 倍时，其最大吸收峰的波长(　　)。

A. 增加 1 倍　B. 减少一半　C. 增加 2 倍　D. 不变

答案：D

124. 影响有色络合物的摩尔吸光系数的因素是(　　)。

A. 比色皿的厚度　B. 入射光的波长　C. 有色物的浓度　D. 比色时间

答案：B

125. 光栅的色散作用是基于光的(　　)原理。

A. 折射　B. 干涉　C. 衍射　D. 散射

答案：C

126. 朗伯定律适用于(　　)。

A. 无色溶液　B. 有色溶液　C. 任何溶液　D. 不透明溶液

答案：B

127. 比色分析的理论基础是(　　)。

A. 朗伯定律　B. 比耳定律　C. 朗伯-比耳定律　D. 法拉第定律

答案：C

128. 在分光光度法中，如果显色剂本身有色，而且试样显色后在测定中发现其吸光度很小时，应选用(　　)作为参比液。

A. 空气　B. 蒸馏水　C. 试样　D. 试剂空白

答案：D

129. 通常以测得的响应信号与被测浓度作图，用最小二乘法进行线性回归，求出回归方程和相关系数，需用至少(　　)不同浓度的样品。

A. 2 个　B. 3 个　C. 5 个　D. 10 个

答案：C

130. 在分光光度法中，若增加比色皿的厚度则吸光度(　　)。

A. 不一定增加　B. 不一定减少　C. 一定减少　D. 一定增加

答案：D

131. 在用分光光度计测定吸光度的过程中，下列操作错误的是(　　)。

A. 手拿比色皿的透光面　B. 手拿比色皿毛面

C. 待测溶液注到比色皿的 2/3 高度　D. 比色皿要配套使用

答案：A

132. 在一般的分光光度法测定中，被测物质浓度的相对误差($\Delta c/c$)大小(　　)。

A. 与透光度(T)成反比　B. 与透光度(T)成正比

C. 与透光度的绝对误差(ΔT)成正比　D. 与透光度的绝对误差(ΔT)成反比

答案：C

133. 测定悬浮物时，取适量水样过滤，将滤材连同残渣在(　　)下烘至恒重。

A. 100℃　　B. 103~105℃　　C. 600℃　　D. 95℃

答案：B

134. 气体探测仪是一种检测(　　)的仪器。

A. 气体种类　　B. 气体密度　　C. 气体浓度　　D. 气体体积

答案：C

135. 溶液加水稀释后，溶液中保持不变的是(　　)。

A. 溶液中溶质质量分数　　B. 溶液的质量

C. 溶质的质量　　D. 溶剂的质量

答案：C

136. 汞的污染使人产生(　　)。

A. 骨痛病　　B. 水俣病　　C. 癌症　　D. 心脑血管病

答案：B

137. 显微镜的目镜是16X，物镜是10X，则放大倍数是(　　)。

A. 16倍　　B. 10倍　　C. 100倍　　D. 160倍

答案：D

138. 浊度计是利用水中悬浮杂质对光具有散射作用的原理制成的，其测得的浊度是散射浊度单位(　　)。

A. NTU　　B. TU　　C. DTU　　D. JTU

答案：A

二、多选题

1. 电化学分析用参比电极应具备的性质包括(　　)。

A. 电位值恒定　　B. 微量电流不能改变其电位值

C. 对温度改变无滞后现象　　D. 容易制备，使用寿命长

答案：ABCD

2. 下列属于氟电极组成的是(　　)。

A. 内参比电极　　B. 内参比液　　C. 单晶片　　D. 外参比液

答案：ABC

3. 溶液的酸度对光度测定有显著影响，它影响(　　)。

A. 待测组分的吸收光谱　　B. 显色剂的形态

C. 待测组分的化合状态　　D. 显色化合物的组成

答案：ABCD

4. 定量分析中产生误差的原因包括(　　)。

A. 方法误差　　B. 仪器误差　　C. 试剂误差　　D. 操作误差

答案：ABCD

5. 进行电导率测定时，电容补偿的目的是(　　)。

A. 消除电解质电容　　B. 消除电缆分布电容

C. 增加电解质电容　　D. 增加电缆分布电容

答案：AB

6. 下列关于吸附指示剂的说法，正确的有(　　)。

A. 吸附指示剂是一种有机染料

B. 吸附指示剂能用于沉淀滴定中的法扬司法

C. 吸附指示剂指示终点是由于指示剂结构发生了改变

D. 吸附指示剂本身不具有颜色

答案：ABC

7. 通常采用(　　)表示数据的分散程度。
A. 平均偏差　　B. 标准偏差　　C. 平均值的标准偏差　　D. 总体平均值
答案：ABC
8. 滴定法是利用滴定过程中(　　)来确定终点的滴定方法。
A. 电量突变　　B. 电位突变　　C. 电导突变　　D. 指示剂变色
答案：BCD
9. 测量仪器包括(　　)。
A. 实物量具　　B. 测量用仪器仪表　　C. 标准物质　　D. 测量装置
答案：ABCD
10. 配制硫代硫酸钠溶液要用刚煮沸又冷却的蒸馏水，其原因是(　　)。
A. 减少溶于水中的二氧化碳　　B. 减少溶于水中的氧气
C. 防止硫代硫酸钠分解　　D. 杀死水中的微生物
答案：AD
11. 配制弱酸及其共轭碱组成的缓冲溶液，主要应(　　)。
A. (如果是液体)计算出所需液体体积　　B. (如果是固体)计算出固体的质量
C. 计算所加入的强酸或强碱的量　　D. 计算所加入的弱酸或弱碱的量
答案：AB
12. 滴定管可使用(　　)方法进行校正。
A. 绝对校正(称量)　　B. 相对校正(称量)
C. 相对校正(移液管)　　D. 相对校正(容量瓶)
答案：AC
13. 萃取分离法的缺点是(　　)。
A. 简单　　B. 萃取剂常是易挥发的
C. 萃取剂常是易燃、有毒的　　D. 手工操作工作量较大
答案：BCD
14. 在沉淀过程中，为了除去易吸附的杂质离子，应采取的方法有(　　)。
A. 将易被吸附的杂质离子分离掉　　B. 改变杂质离子的存在形式
C. 在较浓溶液中进行沉淀　　D. 洗涤沉淀
答案：AB
15. 水中的总磷包括(　　)磷。
A. 溶解的　　B. 颗粒的　　C. 有机的　　D. 无机的
答案：ABCD
16. 污水水质指标通常分为(　　)类。
A. 物理指标　　B. 化学指标　　C. 生物指标　　D. 理化指标
答案：ABC
17. 为获得较纯净的沉淀，可采取的措施有(　　)。
A. 选择适当的分析程序　　B. 再沉淀
C. 在较浓溶液中进行沉淀　　D. 洗涤沉淀
答案：ABD
18. 下列属于生活污水的有(　　)。
A. 粪便水　　B. 洗浴水　　C. 洗涤水　　D. 冲洗水
答案：ABCD
19. 可用来衡量精密度好坏的是(　　)。
A. 绝对偏差　　B. 相对误差　　C. 绝对误差　　D. 标准偏差
答案：AD
20. 下列物质可以用水溶解的有(　　)。

A. 硝酸钠　　B. 氯化钠　　C. 溴化钾　　D. 氧化铁

答案：ABC

21. 光吸收定律适用于(　　)

A. 可见光区　　B. 紫外光区　　C. 红外光区　　D. X 射线光区

答案：ABCD

22. 影响平衡移动的因素有(　　)。

A. 浓度　　B. 压强　　C. 温度　　D. 时间

答案：ABC

23. 污水中的(　　)等营养物质排放到水体，将引起水体富营养化。

A. 有机物　　B. 氮　　C. 磷　　D. 硫

答案：BCD

24. 悬浮物在水中的沉淀可分为(　　)。

A. 自由沉淀　　B. 絮凝沉淀　　C. 成层沉淀　　D. 压缩沉淀

答案：ABCD

25. 水中所含总固体包括(　　)。

A. 可溶性固体　　B. 胶体　　C. 漂浮物　　D. 悬浮固体

答案：ABD

26. 城市污水的物理性质包括(　　)。

A. 水温　　B. 颜色　　C. 气味　　D. 氧化还原电位

答案：ABCD

三、判断题

1. 分析结果的置信度要求越高，置信区间越小。

答案：错误

2. 常规分析一般平行测定次数是 6 次。

答案：错误

3. $c(Na^+)=8.7\times10^{-2}$mol/L 的有效数字的位数是 4 位。

答案：错误

4. 滴定分析法是使用滴定管将一未知浓度的溶液滴加到待测物质的溶液中，直到与待测组分恰好完全反应。

答案：错误

5. 将标准溶液从滴定管滴加到被测物质溶液的操作过程称为滴定。

答案：正确

6. 在滴定分析中，从滴定管中将标准溶液滴加到待测物质的溶液中，直到与待测组分的反应定量完成，此时，它们的体积相等。

答案：错误

7. 在滴定分析中，滴定终点是指示剂的颜色突变的那一点。

答案：正确

8. 在滴定分析中，由于滴定终点和化学计量点不恰好相符而引起的误差叫作终点误差。

答案：正确

9. 置换滴定法是先向被测溶液中加入另一种物质使之反应，置换出一定量能被滴定的物质来，然后用适当的滴定剂进行滴定。

答案：正确

10. 不是基准物质就不能用来配制标准溶液。

答案：错误

11. 基准物质的化学性质必须很稳定，不与大气中的其他组分发生反应，但对结晶水没有要求。

答案：正确

12. 滴定分析用的标准溶液的浓度常用质量分数和体积分数表示。

答案：错误

13. 标准溶液的配制只能用分析天平准确称量，直接配制。

答案：错误

14. 用直接法配制标准溶液的操作方法是：准确称取一定量的基准物质溶解后，定量地转移到刻度烧杯中，稀释到一定体积。

答案：错误

15. 先将某物质配成近似所需浓度溶液，再用基准物质测定其准确浓度，这一操作叫作“滴定”。

答案：错误

16. 用基准物标定标准溶液时，先准确称取一定量的基准物，溶于水后再用标准溶液滴定至反应完全。

答案：错误

17. 标准溶液的浓度是确定的，在使用中不能稀释改变其浓度。

答案：错误

18. 氯化银的 $K_{sp}(1.56\times10^{-10})$ 比铬酸银的 $K_{sp}(9\times10^{-12})$ 大，所以氯化银在水溶液中的溶解度比铬酸银大。

答案：错误

19. 测定 SCN^- 含量时，选用重铬酸钾指示剂指示终点。

答案：错误

20. 用草酸二水合物标定高锰酸钾溶液时，溶液的温度一般不超过 60℃，以防草酸分解。

答案：错误

21. 0.1978g 基准三氯化二砷，在酸性溶液中恰好与 40.0mL 高锰酸钾完全反应，则高锰酸钾溶液的浓度为 0.02000mol/L（三氯化二砷的相对分子量为 197.8）。

答案：正确

22. 电位滴定法具有灵敏度高、准确度高、应用范围广等特点。

答案：正确

23. 在自动电位滴定法测乙酸的实验中，搅拌子的转速应控制在高速。

答案：错误

24. 玻璃电极的电位是内参比电极电位和膜电位之和。

答案：正确

25. pH 为 8 的溶液的氢离子浓度是 1.0×10^{-8}mol/L。

答案：正确

26. 不常用的 pH 电极在使用前应用纯水活化。

答案：错误

27. 甘汞电极是 pH 电极的内参比电极。

答案：错误

28. 当被测溶液为无色时，就不能用比色分析法。

答案：错误

29. 比耳定律说的是溶液对光的吸收程度与溶液的浓度成正比而与液层的厚度无关。

答案：错误

30. 在吸光光度分析中，为了提高分析的灵敏度，必须选择具有最小 ε 值的波长作为入射光。

答案：错误

31. 在目视比色法测定中，要求测定用的比色管中所加入的显色剂和其他试剂必须与标准系列完全一样。

答案：正确

32. 如果待测样品的浓度超出标准曲线的浓度范围，就不能用分光光度法测定。

答案：错误

33. 分析仪器的分光能力越强，得到的单色光就越纯，分析的灵敏度就越高。

答案：正确

34. 吸光光度法应用广泛，几乎所有的无机离子和许多有机化合物都可以直接或间接使用此法测定。
答案：正确
35. 有色络合物的离解常数越大，络合物就越稳定，络合物越稳定比色测定的准确度就越高。
答案：错误
36. 在比色分析中，当有干扰元素存在时，就不能用此法测定。
答案：错误
37. 吸光光度法只能测定有颜色物质的溶液。
答案：错误
38. 待测溶液的浓度越大，吸光光度法的测量误差越大。
答案：错误
39. 用亚甲蓝分光光度法测阴离子合成洗涤剂时所用的波长属于可见光波长。
答案：正确
40. 吸光度读数在 0.15~0.7 范围内，测量较准确。
答案：正确
41. Fe^{3+}/Fe^{2+}电对的电位在加入盐酸后会降低，加入邻二氮菲后会升高。
答案：正确
42. 有色溶液的摩尔吸光系数越大，则测定时灵敏度越高。
答案：正确
43. 重量分析法是化学分析中最先进的分析法。
答案：错误
44. 重量分析法适用于微量分析，并且相对误差较小。
答案：错误
45. 重量分析法中，沉淀形式和称量形式一定要相同。
答案：错误
46. 重量分析法要求沉淀剂的选择性要好，即要求只与待测组分生成沉淀，而与其他干扰组分不形成沉淀。
答案：正确
47. 硫酸钡是典型的非晶形沉淀。
答案：错误
48. 水合氧化铁是典型的晶形沉淀。
答案：错误
49. 形成晶形沉淀的条件要求沉淀作用完毕后，立即进行过滤。
答案：错误
50. 重量分析法准确度比吸光光度法高。
答案：正确
51. 重量分析法中，对晶形沉淀要陈化。
答案：错误
52. 重量分析沉淀的灼烧是在洁净并预先经过两次以上灼烧至恒重的坩埚中进行。
答案：正确
53. 在重量法测定硫酸根实验中，硫酸钡沉淀是非晶形沉淀。
答案：错误
54. 在酸碱滴定法中，强酸和强碱都可以做滴定剂。
答案：正确
55. 在酸碱滴定过程中，溶液的 pH 是随滴定剂的加入不断变化的。
答案：正确
56. 酸碱反应进行的程度可用从指示剂的颜色变化来预计。
答案：正确

57. 利用酸碱滴定法测定物质含量的反应，绝大多数没有外观上的变化，因此必须借助酸碱指示剂颜色的改变来指示终点的到达。

答案：正确

58. 在酸碱滴定中，利用反应物与生成物的颜色不同来确定滴定终点的到达。

答案：正确

59. 酸碱指示剂在溶液中的离解平衡为 $HIn \rightleftharpoons H^+ + In^-$，当加入酸时，平衡向右移动。

答案：错误

60. 在酸碱滴定过程中，当只能看到酸色时，$c(HIn)/c(In^-)$一定小于 10。

答案：错误

61. 在酸碱滴定过程中，当只能看到碱色时，$c(HIn)/c(In^-)$一定大于 10。

答案：错误

62. 酚酞在碱性溶液中呈无色。

答案：错误

63. 甲基橙在碱性溶液中呈黄色。

答案：正确

64. 混合指示剂利用两种指示剂之间的化学反应，使终点颜色变化敏锐。

答案：错误

65. 混合指示剂是因为两种指示剂的颜色都一样，所以使颜色加深，使终点更敏锐。

答案：错误

66. 滴定突跃是指滴定曲线上垂直上升的那段曲线所对应的 pH 范围。

答案：正确

67. 如果指示剂的变色范围全部处于滴定突跃之内，则滴定误差最小。

答案：正确

68. 用碱滴定酸时，不用甲基红和甲基橙指示剂，是因为它们的变色范围不在滴定突跃之内。

答案：错误

69. 为了提高分析的准确度，应多加些指示剂。

答案：错误

70. 溶液的温度变化时将使指示剂的变色范围改变。

答案：正确

71. 碳酸氢钠中含有氢，故其水溶液呈酸性。

答案：错误

72. 硫酸与水互溶并会吸收大量的热。

答案：错误

73. 强碱的浓溶液可以存放于带玻璃塞的瓶中。

答案：错误

74. 配制 1.0mol/L 的硫酸溶液 1L，需量取硫酸溶液（$\rho = 1.84g/cm^3$，质量分数为 98%）56mL，并加水稀释至 1L。

答案：正确

75. 称取 28g 氢氧化钾，用纯水稀释至 1L，该溶液的浓度为 0.25mol/L。

答案：错误

76. 在 $[Ag(CN)_2]^-$ 中，Ag^+ 是中心离子。

答案：正确

77. 在 $[Cu(NH_3)_4]SO_4$ 络合物中，SO_4^{2-} 是配位体。

答案：错误

78. EDTA 易溶于酸和有机溶剂。

答案：错误

79. EDTA 二钠盐的饱和溶液呈碱性。

答案：错误

80. EDTA 的全称是乙二胺四乙酸。

答案：正确

81. EDTA 在水中的溶解度较大。

答案：错误

82. EDTA 具有 6 个络合能力很强的配位原子与金属离子键合，因此在 EDTA 络合物中能形成多个六元螯合物。

答案：错误

83. 一般情况下，一个 EDTA 可与多个金属离子络合。

答案：正确

84. EDTA 与金属离子的络合比较复杂。

答案：错误

85. 在碱性较强时，EDTA 与有些金属离子会形成碱式络合物，此时，它们的络合比将改变。

答案：错误

86. EDTA 的溶解度小，但它的络合物的水溶性大。

答案：正确

87. EDTA 与金属离子形成的酸式络合物或碱式络合物的稳定性较差。

答案：正确

88. EDTA 与金属离子的络合反应速度快，一般都能迅速完成。

答案：正确

89. 以 M 表示金属离子，Y 表示 EDTA，MY 表示它们的络合物，则 MY 的稳定常数 K 的表达式为 $K=c(\mathrm{M})c(\mathrm{Y})/c(\mathrm{MY})$。

答案：错误

90. 金属指示剂是一种显色剂，它能与金属离子形成有色络合物。

答案：正确

91. 滴定法可以先置换出金属离子再用 EDTA 滴定，也可以先置换出 EDTA 再用金属离子标准溶液滴定。

答案：正确

92. 络合滴定曲线描述了滴定过程中溶液 pH 变化的规律性。

答案：错误

93. 在液-液萃取分离法中，分配比随溶液酸度改变。

答案：正确

94. 缓冲溶液稀释，pH 保持不变。

答案：错误

95. 在氧化反应中，物质得到电子，化合价升高。

答案：错误

96. 凡是有电子得失的化学反应，都叫氧化还原反应。

答案：正确

97. 在氧化还原滴定中，为了使氧化还原反应能按所需方向定量地迅速进行，要正确地选择和控制反应条件。

答案：正确

98. 氧化还原反应中常有诱导反应发生，对滴定分析不利，应设法避免。

答案：正确

99. 有些氧化还原反应的反应速度慢，或有副反应发生，不能用于氧化还原滴定法。

答案：正确

100. 氧化还原滴定法的分类是根据所用的指示剂不同进行的。

答案：错误

101. 常用的高锰酸钾法、重铬酸钾法和碘量法，都属于氧化还原滴定法。

答案：正确

102. 用高锰酸钾滴定无色或浅色的还原剂溶液时，稍过量的高锰酸钾就会使溶液呈粉红色，指示终点的到达。所以高锰酸钾属于专属指示剂。

答案：错误

103. 氧化还原指示剂是本身具有氧化还原性质的有机化合物，能因氧化还原作用而发生颜色变化，指示终点到达。

答案：正确

104. 淀粉是碘量法的专属指示剂，可溶性淀粉与碘分子(I_2)生成无色络合物，当碘分子(I_2)被还原为I^-时，出现蓝色。

答案：错误

105. 酸化高锰酸钾溶液时，不宜用盐酸而应用硫酸，是因为盐酸不及硫酸的酸性强。

答案：错误

106. 高锰酸钾法不在中性溶液中使用，主要是因为高锰酸钾的还原产物是二氧化锰棕色沉淀，影响滴定终点的观察。

答案：正确

107. 以高锰酸钾为滴定剂，根据被测物质的性质，可以采用不同的方法，测定一些还原性物质时，可采用直接法。

答案：正确

108. 重铬酸钾溶液不稳定，配好的溶液不能长期保存。

答案：错误

109. 重铬酸钾法的选择性较高锰酸钾法好。

答案：正确

110. 重铬酸钾在酸性溶液中与还原剂作用被还原为Cr^{3+}，$Cr_2O_7^{2-}$的电子转移数是3。

答案：错误

111. 在室温下，$Cr_2O_7^{2-}$与Cl^-不反应，所以重铬酸钾法可以在盐酸介质中进行测定。

答案：正确

112. 沉淀的沉淀形式和称量形式既可相同，也可不同。

答案：正确

113. 硫酸钙和硫酸镁形成的硬度属于永久硬度。

答案：正确

114. 氯化钙和氯化镁形成的硬度属于暂时硬度。

答案：错误

115. EDTA与钙离子形成的络合物的稳定性，大于铬黑T与钙离子形成的络合物的稳定性。

答案：正确

116. 用EDTA测定水中总硬度，终点时溶液呈蓝色，这是铬黑T与钙镁离子形成的络合物的颜色。

答案：错误

117. 在水的硬度表示中，1法国度相当于水中含有碳酸钙1mg/L。

答案：错误

118. 如果原水碱度过低，造成混凝不良，可加适量石灰或其他碱化剂提高碱度。

答案：正确

119. 水中重碳酸盐和氢氧化物二种碱度可以共同存在。

答案：错误

120. 水中碳酸盐和氢氧化物二种碱度可以共同存在。

答案：正确

121. 可以用电导率来比较水中溶解物质的含量。

答案：正确

122. 可使用甘汞电极测定乙酸溶液的电导率。

答案：错误

123. 用硝酸银测定水中 Cl^-，操作简单，终点比硝酸汞法敏锐。

答案：正确

124. 用硝酸银测定水中的 Cl^- 时，硝酸银先与 Cl^- 生成氯化银沉淀，待反应完成后多加的 1 滴硝酸银与铬酸钾生成红色铬酸银沉淀，指示终点。

答案：正确

125. 用硝酸银测定 Cl^- 时，水中存在的碘化物、溴化物和氟化物都会消耗硝酸银，但一般水中含量很少，对测定结果无多大影响。

答案：正确

126. 由于氯化银的溶解度比铬酸银的溶解度大，所以先形成氯化银沉淀。

答案：错误

127. 用重量法测定硫酸盐，加入氯化钡溶液时，应在加热状态下进行，氯化钡溶液应逐滴滴入水中，并不断加以搅拌，以减少共沉淀。

答案：正确

128. 用铬酸钡分光光度法测定水中硫酸盐的原理是：在酸性溶液中，铬酸钡与硫酸盐生成硫酸钡沉淀及铬酸根离子，根据硫酸钡沉淀的多少，比色定量。

答案：错误

129. 当水体硝酸盐氮、亚硝酸盐氨和氨氮几种氮化合物共存时，说明水体较为稳定。

答案：错误

130. 测定水中的硝酸盐氮时，取样后应尽快测定。

答案：正确

131. 水中氟化物的测定可采用电极法和比色法，比色法适用于浊度、色度较高的水样。

答案：错误

132. 用电极法测定水中的氟，此法适应范围较宽，浊度、色度较高的水样均不干扰测定。

答案：正确

133. 砷化物都有毒，五价砷比三价砷的毒性大。

答案：错误

134. 用砷斑法测定水中的砷具有较好的准确度。

答案：错误

135. 氰化氢、氰化钾、氰化钠都是简单的氰化物，有剧毒。

答案：正确

136. 异烟酸-吡唑酮分光光度法测定水中的氰化物的原理是：在 pH 为 7.0 的溶液中，用氯胺 T 将氰化物转变为氯化氰，再与异烟-酸吡唑酮作用，生成蓝色染料，比色定量。

答案：正确

137. 测定水中的氰化物时，水样在酸性条件下加入一定量的乙酸锌蒸馏，水中的氰化物全部被蒸出。

答案：错误

四、简答题

1. 简述朗伯-比耳定律的定义，并写出其公式。

答：当一束平行的单色光通过均匀、非散射的稀溶液时，溶液对光的吸收程度与溶液的浓度及液层厚度的乘积成正比。此定量关系称为光的吸收定律，也叫朗伯-比耳定律。它的数学表达式是：$A = Kcb$，

式中：A 是吸光度；K 是吸光系数；c 是溶液的浓度，mol/L；b 是液层厚度，cm。

2. 简述准确度与误差的概念与关系。

答：分析结果的准确度是指测得值与真实值之间的符合程度，通常用误差表示。误差越小表示准确度越高，误差的大小可用绝对误差和相对误差两种方式表示。

(1)绝对误差=测得值-真实值

(2)相对误差=绝对误差/真实值×100%

3. 简述分光光度法的原理及其特点。

答：分光光度法是通过测量溶液中物质对光的吸收程度而测得物质含量的方法。在分光光度计中，用分光能力较强的棱镜或光栅来分光，从而获得纯度较高、波长范围较窄的单色光，因而提高了其测定的灵敏度和选择性，其主要特点有：

(1)灵敏度高，待测物质的浓度下限一般可达 10^{-6} ~ 10^{-5}mol/L。

(2)准确度高，分光光度法的相对误差为2%~5%，能满足微量组分分析的要求。

(3)操作简便、快速，仪器设备不太复杂。

(4)应用广泛。

4. 简述滴定分析法的定义。

答：滴定分析法使用滴定管将一种已知准确浓度的标准溶液滴加到待测物质溶液中，直到与待测组分恰好完全反应，这时加入标准溶液的物质的量与待测组分的物质的量符合化学式的化学计量关系，根据标准溶液的浓度和所消耗的体积算出待测组分的含量。

5. 简述溶液呈现不同颜色的基本原理并举例说明。

答：我们日常所见的白光如日光，它是由红、橙、黄、绿、青、蓝、紫等有色光按一定的比例混合而成的。溶液呈现不同的颜色是由于该溶液对光具有选择性吸收的缘故。当一束白光通过某种溶液时，由于溶液中的离子和分子对不同波长的光具有选择性的吸收，而使溶液呈现出不同的颜色。如硝酸铜溶液吸收了白光中的黄色光而呈现蓝色，高锰酸钾溶液吸收了绿色光而呈现紫色。即溶液选择性吸收了白光中的某种波长的光，而呈现出透射光的颜色。

6. 简述摩尔吸光系数的概念及摩尔吸光系数的意义。

答：在朗伯-比耳定律 $A=Kcl$ 中如果溶液的浓度 c 以物质的量浓度(单位：mol/L)表示，液层厚度1cm，则常数 K 称为摩尔吸光系数，用 ε 表示。其物理意义是：浓度为1mol/L的溶液，在厚度为1cm的比色皿中，在一定波长下测得的吸光度。摩尔吸光系数表示物质对某一特定波长光的吸收能力，可以衡量显色反应的灵敏度。ε 值越大，表示该显色反应越灵敏。

7. 简述光的吸收定律。

答：当一束平行的单色光通过溶液时，由于溶质吸收光能，光的强度就要降低，这种现象称为溶液对光的吸收作用。溶液的浓度越大，光透过液层厚度越大，则光被吸收的就越多，这一规律称为朗伯-比耳定律。当一束单色光通过均匀溶液时，其吸光度与溶液的浓度和液层厚度的乘积成正比。

8. 简述吸光光度法的原理及其特点。

答：吸光光度法是通过测量溶液中物质对光的吸收程度而测得物质含量的方法。在分光光度计中，用分光能力较强的棱镜或光栅来分光，从而获得纯度较高、波长范围较窄的单色光，因而提高了其测定的灵敏度和选择性。

其主要特点有：

(1)灵敏度高，待测物质的浓度下限一般可达 10^{-6} ~ 10^{-5}mol/L。

(2)准确度高，分光光度法的相对误差为2%~5%，能满足微量组分分析的要求。

(3)操作简便、快速，仪器、设备不太复杂。

(4)应用广泛。

9. 简述重量分析法的定义。

答：重量分析法是化学分析中最经典的分析方法，也是常量分析中准确度最好、精密度较高的方法之一。重量分析法中，沉淀法是最常用的和最重要的分析方法。该法是将被测物质选择性地转化成一种不溶的沉淀，经沉淀分离、洗涤干燥或灼烧后，准确地称其质量。根据沉淀的质量和已知的化学组成通过计算求出被测物质的含量。

10. 简述重量分析法对沉淀式和称量式的要求。

答：(1)对沉淀式的要求：

①沉淀必须定量完成，沉淀的溶解度要小。

②沉淀要便于过滤和洗涤。

③沉淀要纯净，要避免杂质的污染。

④沉淀要有合适的称量形式。

(2)对称量式的要求：

①称量形式的组成要与化学式完全相符。

②称量形式的性质要稳定。

③称量形式的摩尔质量要大。

11. 简述酸碱滴定法的定义。

答：酸碱滴定法又称中和法，是以质子传递反应为基础的滴定分析法。可以用酸做标准溶液滴定碱及碱性物质，也可以用碱做标准溶液测定酸及酸性物质。根据滴定剂的体积和浓度计算被测物质的含量。

12. 简述酸碱滴定法的特点。

答：酸碱滴定法是应用很广泛的一种滴定分析法。它所采用的仪器简单，操作方便，只要有基准物质作为标准，酸碱滴定法就可以测得准确的结果。酸碱反应具有以下特点：

(1)反应进行极快。

(2)反应过程简单，副反应少。

(3)反应进行的程度容易从酸碱平衡关系预计。

(4)滴定过程中 H^+浓度发生变化，有多种酸碱指示剂可供选择来指示滴定终点的到达。

13. 简述酸碱指示剂的变色原理，并举例说明。

答：酸碱指示剂一般是弱的有机酸或有机碱，它们在溶液中或多或少地被离解成离子，因其分子和离子具有不同的结构，因而具有不同的颜色。例如：酚酞是一种有机酸，它们在溶液中存在如下的离解平衡

$$HIn(\text{无色}) \rightleftharpoons H^+ + In^-(\text{红色})$$

随着溶液中 H^+浓度不断改变，上述平衡不断被破坏。当加入酸时，平衡向左移动，生成无色的酚酞分子，使溶液呈现无色。当加入碱时，碱中 OH^-与 H^+结合生成水，使 H^+浓度降低，平衡向右移动，红色的 In^-增多，使溶液呈现粉红色。

14. 简述混合指示剂的变色原理。

答：混合指示剂利用颜色互补的原理使终点变色敏锐，变色范围变窄。其作用原理有 2 种：

(1)由某种酸碱指示剂与一种惰性染料相混合，染料并非酸碱指示剂，它的颜色不随溶液 pH 的变化而变化，而溶液 pH 达到某一数值时，由于指示剂的颜色与染料颜色的互补作用使变色更敏锐。

(2)由两种或两种以上的指示剂相混合，当溶液改变时，几种指示剂都能变色，由于颜色的互补作用使变色范围变窄，因而提高了变色的敏锐性。

15. 简述滴定突跃的定义。

答：在酸碱滴定过程中，溶液的 pH 是不断改变的。以用氢氧化钠标准溶液滴定盐酸溶液为例。在滴定过程中以氢氧化钠的加入量为横坐标，以溶液的 pH 为纵坐标作图，可以看出随着氢氧化钠标准溶液的加入，溶液的 pH 缓慢上升。在化学计量点附近，很少一点氢氧化钠标准溶液的加入，就会引起 pH 的突然变化，变化曲线几乎是垂直上升，这一上升的 pH 范围叫滴定突跃。

16. 简述 EDTA 与金属离子形成的络合物的特点。

答：(1)络合面广，除一价碱金属离子外，绝大多数金属离子与 EDTA 形成的络合物都是非常稳定的。

(2)络合比简单，一般情况下，它与一价至四价的金属离子都形成 1∶1 的络合物。仅个别金属离子形成 2∶1 的络合物。

(3)络合物的水溶性大。

(4)络合反应速度快。

(5)有比较简单的确定终点的方法。

17. 简述络合滴定对络合反应条件的要求。

答：(1)生成的络合物要有确定的组成，即中心离子与络合剂严格按一定比例络合。

(2)生成的络合物要有足够的稳定性。

(3)络合反应速度要足够快。

(4)有适当的指示剂或其他方法确定终点的到达。

18. 简述金属指示剂的变色原理，并举例说明。

答：金属指示剂大多是有机染料，能与某些金属离子生成有色络合物，此络合物的颜色与金属指示剂的颜色不同。下面举例说明：

用 EDTA 标准溶液滴定镁，以铬黑 T(以 H_3In 表示其分子式)为指示剂，在 pH = 10 的缓冲溶液中，铬黑 T 与镁离子络合后生成红色络合物。当以 EDTA 溶液进行滴定时，EDTA 逐渐夺取络合物中的 Mg^{2+}，生成了更稳定的络合物 MgY^{2+}。直到 $MgIn^-$完全转变为 MgY^{2-}，同时游离出铬黑 T 使溶液呈蓝色，指示滴定终点的到达。

19. 简述金属指示剂应具备的条件。

答：(1)金属指示剂络合物与指示剂本身的颜色应有明显的区别。

(2)指示剂与金属离子形成的络合物必须有足够的稳定性，但又必须低于相应的 EDTA 与金属离子络合物的稳定性。

(3)指示剂与金属离子的显色反应要迅速、灵敏，且有良好的变色可逆性，且 MIn 络合物应易溶于水。

(4)指示剂应有一定的选择性，即在一定条件下用 EDTA 滴定某一种离子时，它只与该离子显色。

(5)指示剂应该比较稳定，以便贮存和使用。

20. 简述金属离子指示剂的封闭的定义。

答：指示剂与金属离子形成的络合物必须有足够的稳定性，但又必须低于相应的 EDTA 与金属络合物的稳定性。

如果指示剂与金属离子生成的络合物比 EDTA 与金属离子生成的络合物更稳定，则 EDTA 就不能从指示剂与金属离子络合物中夺取金属离子而游离出指示剂，这种现象叫指示剂的封闭。

21. 简述金属离子指示剂的僵化的定义。

答：指示剂与金属离子的显色反应要迅速、灵敏且有良好的变色可逆性，且 MIn 络合物应易溶于水。有些 MIn 络合物在水中溶解度太小，使得滴定剂 EDTA 与 MIn 络合物的交换反应进行得缓慢，而使终点拖长，这种现象称为指示剂的僵化。

22. 简述络合滴定的直接滴定法的定义及应用。

答：如果金属离子与 EDTA 的络合反应能满足滴定分析对化学反应的要求，就可用 EDTA 进行直接滴定。它是络合滴定中的基本方法。此法方便、简单、快速，测定结果也较准确。通常只要条件允许，应尽可能用直接滴定法。实际上，大多数的金属离子都可直接用 EDTA 滴定。

23. 简述返滴定法的定义，并说明其适用范围。

答：返滴定法是在一定条件下，向试液中加入已知过量的 EDTA 标准溶液，然后用另一种金属离子的标准溶液滴定过量的 EDTA，由两种标准溶液的浓度和用量，即可求得被测物质的含量。这种方法主要适用于下列情况：被测离子与 EDTA 的反应速度太慢，在反应要求的 pH 条件下，被测离子发生水解等现象干扰测定；用直接法滴定时，无适宜的指示剂，或被测定离子对指示剂有封闭作用。

24. 简述置换滴定法的滴定方式。

答：采用的方式有以下 2 种：

(1)置换出金属离子，然后用 EDTA 进行滴定。被测金属离子 M 置换出另一种络合物 NL 中的金属离子 N。用 EDTA 溶液滴定 N 离子，以达到测定 M 的目的。

(2)置换出 EDTA，然后用另一种标准的金属离子溶液进行滴定。首先使被测离子与干扰离子全部与 EDTA 络合，然后加入另一种络合剂夺取被测离子而释放出与被测离子相当量的 EDTA 即可测得被测离子的含量。

25. 简述氧化还原滴定法的特点。

答：氧化还原滴定法是以氧化还原反应为基础的滴定方法。氧化还原反应机理比较复杂。有些反应速度较慢，有些反应还伴有各种副反应，有时介质对反应也有较大影响。因此，不是所有氧化还原反应都可用作滴定分析，对氧化还原反应，必须创造适当的反应条件，使之符合分析的基本要求。氧化还原滴定法的应用很广泛，可以用来直接测定氧化性物质或还原性物质，也可以用来间接测定能与氧化剂或还原剂发生定量反应的物质。

26. 简述氧化还原滴定法的指示剂的类型。

答：(1)自身指示剂：滴定中根据标准溶液或被滴物质本身颜色的变化指示终点的到达。

(2)专属指示剂：如淀粉是碘量法的专属指示剂。可溶性淀粉与游离碘生成深蓝色络合物，当 I_2 被还原为 I^- 时，蓝色消失，根据蓝色的出现或消失指示终点。

(3)氧化还原指示剂：是本身具有氧化还原性质的有机化合物，其氧化形和还原形具有不同颜色，能因氧化还原作用而发生颜色变化指示终点的到达。

27. 简述氧化还原滴定法的分类。

答：氧化还原滴定法以氧化剂或还原剂作为标准溶液，根据所用的氧化剂和还原剂不同，分为高锰酸钾法、重铬酸钾法、碘量法、溴酸钾法和铈量法等。

28. 简述高锰酸钾法的特点及应用范围。

答：高锰酸钾法是以高锰酸钾作为滴定剂的滴定分析方法。高锰酸钾是一种强氧化剂，在不同酸性条件下，其氧化能力不同，在酸性溶液中(硫酸)它被还原成 Mn^{2+}，由于高锰酸钾在强酸性溶液中具有更强的氧化能力，因此一般在强酸条件下使用。在中性、弱酸性或弱碱性溶液中，高锰酸钾被还原为二氧化锰。由于反应产物为棕色的二氧化锰沉淀，影响滴定终点的观察，所以很少使用。用高锰酸钾滴定有机物时，常在强碱性溶液中进行测定。

29. 简述重铬酸钾法的特点及应用范围。

答：在酸性溶液中重铬酸钾是一种强氧化剂，重铬酸钾的氧化能力不及高锰酸钾强，测定的对象不如高锰酸钾法广泛，但它与高锰酸钾法比较有如下优点：

(1)重铬酸钾极易提纯，性质稳定。它本身是基准物质，可用直接称量的方法配制标准溶液。

(2)重铬酸钾溶液非常稳定。

(3)在室温下不与 Cl^- 反应，也不会发生诱导反应，可以在盐酸介质中进行测定。重铬酸钾法的选择性较高锰酸钾法更好。

30. 简述碘量法的特点及应用范围。

答：碘量法是利用碘的氧化性和碘离子的还原性进行物质含量测定的方法。碘量法分为直接碘量法和间接碘量法两种。

(1)直接碘量法：又称碘滴定法，它是以碘作为标准溶液直接滴定一些还原性物质的方法。

(2)间接碘量法：又称滴定碘量法，它是利用 I^- 的还原作用(通常使用碘化钾)，使 I^- 与氧化性物质反应生成游离的碘，再用还原剂的标准溶液滴定碘，从而测出氧化性物质的含量。

31. 简述沉淀反应具备的条件。

答：根据滴定分析对化学反应的要求，适合于作为滴定用的沉淀反应必须满足以下要求：

(1)反应速度快，生成的沉淀溶解度要小。

(2)反应按一定的化学式定量进行。

(3)有准确的确定理论终点的方法。

32. 简述银量法的分类。

答：银量法的关键问题是正确确定滴定终点，使滴定终点与化学计量点尽可能一致，以减少终点误差。确定终点的方法有 3 种：

(1)以铬酸钾为指示剂，称为摩尔法。

(2)以铁铵矾为指示剂，称为佛尔哈德法。

(3)以吸附指示剂指示终点，称为法扬司法。

33. 简述摩尔法的原理。

答：摩尔法是银量法的一种，在含有 Cl^- 的中性或弱碱性溶液中，以铬酸钾为指示剂，用硝酸银标准溶液滴定。终点的确定是根据分步沉淀的原理，氯化银沉淀的溶解度比铬酸银的小，溶液中首先析出氯化银沉淀，当 Cl^- 沉淀完毕，过量一滴氯化银溶液即与 CrO_4^{2-} 生成砖红色铬酸银沉淀，指示终点的到达。

34. 简述测定水硬度的意义。

答：水硬度主要指水中含有可溶性钙盐和镁盐的量。天然水中雨水属于软水，普通地面水硬度不高，但地下水的硬度较高，水硬度的测定是水的质量控制的重要指标之一。硬度大的水不宜于工业使用，因为它会使锅炉及换热器中结垢，影响热效率。在生活饮用水方面，饮用硬度过高的水会影响肠胃消化功能。使用硬度大的水洗衣服，会浪费大量的肥皂。因此，测定水的总硬度可以为确定用水质量和进行水处理提供依据。

35. 简述测定水硬度的原理。

答：在水样中加入少量铬黑T指示剂，它依次与Ca^{2+}和Mg^{2+}生成红色络合物$MgIn^-$和$CaIn^-$，当用EDTA标准溶液滴定时，EDTA依次与游离的Ca^{2+}和Mg^{2+}结合，然后再依次与$MgIn^-$和$CaIn^-$反应。释放出来的HIn^{2-}使溶液显指示剂的蓝色，表示到达滴定终点。上述反应是测定Ca^{2+}和Mg^{2+}的总量，也就是测定的总硬度。

36. 简述水硬度的单位及换算公式。

答：水硬度的单位常用的有2种：

(1)德国度°dH，1德国度等于10mg/L的氧化钙。

(2)mg/L，以碳酸钙计。

两种单位的换算关系如下：2.804°dH=50.05mg/L(以碳酸钙计)。

37. 简述测定水中钙、镁的原理。

答：在碱性溶液中(pH在12以上)，钙试剂与钙生成的红色络合物的稳定性比EDTA与钙形成的络合物的稳定性稍差，因此可以用钙试剂作为指示剂，用EDTA标准溶液滴定，求出水中钙的含量。以铬黑T为指示剂，用EDTA标准溶液先测定钙、镁总量；再以钙试剂作为指示剂，用EDTA标准溶液测定钙的含量。用钙镁总量减去钙含量即得镁的含量。

38. 简述测定水的碱度的反应原理。

答：水样的碱度，是指测定时加入标准酸液达到中和点时耗用的酸量。水样滴定时先加酚酞指示剂，如呈红色表示有氢氧化物或碳酸盐存在，用标准酸滴至红色刚消失为终点。滴定值相当于氢氧化物和一半的碳酸盐，然后加甲基橙指示剂，此时溶液呈黄色；继续用酸滴定至橙色，pH为4.6为终点，滴定值相当于重碳酸盐和一半的碳酸盐。如仅测定总碱度，则加甲基橙指示剂，用标准酸溶液一次滴至橙色为终点。

39. 简述测定氯化物的意义。

答：氯化物是水和废水中一种常见的无机阴离子。几乎所有的天然水中都有氯离子存在，它的含量范围变化很大。在人类的生存活动中，氯化物有很重要的生理作用及工业用途。正因为如此，在生活污水和工业废水中，均含有相当数量的氯离子。水中氯化物含量高时，会损害管道和构筑物，并妨碍植物的生长。

40. 简述用硝酸银标准溶液滴定氯离子的原理。

答：在中性或弱碱性的水中，加入铬酸钾指示剂，用硝酸银滴定氯化物。因为反应生成物氯化银的溶解度很小，因此滴定时硝酸银先与氯化物生成氯化银沉淀，待反应完成后稍过量的硝酸银与铬酸钾生成红色铬酸银沉淀指示终点。反应式为：

$$NaCl+AgNO_3 \longrightarrow AgCl\downarrow +NaNO_3\text{(白色沉淀)}$$

$$2AgNO_3+K_2CrO_4 \longrightarrow Ag_2CrO_4\downarrow\text{(红色沉淀)}+2KNO_3$$

41. 简述测定硝酸盐氮的意义及方法。

答：硝酸盐氮代表氮循环中有机矿化作用最终的氧化产物。如果水中除硝酸盐氮外并无其他氮素化合物存在，则表示污染物中蛋白质类物质已分解完全，水质较为稳定。如有其他氮素化合物共存，则表示水体正在进行自净，仍有污染物存在的可能。

测定方法有二磺酸酚法和镉柱还原法两种。二磺酸酚法干扰离子较多，特别是氯离子有严重干扰，预处理的步骤烦琐。镉柱还原法操作比较简单，不受氯离子的干扰。

42. 简述用镉柱还原法测定硝酸盐氮的原理及应用。

答：在一定条件下，镉还原剂能将水中的硝酸盐氮还原为亚硝酸盐氮。还原生成的亚硝酸盐氮(包括水样中原有的亚硝酸盐氮)先与对氨基苯磺酰胺重氮化，再与盐酸N(1-萘基)已烯二胺偶合，形成玫瑰红色偶氮染料。用分光光度法测定，减去不经镉柱还原用重氮化偶合比色法测得的亚硝酸盐氮含量，即可得出硝酸盐氮含量。

43. 简述测定砷的意义。

答：砷是一种铁状、灰色、有光泽的金属，所有砷化物都有毒，五价砷毒性低，而三价砷是剧毒物，工业生产中大部分以三价形式存在。砷化合物可以从胃肠道、呼吸道和皮肤3条途径侵入人体，口服摄入砷可引发人体急性中毒。

44. 简述测定氰化物的意义。

答：氰化物在水中有多种存在形式，有简单的氰化物和络合氰化物。简单氰化物易溶于水，且毒性大，络合氰化物的毒性比简单氰化物小得多，但由于能分解出简单氰化物，所以仍应予以重视。

45. 简述氰化物几种测定方法的原理。

答：(1)异烟酸-吡唑酮分光光度法的测定原理是：在 pH 为 7.0 的溶液中，用氯胺 T 将氰化物转变为氯化氰，再与异烟酸-吡唑酮作用，生成蓝色染料，比色定量。

(2)异烟酸-巴比妥酸分光光度法的测定原理是：水样中的氰化物经蒸馏后被碱性溶液吸收，再与氯胺 T 的活性氯作用生成氯化氰，然后与异烟酸-巴比妥酸试剂反应生成紫色化合物，比色定量。

46. 简述测定铅的意义。

答：铅的毒性较强，天然水如含铅量增至 0.3～0.5mg/L 时，即能抑制水生物的生长，从而降低水的自净能力。铅盐在人体中有蓄积作用，长期摄入少量铅也会引起慢性中毒，摄入多量的铅即能引起急性中毒。

47. 简述测定铬的意义。

答：铬是一种银白色、有光泽、硬脆的金属。三价铬为绿色或紫色，六价铬为黄色或深黄色。工业废水特别是电镀废水含有一定量的铬。六价铬有毒，毒性约比三价铬强 100 倍，这种铬盐可从皮肤、呼吸道或胃肠道 3 种途径侵入人体。六价铬的毒性主要表现为胃肠道疾病、烧灼黏膜和皮肤溃疡，急性口服毒性使食道和胃肠黏膜溃疡，红细胞被破坏，肝脏变性和肾脏炎，严重者可致死。

48. 简述测定铬的原理。

答：在酸性条件下，六价铬与二苯碳酰二肼作用，产生未知成分组成的紫红色络合物，比色定量。测定总铬时，在酸性溶液中用高锰酸钾将三价铬氧化为六价铬，过量的高锰酸钾用乙醇还原为二氧化锰，经过滤中和再加酸性二苯碳酰二肼溶液，可测得总铬含量。总铬含量减去六价铬含量等于三价铬含量。

49. 简述测定锌的意义。

答：锌是人体必需的营养元素之一。锌在机体中是酶的组成部分，并参与新陈代谢，无机锌盐毒性较低，有机锌盐毒性较高。自来水中锌的来源除了水源水受到含锌水污染外，主要是水通过镀锌管将锌溶出，水中含锌量在 5mg/L 以上时可使水有苦的收敛味，在碱性水中将呈乳浊状，使水的浊度提高。地面水含锌量达 5mg/L 时，将显著地抑制水的生物氧化作用。

50. 简述测定铁的意义。

答：在好氧环境中的高价铁，其性质较为稳定。高价铁在还原环境中，可转化为亚铁。在缺氧的地下水和在夏季停滞时期的湖水与水库的底层水中亚铁含量较多。地面水的黏土和胶体物中含有一定量不溶性铁，当水样酸化和加热时将溶出，这种铁质经混凝沉淀和过滤等处理，容易去除掉。铁是水中常见的杂质，本身并无毒性。成人体内约含 4000mg 的铁，它是人体必需的营养元素之一。铁对水质的影响主要是影响水的物理外观，含铁量高的水产生黄色或混浊，有时还会有铁腥味。

五、计算题

1. 称取邻苯二甲酸氢钾试样 1.074g，以酚酞为指示剂滴定至终点，用去 0.2048mol/L 的氢氧化钠溶液 25.10mL，求试样中邻苯二甲酸氢钾的质量分数。(邻苯二甲酸氢钾的相对分子质量为 204.22。)

解：邻苯二甲酸氢钾与氢氧化钠反应的物质的量之比为 1∶1。

氢氧化钠的物质的量与邻苯二甲酸氢钾的物质的量相等，即 $n(\mathrm{NaOH})=n_{邻}=(0.2048\times25.10)/1000\approx$ 0.005140mol。

测定出邻苯二甲酸氢钾的质量为 $m_{邻}=0.005140\times204.22\approx1.0497\mathrm{g}$

试样中邻苯二甲酸氢钾的质量分数为 $w_{邻}=1.0497/1.0740\times100\%\approx97.74\%$。

答：试样中邻苯二甲酸氢钾的质量分数为 97.74%。

2. 称取粗铵盐 2.000g，加过量的氢氧化钾溶液，加热蒸出的氨吸收在 50.00mL 0.5000mol/L 的盐酸标准溶液中，过量的酸用 0.5000mol/L 的氢氧化钠溶液回滴，用去 1.56mL，计算试样中氨(NH_3)的含量。[氨(NH_3)的相对分子质量为 17.03。]

解：吸收液中盐酸的物质的量为 $n_1=0.5000\times50/1000=0.02500\mathrm{mol}$。

剩余的酸的物质的量为 $n_2=0.5000\times1.56/1000=0.0007800\mathrm{mol}$。

与氨反应的酸的物质的量为 $n_3=0.02500-0.0007800=0.02422\mathrm{mol}$。

盐酸与 NH_3 反应比为 1∶1。

NH_3 的质量为 $m(NH_3)=0.02422\times17.03\approx0.4125g$。

试样中 NH_3 的质量分数为 $w(NH_3)=0.4125/2.000\times100\%=20.625\%$。

答：试样中 NH_3 的含量为 20.625%。

3. 称取混合碱试样 0.6839g，以酚酞为指示剂，用 0.2000mol/L 的盐酸标准溶液滴定至终点，用去酸溶液 23.10mL；再加甲基橙指示剂，滴定至终点，一共耗去酸溶液 26.81mL，求试样中各组分的质量分数。（碳酸钠的相对分子质量为 106，碳酸氢钠的相对分子质量为 84。）

解：(1) 盐酸和碳酸钠有关反应式为 $HCl+Na_2CO_3 = NaCl+NaHCO_3$

碳酸钠的质量分数为 $w(Na_2CO_3)=0.2\times(23.10/1000)\times106/0.6839\times100\%\approx71.61\%$。

(2) 盐酸和碳酸氢钠的有关反应式为 $NaHCO_3+HCl = NaCl+CO_2\uparrow+H_2O$

碳酸氢钠的质量分数为 $w(NaHCO_3)=0.2\times[(26.81-23.10)/1000]\times84/0.6839\times100\%\approx9.113\%$

答：碳酸钠的质量分数为 71.60%，碳酸氢钠的质量分数为 9.113%。

4. 某磷酸钠（Na_3PO_4）试样，其中含有磷酸氢二钠（Na_2HPO_4），称取试样 1.010g，溶解后以酚酞为指示剂，用 0.3000mol/L 的盐酸溶液滴定到终点，用去 18.02mL；再加入甲基橙指示剂，继续用 0.3000mol/L 的盐酸溶液滴定到终点，一共用去 19.5mL，求试样中磷酸钠及磷酸氢二钠的质量分数。（磷酸钠的相对分子质量为 163.94，磷酸氢二钠的相对分子质量为 141.96。）

解：(1) 磷酸钠和盐酸的反应式为 $Na_3PO_4+HCl = Na_2HPO_4+NaCl$

磷酸钠的质量分数为 $w(Na_3PO_4)=0.3\times(18.02/1000)\times163.94/1.010\times100\%\approx87.75\%$。

(2) 磷酸氢二钠和盐酸的反应式为 $Na_2HPO_4+HCl = NaH_2PO_4+NaCl$

磷酸氢二钠的质量分数为 $w(Na_2HPO_4)=0.3\times[(19.5-18.02)/1000]\times163.94/1.010\times100\%\approx7.21\%$。

答：磷酸钠的质量分数为 87.75%，磷酸氢二钠的质量分数为 7.21%。

5. 称取 0.1005g 纯碳酸钙，溶解后于 100mL 容量瓶中稀释至刻度，吸取 25mL 在 pH 大于 12 时，用钙指示剂指示终点，以 EDTA 标准溶液滴定，用去 24.90mL，试计算：(1) EDTA 的浓度；(2) 滴定度 $T(EDTA/ZnO)$。（碳酸钙的相对分子质量为 100.09，氧化锌的相对分子质量为 81.37。）

解：EDTA 溶液的物质的量浓度为 $c(EDTA)=(0.1005/100.09)\times(25/100)/24.90\times1000\approx0.01008mol/L$。

$T(EDTA/ZnO)=0.01008\times81.37\approx0.8202mg/mL$。

答：EDTA 的浓度为 0.01008mol/L，$T(EDTA/ZnO)$ 为 0.8202mg/mL。

6. 今有一水样，取 100mL 调节其 pH 为 10，以铬黑 T 为指示剂，用 0.010mol/L 的 EDTA 标准溶液滴定，到终点时耗用 EDTA 溶液 25.40mL；另取 100mL 水样调节其 pH 为 12，加钙指示剂后再用 EDTA 滴定，终点时耗用 EDTA 溶液 14.25mL。求水样中钙和镁的含量，用 mg/L 表示。（镁的相对原子质量为 24.31，钙的相对原子质量为 40.08。）

解：以铬黑 T 为指示剂，测得钙离子、镁离子的物质的量为 $n_{总}=0.0100\times25.4=0.2540mmol$。

以钙指示剂测得钙离子的物质的量为 $n(Ca^{2+})=0.01\times14.25=0.1425mmol$。

镁离子的物质的量为 $n(Mg^{2+})=0.2540-0.1425=0.1115mmol$。

镁离子的质量浓度为 $w(Mg^{2+})=0.1115\times24.31/100\times1000\approx27.11mg/L$。

钙离子的质量浓度为 $w(Ca^{2+})=0.1425\times40.08/100\times1000\approx57.11mg/L$。

答：钙的质量浓度为 57.11mg/L，镁的质量浓度为 27.11mg/L。

7. 配制一标准氯化钙溶液，溶解 0.2000g 纯碳酸钙于盐酸中，然后将溶液煮沸除去二氧化碳，在容量瓶中稀释至 250mL，取该溶液 25mL，调节 pH 后，用 EDTA 溶液滴定，耗用 EDTA 溶液 22.62mL，计算 EDTA 溶液的物质的量浓度。（碳酸钙的相对分子质量为 100。）

解：碳酸钙的物质的量浓度为 $n(CaCO_3)=0.2000/100=0.002000mol$。

氯化钙溶液的物质的量浓度为 $c(CaCl_2)=0.002000/250\times1000=0.008000mol/L$。

EDTA 与钙离子的络合反应之比是 1∶1。

EDTA 溶液的物质的量浓度为 $c(EDTA)=0.008000\times25/22.62\approx0.008842mol/L$。

答：EDTA 溶液的物质的量浓度为 0.008842mol/L。

8. 称取 0.15g 草酸钠基准物，溶解后用高锰酸钾溶液滴定，用去 20.00mL，计算高锰酸钾溶液的浓度。（草酸钠的相对分子质量为 134.00。）

解：反应式为 $2MnO_4^- + 5C_2O_4^{2-} + 16H^+ \xlongequal{} 2Mn^{2+} + 10CO_2\uparrow + 8H_2O$

草酸钠的物质的量为 $n(Na_2C_2O_4) = 0.15/134 \approx 0.001119mol$。

则高锰酸钾的物质的量为 $n(KMnO_4) = 0.001119 \times 2/5 = 0.0004476mol$。

高锰酸钾溶液的物质的量浓度为 $c(KMnO_4) = 0.0004476/20 \times 1000 = 0.02238mol/L$。

答：高锰酸钾溶液的浓度为 0.02238mol/L。

9. 称取 0.4207g 石灰石样品，溶解后将 Ca^{2+} 沉淀为草酸钙，过滤沉淀并溶于硫酸中，需用 0.01916mol/L 的高锰酸钾溶液 43.08mL 滴定至终点，求石灰石中钙的质量分数。（钙的相对原子质量为 40。）

解：反应式为 $CaC_2O_4 + 2H^+ \xlongequal{} H_2C_2O_4 + Ca^{2+}$

$2MnO_4^- + 5C_2O_4^{2-} + 16H^+ = 2Mn^{2+} + 10CO_2 + 8H_2O$

高锰酸钾的物质的量为 $n(KMnO_4) = 0.01916 \times (43.08/1000) \approx 0.0008254mol$，相当于草酸钙的物质的量为 $n(CaC_2O_4) = 0.0008254 \times 5/2 \approx 0.002064mol$。

石灰石中钙的质量分数为 $w(Ca) = 0.002064 \times 40/0.4207 \times 100\% \approx 19.62\%$。

答：石灰石中钙的质量分数为 19.62%。

10. 高锰酸钾溶液的浓度为 0.02484mol/L，求用 $FeSO_4 \cdot 7H_2O$ 表示的滴定度。（$FeSO_4 \cdot 7H_2O$ 的相对分子质量为 278.01。）

解：反应式为 $MnO_4^- + 5Fe^{2+} + 8H^+ \xlongequal{} Mn^{2+} + 5Fe^{3+} + 4H_2O$

1mol 高锰酸钾反应消耗 5mol $FeSO_4 \cdot 7H_2O$。

滴定度 $T(KMnO_4/FeSO_4 \cdot 7H_2O) = 0.02484 \times 5 \times 278.01/1000 \approx 0.03453g/mL$。

答：用 $FeSO_4 \cdot 7H_2O$ 表示的滴定度为 0.03453g/mL。

11. 用高锰酸钾法测定 $FeSO_4 \cdot 7H_2O$ 的纯度，称取 0.6000g 溶于 100mL 水中，用硫酸酸化后，用 0.02018mol/L 的高锰酸钾溶液滴定，共消耗 21.00mL，求 $FeSO_4 \cdot 7H_2O$ 的质量分数。（$FeSO_4 \cdot 7H_2O$ 相对分子质量为 278.01。）

解：反应式为 $MnO_4^- + 5Fe^{2+} + 8H^+ \xlongequal{} Mn^{2+} + 5Fe^{3+} + 4H_2O$

1mol MnO_4^- 反应消耗 5mol Fe^{2+}，高锰酸钾的物质的量为 $n(KMnO_4) = 0.02018 \times 21.00/1000 \approx 0.0004238mol$。

相当于 Fe^{2+} 的物质的量为 $n(Fe^{2+}) = 0.0004238 \times 5 = 0.002119mol$。

$FeSO_4 \cdot 7H_2O$ 的质量分数为 $w(FeSO_4 \cdot 7H_2O) = 0.002119 \times 278.01/0.6 \times 100\% = 98.18\%$。

答：试样中 $FeSO_4 \cdot 7H_2O$ 的质量分数为 98.18%。

12. 称取 0.1861g $KHC_2O_4 \cdot H_2O$ 溶解后，在酸性介质中恰好与 25.25mL 高锰酸钾溶液作用，计算高锰酸钾溶液的浓度。（$KHC_2O_4 \cdot H_2O$ 的相对分子质量为 146.14。）

解：反应式为 $2MnO_4^- + 5C_2O_4^{2-} + 16H^+ \xlongequal{} 2Mn^{2+} + 10CO_2\uparrow + 8H_2O$

$KHC_2O_4 \cdot H_2O$ 的物质的量为 $n(KHC_2O_4 \cdot H_2O) = 0.1861/146.14 \approx 0.001273mol$。

消耗的 MnO_4^- 的物质的量为 $n(MnO_4^-) = 0.001273/5 \times 2 \approx 0.0005092mol$。

高锰酸钾溶液的浓度为 $n(KMnO_4) = 0.0005092/25.25 \times 1000 \approx 0.02017mol/L$。

答：高锰酸钾溶液的浓度为 0.02017mol/L。

13. 已知 50mL 0.1200mol/L 的重铬酸钾溶液与一定体积的 0.1mol/L 的高锰酸钾溶液的氧化能力相等，计算高锰酸钾溶液的体积。

解：所谓氧化能力相等即得电子数相等。

设 50mL 0.1200mol/L 的重铬酸钾溶液与体积为 V 的 0.1mol/L 的高锰酸钾溶液的氧化能力相等。

$Cr_2O_7^{2-} + 6e \longrightarrow 2Cr^{3+}$，$MnO_4^{2-} + 5e \longrightarrow Mn^{2+}$

因为 $50 \times 0.12 \times 6 = V \times 0.1 \times 5$，所以 $V = 50 \times 0.12 \times 6/(0.1 \times 5) = 72mL$。

答：与 50mL 0.1200mol/L 的重铬酸钾溶液的氧化能力相等的 0.1mol/L 的高锰酸钾溶液的体积为 72mL。

14. 取 0.1001mol/L 的硫代硫酸钠溶液 25.00mL，用 24.83mL 的碘溶液滴定到终点，求碘溶液的浓度。

解：反应式为 $I_2 + 2S_2O_3^{2-} \xlongequal{} 2I^- + S_4O_6^{2-}$

硫代硫酸钠溶液中硫代硫酸钠的物质的量为 $n(Na_2S_2O_3) = 0.1001 \times (25.00/1000) = 0.002502mol$。

相当于 I_2 的物质的量为 $n(I_2) = 0.002502/2 \approx 0.001251mol$。

碘溶液的物质的量浓度为 $c(I_2)=0.001251/24.83\times1000\approx0.05038mol/L$。

答：碘溶液的浓度为 0.05038mol/L。

15. 称取漂白粉 5.000g，加水研化后转移到 250mL 容量瓶中，并稀释至刻度，从中吸取 25.00mL，加入碘化钾和盐酸，析出的 I_2 用 0.1010mol/L 的硫代硫酸钠溶液滴定，消耗 40.20mL，求漂白粉中有效氯的质量分数。（Cl_2 的相对分子质量为 70.9。）

解：反应式为 $Cl_2+2I^-=2Cl^-+I_2$（结果以 Cl_2 的含量计算）

$I_2+2S_2O_3^{2-}=2I^-+S_4O_6^{2-}$

硫代硫酸钠的物质的量为 $n(Na_2S_2O_3)=0.1010\times(40.2/1000)=0.004060mol$。

相当于 I_2 也相当于 Cl_2 的物质的量为 $n(I_2)=n(Cl_2)=0.004060/2=0.002030mol$。

有效氯的质量分数为 $w(Cl)=0.002030\times70.9/[5.0\times(25/250)]\times100\%\approx28.79\%$。

答：漂白粉中含有效氯的质量分数为 28.79%。

16. 某氯化钠试样 0.5000g，溶解后加入 0.8920g 固体硝酸银，以 Fe^{3+} 为指示剂，用 0.14mol/L 的硫氰化钾溶液回滴过量的硝酸银，用去 25.50mL，求试样中氯化钠的质量分数。（氯化钠的相对分子质量为 58.44，硝酸银的相对分子质量为 169.87。）

解：加入的硝酸银的物质的量 $n(AgNO_3)=0.8920/169.87\approx0.005251mol$。

与硫氰化钾反应的硝酸银的物质的量为 $n_1=0.14\times(25.5/1000)=0.00357mol$。

与氯化钠反应的硝酸银的物质的量为 $n_2=0.005251-0.00357=0.001681mol$。

氯化钠的质量分数为 $w(NaCl)=0.001681\times58.44/0.5\times100\%\approx19.65\%$。

答：试样中氯化钠的质量分数为 19.65%。

17. 称取 0.1510g 纯氯化钠溶于水中，加入硝酸银溶液 30.00mL，以 Fe 为指示剂，用 0.09625mol/L 的 NH_4SCN 溶液滴定过量的银，用去 4.04mL，求硝酸银溶液的浓度。（氯化钠的相对分子质量为 58.44。）

解：与氯化钠反应的硝酸银的物质的量为 $n_1=0.1510/58.44\approx0.002584mol$。

与 NH_4SCN 反应的硝酸银的物质的量为 $n_2=0.09625\times(4.04/1000)\approx0.0003889mol$。

加入的硝酸银的物质的量为 $n(NaCl)=0.002584+0.0003889\approx0.002973mol$。

硝酸银溶液的浓度为 $c(NaCl)=0.002973/30\times1000=0.09910mol/L$。

答：硝酸银溶液的浓度为 0.09910mol/L。

18. 取 0.1000mol/L 氯化钠溶液 25.00mL，以铬酸钾为指示剂，用硝酸银溶液滴定，共耗去 23.85mL，求硝酸银溶液的浓度。

解：氯化钠的物质的量为 $n(NaCl)=0.1\times(25/1000)=0.0025mol$。

硝酸银的物质的量浓度为 $c(AgNO_3)=0.0025/23.85\times1000\approx0.1048mol/L$。

答：硝酸银溶液的浓度为 0.1048mol/L。

19. 某含氯试样 0.2500g，溶于水后加入 0.1000mol/L 的硝酸银溶液 30.00mL，过量的硝酸银用 0.1200mol/L 的 NH_4SCN 溶液滴定，耗去 2.00mL，求该试样中氯的质量分数。（氯的相对原子质量为 35.45。）

解：加入银的物质的量为 $n(Ag)=0.1\times30.00/1000=0.003000mol$。

与 NH_4SCN 反应的银的物质的量为 $n_1=0.12\times2/1000=0.000240mol$。

Cl^- 的物质的量为 $n(Cl^-)=0.003000-0.000240=0.00276mol$。

氯的质量分数为 $w(Cl)=0.00276\times35.45/0.25\times100\%\approx39.14\%$。

答：该试样中氯的质量分数为 39.14%。

20. 称取硝酸银基准物质 2.318g，溶解后稀释至 500mL，从中取出 20.00mL，再稀释至 250mL，求该稀释溶液的浓度。（硝酸银的相对分子质量为 169.87。）

解：称取硝酸银的物质的量为 $n(AgNO_3)=2.318/169.87\approx0.01365mol$。

稀释液中硝酸银的物质的量为 $n_1=0.01365/500\times20=0.0005460mol$。

稀释液的浓度为 $c_{释}=0.0005460/250\times1000=0.002184mol/L$。

答：该稀释溶液的浓度为 0.002184mol/L。

21. 测定水的总硬度时，吸取水样 100mL，以铬黑 T 为指示剂，在 pH 为 10 时用 0.01000mol/L 的 EDTA 标准溶液进行滴定，用去 12.00mL，计算水的硬度，用 mg/L（以碳酸钙计）表示。（碳酸钙的相对分子质量为 100.0。)

解：反应的 EDTA 的物质的量为 n(EDTA) = 0.01×12.00/1000 = 0.0001200mol。

折算为水的硬度为 p = 0.0001200×100.0/100×1000×1000 = 120mg/L。

答：水的硬度为 120mg/L。

22. 某水样中的总硬度以碳酸钙计为 150mg/L，若取水样 50mL 并要求在滴定中使用的 EDTA 标准溶液的量为 10.00mL 左右，计算应配制的 EDTA 溶液的浓度。(碳酸钙的相对分子质量为 100.0。)

解：50mL 水样中含碳酸钙的质量为 $m(CaCO_3)$ = 150×(50/1000) = 7.5mg。

7.5mg 碳酸钙的物质的量为 $n(CaCO_3)$ = (7.5/1000)×(1/100) = 0.00007500mol。

10mL EDTA 溶液中也应含 0.00007500mol EDTA。

EDTA 的物质的量浓度应为 c(EDTA) = 0.00007500/10×1000 = 0.007500mol/L。

答：应配制的 EDTA 溶液的浓度为 0.007500mol/L。

23. 某水样中的总硬度以碳酸钙计为 120mg/L，用 0.0100mol/L 的 EDTA 溶液滴定时，要控制 EDTA 标准溶液的用量为 10.00mL 左右，求应取水样的体积。(碳酸钙的相对分子质量为 100.0。)

解：设应取水样的体积为 V，10.00mLEDTA 溶液中 EDTA 的物质的量为 n(EDTA) = 0.01×(10/1000) = 0.0001000mol。

1000mL 水样含碳酸钙的物质的量为 $n(CaCO_3)$ = (120/1000)×(1/100) = 0.00120mol。

由 1000：0.001200 = V：0.0001000，得出 V = 1000×0.0001000/0.001200 ≈ 83.33mL。

答：应取 85.0mL 水样为宜。

24. 取水样 100mL，加酚酞指示剂，用 0.1000mol/L 的盐酸标准溶液滴定，用去 1.8mL，再用甲基橙做指示剂，又用去盐酸标准溶液 3.6mL，试求水样的总碱度，以 mg/L(以碳酸钙计)表示。(碳酸钙的相对分子质量为 100。)

解：两次共用盐酸溶液的体积为 V(HCl) = 1.8+3.6 = 5.4mL。

反应式为 $2HCl+CaCO_3 \xlongequal{} CaCl_2+CO_2\uparrow+H_2O$

盐酸的物质的量为 n(HCl) = 0.1000×5.4/1000 = 0.0005400mol，相当于碳酸钙的物质的量为 $n(CaCO_3)$ = 0.0005400/2 = 0.0002700mol。

总碱度为 p = 0.0002700×100/100×1000×1000 = 270mg/L。

答：水样的总碱度为 270mg/L。

25. 测定水样中的总碱度。若水样中的总碱度约为 160mg/L(以碳酸钙计)，取水样量为 100mL，用盐酸标准溶液滴定时盐酸的耗用量控制在 10mL 左右，计算适宜配制的盐酸标准溶液的浓度。(碳酸钙的相对分子质量为 100。)

解：反应式为 $2HCl+CaCO_3 \xlongequal{} CaCl_2+CO_2\uparrow+H_2O$

100mL 水样中含碳酸钙的质量为 $m(CaCO_3)$ = 160/1000×100 = 16mg。

碳酸钙物质的量为 $n(CaCO_3)$ = 16/(1000×100) = 0.00016mol，相当于盐酸的物质的量 n(HCl) = 0.00016×2 = 0.00032mol。

盐酸标准溶液的配制浓度为 c(HCl) = 0.00032×1000/10 = 0.032mol/L。

答：盐酸标准溶液的配制浓度以 0.032mol/L 为宜。

第三节　操作知识

一、单选题

1. 下列项目中，要求水样用硫酸调节 pH≤2 且保存时间不超过 24h 的有(　　)。

A. 总氮、氨氮　　B. 氨氮、总磷

C. 总有机碳、总氮　　D. 化学需氧量、总碱度

答案：B

2. 浸泡消毒时，经常采用杀菌谱广、腐蚀性弱的水溶性化学消毒剂，常用的有(　　)。

A. 漂白粉(次氯酸钠)　B. 来苏尔(甲酚)　C. 福尔马林(甲醛)　D. 戊二醛

答案：A

3. 在用分光光度法测定过程中，下列操作错误的是(　　)。

A. 手捏比色皿的毛面　B. 手捏比色皿的光面

C. 将待测溶液注到比色皿的 2/3 高度处　D. 用滤纸擦除比色皿外壁的水

答案：B

4. 干热灭菌是利用热的作用来杀菌，通常在(　　)中进行。

A. 微波炉　B. 烘箱　C. 高压蒸汽灭菌器　D. 电阻炉

答案：B

5. 下列关于使用生物实验材料的注意事项说法错误的是(　　)。

A. 微生物、动物组织、细胞培养液、体液等生物材料可能存在细菌和病毒感染的潜伏性危险，处理时必须谨慎、小心

B. 被微生物等污染的玻璃器皿在清洗或高压灭菌前，应先浸泡在适当的消毒液中

C. 在缺乏高压灭菌设备时，可煮沸消毒被污染的物品

D. 做完实验后，必须用肥皂、洗涤剂或消毒液充分洗净双手

答案：C

6. 使用生物安全柜(BSC)时，下列操作错误的是(　　)。

A. 在开始工作前和工作结束后都应当让生物安全柜的风扇运行 5min，移液管或其他物质不能堵住工作区前面的空气格栅

B. 物品放入柜内工作区之前无须表面净化，使用过程中可以打开玻璃面板

C. 实验操作应在工作台的中后部完成

D. 操作者应当尽量减少胳膊的伸进和移出

答案：B

7. 湿热灭菌是利用热的作用来杀菌，通常在(　　)中进行。

A. 高压蒸汽灭菌器　B. 烘箱　C. 高温水浴锅　D. 微波炉

答案：A

8. 下列过滤除菌操作的正确顺序是(　　)。

a. 使用前，将过滤器和过滤瓶等全部装置用纸包好经高压灭菌

B. 用橡皮管以无菌操作将过滤瓶、安全瓶、压差计和抽气系统连接

c. 将待过滤液体注入过滤器过滤，时间不宜过长，压力控制在 100~200mmHg 为限

d. 使用时，在无菌操作条件下将过滤器安装到过滤瓶上

A. abcd　B. adcb　C. abdc　D. adbc

答案：D

9. 培养基的灭菌应采用(　　)。

A. 干燥灭菌法　B. 灼烧灭菌法　C. 高压蒸汽灭菌法　D. 紫外灭菌法

答案：C

10. 回流和加热时，液体量不能超过烧瓶容量的(　　)。

A. 1/2　B. 2/3　C. 3/4　D. 4/5

答案：B

11. 使用离心机时，下列操作错误的是(　　)。

A. 离心机必须盖紧盖子　B. 不需要考虑离心管的对角平衡

C. 液体不能超过离心管的 2/3　D. 每次使用后要清洁离心机腔

答案：B

12. 在普通冰箱中不可以存放的物品是(　　)。

A. 普通化学试剂　B. 酶溶液　C. 菌体　D. 有机溶剂

答案：D

13. 下列试剂不用放在棕色瓶内保存的是(　　)。

A. 硫酸亚铁　　B. 高锰酸钾　　C. 亚硫酸钠　　D. 硫酸钠

答案：D

14. 镜检是通过观察指示性微生物的状态来确定细菌和菌胶团的活性，最常见的指示性微生物包括(　　)等。

A. 钟虫、轮虫、楯纤虫　　B. 钟虫、草履虫、楯纤虫

C. 蚜虫、轮虫、楯纤虫　　D. 钟虫、丝状菌、楯纤虫

答案：A

15. 下列关于水质检测方法的描述中，错误的是(　　)。

A. 通常采用玻璃电极法和比色法测定 pH

B. BOD 的经典测定方法是稀释接种法，也是目前我国推荐采用的快速测定方法

C. COD 的测定方法最常见的是重铬酸钾法和高锰酸钾法

D. 纳氏试剂法是用来测定氨氮的经典方法

答案：B

16. 活性污泥生物池中的厌氧段，要求溶解氧的指标控制在(　　)mg/L 以下。

A. 0.0　　B. 0.2　　C. 0.6　　D. 1.0

答案：B

17. 下列关于生物安全柜的操作，正确的说法是(　　)。

A. 工作前和工作后，应至少让生物安全柜工作 5min 来完成“净化”过程，亦即应留出将污染空气排出生物安全柜的时间

B. 操作者在双臂进出生物安全柜时，应垂直缓慢地出入前面的开口，以维持操作面开口处气流的完整性

C. 在手和双臂伸入到生物安全柜中大约 1min，即让生物安全柜调整完毕，且让里面的层流空气净化后，才可以进行操作

D. 以上均正确

答案：D

18. 正确的移液管操作为(　　)。

A. 三指捏在移液管刻度线以下　　B. 三指捏在移液管上端

C. 可以拿在移液管任何位置　　D. 必须两手同时握住移液管

答案：B

19. 测定总氮的水样的保存方法是(　　)。

A. 用氢氧化钠调节至 pH>8，冷冻保存　　B. 不需要加试剂保存

C. 用浓硫酸调节 pH 至 1~2，常温保存 7d　　D. 加硝酸保存

答案：C

20. 滴定管活塞中涂凡士林的目的是(　　)。

A. 防止漏液　　B. 使活塞转动灵活

C. 使活塞转动灵活并防止漏液　　D. 都不是

答案：C

二、多选题

1. 下列物质中，可以被活性炭吸收的是(　　)。

A. 氧气　　B. 游离氯　　C. 有机物　　D. 胶体

答案：BCD

2. 当磨口活塞打不开时，可以(　　)。

A. 用木器敲击　　B. 加热磨口塞外层

C. 在磨口固着的缝隙滴加几滴渗透力强的液体　　D. 用力拧

答案：ABC

3. 制造试剂水的方法有(　　)。

A. 蒸馏法　　B. 逆渗透法　　C. 离子交换法　　D. 吸附法

答案：ABCD

4. 常用于水质检验的标准品种类，依用途不同，可归纳为(　　)3 种。

A. 酸滴定用：包括碳酸钠(相对分子质量为 105.99g/mol)、三羟甲基氨基甲烷(相对分子质量为 121.14 g/mol)等

B. 碱滴定用：邻苯二甲酸氢钾(相对分子质量为 204.23g/mol)、碘酸氢钾(相对分子质量为 389.92g/mol)等

C. 氧化还原滴定用：重铬酸钾(相对分子质量为 294.19g/mol)、$C_2H_2O_4 \cdot 2H_2O$(相对分子质量为 126.02 g/mol)

D. 氯化钠还原滴定：氯化钠等

答案：ABC

5. 水质指标分为 3 类，包括(　　)。

A. 物理指标　　B. 化学指标　　C. 微生物学指标　　D. 生物化学指标

答案：ABC

6. 测定 BOD_5 用的稀释水中加的营养盐是(　　)。

A. 氯化钙　　B. 三氯化铁　　C. 硫酸镁　　D. 磷酸盐缓冲液

答案：ABCD

7. 采用(　　)方法可以减少系统误差。

A. 仪器校准　　B. 空白试验　　C. 对照分析　　D. 加标回收试验

答案：ABCD

8. 实际测得的混合液悬浮固体浓度是混合液的滤过性残渣，包括(　　)。

A. 活性污泥絮体内的活性微生物量　　B. 非活性的有机物

C. 非活性的无机物　　D. 可溶于水的盐类物质

答案：ABC

9. 正常的活性污泥中，一般都存在的微型指示生物有(　　)、轮虫、线虫。

A. 变形虫　　B. 鞭毛虫　　C. 钟虫　　D. 草履虫

答案：ABCD

10. 通过显微镜观察生物相可以了解(　　)。

A. 硝化细菌活性　　B. 原生动物　　C. 活性污泥菌胶团　　D. 丝状菌

答案：BCD

三、判断题

1. 干热灭菌法一般调节烘箱的温度为 180℃。

答案：错误

2. 显微镜的效果是否清晰，并不取决于显微镜的放大率，而是由分辨率决定的。

答案：正确

3. 制作培养基平板时，灭菌培养基融化后应冷却至 40℃左右。

答案：错误

4. 待比色的溶液吸收波长在 370nm 以下的可选用玻璃比色皿或石英比色皿，波长在 370nm 以上时必须使用石英比色皿。

答案：错误

5. 紫外可见分光光度法分析，对于波长 350nm 以下的可选用玻璃比色皿。

答案：错误

6. 朗伯定律的定义是指光的吸收程度与溶液浓度成正比。

答案：错误

7. 分光光度计的单色器的作用是将白光按波长长短顺序分散成单色光。

答案：正确

8. 比色分析的参比溶液均是蒸馏水。

答案：错误

9. 从测量准确度考虑，比色分析吸光度数值最好能控制为 0.2~0.8。

答案：正确

10. 当用分光光度计进行比色测定时，应先画出吸收曲线，通常选用在吸收曲线上吸收最大的波长进行比色。

答案：正确

11. 紫外可见分光光度法可选用石英比色皿。

答案：正确

12. 在比色分析中，加入显色剂后，有色溶液放置时间越长，溶液颜色越稳定，测定的结果也就越准确。

答案：错误

13. 比色分析的理论依据是朗伯-比耳定律。

答案：正确

14. 分光光度计受潮后，灵敏度会急剧下降，甚至损坏。

答案：正确

15. 透光率与浓度之间按负幂指数规律变化。

答案：正确

16. 比色皿等光学仪器不能用去污粉洗涤，以免损伤光学表面。

答案：正确

17. 比色分析的依据是物质对光的发射作用。

答案：错误

四、简答题

1. 简述显色反应必须满足的条件。

答：(1)显色反应选择性要高，生成的有色络合物的颜色必须较深。

(2)有色络合物的摩尔吸光系数越大，比色测定的灵敏度就越高。

(3)有色络合物的离解常数要小，离解常数越小，络合物就越稳定，比色测定的准确度就越高。

(4)有色络合物的组成要恒定。

2. 简述在比色分析中选择比色条件的方法。

答：(1)溶液最大吸收波长选择：用分光光度计进行比色测定时，应先画出吸收曲线，选用吸收曲线上最大吸收波长进行比色。

(2)控制适当的吸光度数值：

①调节溶液浓度，以控制溶液的吸光度为 0.05~1.0。

②使用不同厚度的比色皿，调节适当的吸光度数值。

③选择空白溶液，当显色剂及其他试剂均无色时，可用蒸馏水做空白溶液；如显色剂本身有颜色，可用加显色剂的蒸馏水做空白溶液；如显色剂无色，被测溶液中有其他有色离子，则采用不加显色剂的被测溶液做空白溶液。

3. 简述比色分析法的误差来源。

答：(1)方法误差：

①溶液偏离比耳定律。比色分析的理论基础是朗伯-比耳定律，但在工作中常会碰到工作曲线发生弯曲的现象，从而使有色溶液的浓度与被测物的总浓度不成正比。

②反应条件的改变。溶液酸度、温度及显色时间等反应条件的改变，都会引起有色络合物的组成发生变化，从而使溶液颜色的深浅发生变化，因而产生误差。

(2)仪器误差：指由使用的仪器引起的误差，它包括仪器不够精密、读数不准等引起的误差。

4. 简述在比色分析中正确选择空白溶液的意义和作用。

答：空白溶液亦称参比溶液，通常用来作为测量的相对标准，在比色分析中，空白溶液除了上述参比作用外，还可以用来抵消某些影响比色分析的因素。

例如：测定某组分时，可能从容器、试剂环境中带入一定量的被测组分，显色剂的色泽、基体溶液的色泽以及无法分离的其他组分的色泽，都会影响吸光度的测定，此时可应用相应的空白溶液来消除影响。

因此，正确选择合适的空白溶液，对提高方法的准确度起着重要作用，甚至影响测定结果。

5. 简述使用分光光度计测定样品时的注意事项。

答：(1)测定前，比色皿要先用蒸馏水洗涤 2~3 次，再用被测溶液洗涤 2~3 次，确保被测溶液的浓度不受影响。

(2)溶液装入比色皿后，要用擦镜纸将比色皿外面擦干(溶液较多时，可先用滤纸吸取大部分液体，再用擦镜纸擦)，擦时注意保护透光面。拿比色皿时，只能捏住毛玻璃的两边，切忌触摸透光面。

6. 简述酸碱指示剂的选择依据。

答：(1)滴定曲线上的滴定突跃是选择指示剂的主要依据。如果指示剂的变色范围全部处于滴定突跃范围之内，则滴定误差将在±0.1%以内。

(2)如果所选择的指示剂的变色范围只有部分位于滴定突跃范围之内，也可以选用，但有时误差稍大。

(3)要考虑到化学计量点附近，指示剂的颜色变化是否明显，是否易于分辨。

7. 简述酸碱指示剂使用的注意事项。

答：(1)指示剂的用量不宜多加。若加大指示剂用量，即在低 pH 时将呈色，从而改变了指示剂的变色范围，影响分析结果。由于指示剂本身为弱酸或弱碱，多加了也会消耗滴定剂，从而引入误差。所以指示剂不宜多加。适当少加些，变色会更灵敏。

(2)指示剂的变色范围大多是在一定温度下的测定值，如果温度相差太大，则指示剂的变色范围将改变。

8. 简述碘量法的误差来源及消除方法。

答：碘量法误差的主要来源是碘的易挥发性和 I^- 的易氧化性。测定中加入过量的碘化钾使 I^- 与反应中生成的碘结合成 I^{3-} 而提高碘的溶解度。另外要避免阳光直接照射，使用碘量瓶，在低于 25℃ 时进行滴定；操作要迅速，不要过分摇晃，以减少 I^- 与空气的接触。碘量法的滴定终点用淀粉指示剂确定，采用间接碘量法时，淀粉指示剂应在接近终点时加入。

9. 简述硝酸银滴定氯离子时的注意事项。

答：(1)如水样色度过高时，在 100mL 水样中加入 2mL 氢氧化铝胶体，并煮沸过滤测定。

(2)滴定水样的 pH 应为 6.3~10.5。

(3)铬酸钾指示剂浓度应适宜，在 50mL 水样中加 5%铬酸钾溶液 1mL 为宜。

(4)铬酸银溶解度随温度升高而提高，温度越高终点越不明显，测定水样须保持室温。

(5)以铬酸钾为指示剂，当达到滴定终点形成红色铬酸银时，硝酸银已稍过量，因此在准确测定时需减去空白值。

第三章

高 级 工

第一节　安全知识

一、单选题

1. 下列不属于危险源防范措施中人为失误的是(　　)。

A. 操作失误　　B. 懒散　　C. 未正确佩戴安全帽　　D. 遵章守规

答案：D

2. 生产经营单位应对日常操作中存在的(　　)提前告知，使职工熟悉伤害类型与控制措施。

A. 安全隐患　　B. 注意事项　　C. 危险因素　　D. 岗位职责

答案：C

3. 下列不属于作业人员对危险源的日常管理的是(　　)。

A. 严格贯彻执行有关危险源日常管理的规章制度

B. 做好安全值班和交接班

C. 按安全操作规程进行操作

D. 上岗前由班组长查看值班人员精神状态

答案：D

4. 下列对危险源防范的技术控制措施描述正确的是(　　)。

A. 除系统中的危险源，可以从根本上防止事故的发生。按照现代安全工程的观点，可以彻底消除所有危险源

B. 当操作者失误或设备运行达到危险状态时，应通过连锁装置终止危险、危害发生

C. 在所有作业区域应设置醒目的安全色、安全标志，必要时，还应设置声、光或声光组合报警装置

D. 降温措施、避雷装置、消除静电装置、减震装置等属于危险源防范措施中的消除措施

答案：B

5. 下列不属于危险源防范的防护措施的是(　　)。

A. 使用安全阀　　B. 安装漏电保护装置　　C. 使用安全电压　　D. 设置安全罩

答案：D

6. 防止触电技术的措施包括(　　)。

A. 直接触电防护措施与间接触电防护措施

B. 个体防护和隔离防护

C. 屏蔽措施和安全提示

D. 安全电压和教育培训

答案：A

7. 下列应急措施描述错误的有(　　)。

A. 发生高空坠落事故后，现场知情人应当立即采取措施，切断或隔离危险源，防止救援过程中发生次生灾害

B. 遇有创伤性出血的伤员，应迅速包扎止血，使伤员保持在头高脚低的卧位，并注意保暖

C. 当发生人员轻伤时，现场人员应采取防止受伤人员大量失血、休克、昏迷等紧急救护措施

D. 如果伤者处于昏迷状态但呼吸、心跳未停止，应立即进行口对口人工呼吸，同时进行胸外心脏按压。昏迷者应平卧，面部转向一侧，维持呼吸道通畅，防止吸入分泌物、呕吐物

答案：B

8. 出血分为动脉出血、静脉出血和毛细血管出血。动脉出血呈(　　)色，喷射而出。

A. 鲜红　　B. 暗红　　C. 棕红　　D. 淡红

答案：A

9. 胸外心脏按压的按压频率为每分钟(　　)。

A. 60~70 次　　B. 70~80 次　　C. 80~100 次　　D. 至少 100 次

答案：D

10. (　　)是最常用的方法，适用于路程长、病情重的伤员。

A. 担架搬运法　　B. 单人徒手搬运法　　C. 双人徒手搬运法　　D. 背负搬运法

答案：A

11. 溺水救援中，(　　)指救援者直接向落水者伸手将淹溺者拽出水面的救援方法。

A. 伸手救援　　B. 藉物救援　　C. 抛物救援　　D. 下水救援

答案：A

12. 关于安全用电，下列描述错误的是(　　)。

A. 临时线路不得有裸露线，电气和电源相接处应设开关、插座，露天的开关应装在箱匣内保持牢固防止漏电，临时线路必须保证绝缘性良好，使用负荷正确

B. 设备中的保险丝或线路中的保险丝损坏后可以用铜线、铝线、铁线代替，空气开关损坏后应立即更换，保险丝和空气开关的大小一定要与用电容量相匹配，否则容易造成触电或电气火灾

C. 各种机电设备上的信号装置、防护装置、保险装置应经常检查其灵敏性，保持齐全有效，不准任意拆除或挪用配套的设备

D. 一定要按临时用电要求安装线路，严禁私接乱拉，先把设备端的线接好后才能接电源，还应按规定时间拆除

答案：B

13. 下列危险化学品贮存描述错误的是(　　)。

A. 危险化学品在特殊情况下可与其他物资混合贮存

B. 堆垛不得过高、过密

C. 应该分类、分堆贮存

D. 堆垛之间以及堆垛与墙壁之间，应该留出一定间距、通道及通风口

答案：A

14. 性质不稳定、容易分解和变质，以及混有杂质而容易引起燃烧、爆炸危险的危险化学品，应该进行检查、测温、化验，防止(　　)。

A. 受污染　　B. 汽化　　C. 自燃与爆炸　　D. 超压

答案：C

15. 关于危险化学品的一般安全规程，下列描述正确的是(　　)。

A. 危险化学品的使用无须考虑用量，但必须做好登记

B. 使用人员无须提前了解危险化学品的特性，但必须正确穿戴、使用各种安全防护用品与用具

C. 使用人员应做好个人安全防护工作，严格按照危险化学品操作规程操作

D. 使用过程中暂存危险化学品的，应在固定地点混合存放

答案：C

16. 对废弃的危险化学品，应依照该化学品的特性及相关规定(　　)。

A. 分类、同区域收集　B. 混合、分区域收集　C. 混合、同区域收集　D. 分类、分区域收集

答案：D

17. 发现其他人坠落溺水后，应立刻(　　)。

A. 下水救援　B. 呼叫专业救援人员　C. 尽快撤离　D. 寻找救援设备

答案：B

18. 按照社会危害程度、影响范围等因素，自然灾害、事故灾难、公共卫生事件分为(　　)。

A. 二级　B. 三级　C. 四级　D. 五级

答案：C

19. (　　)是企业制定安全生产规章制度的重要依据。

A. 国家法律、法规的明确要求　B. 劳动生产率提高的需要

C. 员工认同的需要　D. 市场发展的需要

答案：A

20. (　　)是开展安全管理工作的依据和规范。

A. 各项规章制度　B. 员工培训体系　C. 应急管理体系　D. 设备管理体系

答案：A

21. 通过制定(　　)，可以有效发现和查明各种危险和隐患，监督各项安全制度的实施，制止违章作业，防范和整改隐患。

A. 安全生产会议制度　B. 安全生产教育培训制度

C. 安全生产检查制度　D. 职业健康方面的管理制度

答案：C

22. 无心搏患者的现场急救，需采用心肺复苏术，现场心肺复苏术一般称为 ABC 步骤，其中 A 是指(　　)。

A. 人工呼吸　B. 患者的意识判断和打开气道

C. 胸外心脏按压　D. 快速送医

答案：B

23. 无心搏患者的现场急救，需采用心肺复苏术，现场心肺复苏术一般称为 ABC 步骤，其中 C 是指(　　)。

A. 人工呼吸　B. 患者的意识判断和打开气道

C. 胸外心脏按压　D. 快速送医

答案：C

24. 关于火灾逃生自救，下列描述正确的是(　　)。

A. 身上着火，要迅速奔跑到室外

B. 室外着火，门已发烫，千万不要开门，以防大火蹿入室内，要用干燥的被褥、衣物等堵塞门窗缝

C. 若逃生线路被大火封锁，要立即退回室内，用打手电筒、挥舞衣物、呼叫等方式向窗外发送求救信号，等待救援

D. 千万不要盲目跳楼，可利用疏散楼梯、阳台、落水管等逃生自救，也可用绳子把床单、被套撕成条状连成绳索，紧拴在桌椅上，用毛巾、布条等保护手心，顺绳滑下，或下到未着火的楼层脱离险境

答案：C

25. 下列关于止血带使用方法描述错误的是 (　　)。

A. 在伤口近心端下方先加垫

B. 急救者左手拿止血带，上端留 5 寸，紧贴加垫处

C. 右手拿止血带长端，拉紧环绕伤肢伤口近心端上方两周，然后将止血带交左手中、食指夹紧

D. 左手中、食指夹止血带，顺着肢体下拉成环

答案：A

26. 下列有关使用止血带时应注意的事项描述错误的是 (　　)。

A. 上止血带的部位要在创口上方(近心端)，尽量靠近创口，但不宜与创口面接触

B. 在上止血带的部位，必须先衬垫绷带、布块，或绑在衣服外面，以免损伤皮下神经

C. 绑扎松紧要适宜，太松损伤神经，太紧不能止血

D. 绑扎止血带的时间要认真记录，每隔0.5h(冷天)或者1h应放松1次，放松时间1~2min。绑扎时间过长则可能引起肢端坏死、肾功能衰竭

答案：C

27. 防范有毒有害气体中毒的措施不包括(　　)。

A. 掌握有毒有害气体相关知识

B. 正确佩戴合适的防护用品

C. 每间隔30min进行1次气体含量检测

D. 气体检测报警时，应撤离现场

答案：C

28. 如果伤口处很脏，而且仅仅是往外渗血，为了防止细菌的深入导致感染，则应先(　　)。一般可以用清水或生理盐水。

A. 立刻止血　　B. 清洗伤口　　C. 给伤口消毒　　D. 快速包扎

答案：B

29. (　　)是指为了防止细菌滋生感染伤口，应对伤口进行消毒，一般可以用消毒纸巾或者消毒酒精对伤口进行清洗，可以有效杀菌，并加速伤口的愈合。

A. 立刻止血　　B. 清洗伤口　　C. 给伤口消毒　　D. 快速包扎

答案：C

30. 根据灭火的原理，灭火的方法包括(　　)。

A. 3种　　B. 4种　　C. 5种　　D. 6种

答案：B

31. (　　)是指将灭火剂直接喷洒在可燃物上，使可燃物的温度降低到自燃点以下，从而使燃烧停止。

A. 冷却灭火法　　B. 隔离灭火法　　C. 窒息灭火法　　D. 抑制灭火法

答案：A

32. (　　)是指将燃烧物与附近可燃物隔离或者疏散开，从而使燃烧停止。

A. 冷却灭火法　　B. 隔离灭火法　　C. 窒息灭火法　　D. 抑制灭火法

答案：B

33. (　　)是指采取适当的措施，阻止空气进入燃烧区，或惰性气体稀释空气中的氧含量，使燃烧物质缺乏或断绝氧而熄灭，适用于扑救封闭式的空间、生产设备装置及容器内的火灾。

A. 冷却灭火法　　B. 隔离灭火法　　C. 窒息灭火法　　D. 抑制灭火法

答案：C

34. (　　)灭火器适用于扑救木、棉、毛、织物、纸张等一般可燃物质引起的火灾，但不能用于扑救油类、忌水和忌酸性物质及带电设备的火灾。

A. 空气泡沫　　B. 手提式干粉　　C. 二氧化碳　　D. 酸碱

答案：D

35. 下列药品受震或受热可能发生爆炸的是(　　)。

A. 过氧化物　　B. 高氯酸盐　　C. 乙炔铜　　D. 以上都包括

答案：D

36. 下列不具备消防监督检查资格的是(　　)。

A. 公安消防机构　　B. 治安联防队　　C. 公安派出所　　D. 以上都包括

答案：B

37. 实验室仪器设备用电或线路发生故障着火时，应立即(　　)，并组织人员用灭火器进行灭火。

A. 将贵重仪器设备迅速转移　　B. 切断现场电源

C. 将人员疏散　　D. 逃离现场

答案：B

38. 电线接地时，人体距离接地点越近，跨步电压越高；距离越远，跨步电压越低。一般情况下人体距离接地点(　　)，跨步电压可看成是0。

A. 10m 以内　B. 20m 以外　C. 30m 以外　D. 50m 以外

答案：B

39. 单相三芯线电缆中的红线代表的是(　　)。

A. 零线　B. 火线　C. 地线　D. 不明确

答案：B

40. 在需要带电操作的低电压电路实验时，下列说法正确的是(　　)。

A. 双手操作比单手操作安全　B. 单手操作比双手操作安全

C. 单手操作和双手操作一样安全　D. 操作与空气湿度有关

答案：B

41. 下列选项中不是实验室生物安全防护目的的是(　　)。

A. 保护实验者不受实验对象侵染

B. 确保实验室其他工作人员不受实验对象侵染

C. 确保周围环境不受污染

D. 保证得到理想的实验结果

答案：D

42. 特种作业人员经过(　　)合格取得操作许可证者，方可上岗。

A. 专业技术培训考试　B. 文化考试　C. 体能测试　D. 体检

答案：A

43. 如果实验中出现火情，要立即(　　)。

A. 停止加热，移开可燃物，切断电源，用灭火器灭火

B. 打开实验室门，尽快疏散、撤离人员

C. 用干毛巾覆盖上火源，使火焰熄灭

D. 逃离现场

答案：A

44. 被火困在室内，逃生方式正确的是(　　)。

A. 跳楼

B. 到窗口或阳台挥动物品求救、用床单或绳子拴在室内牢固处下到下一层逃生

C. 躲到床下，等待救援

D. 打开门，冲出去

答案：B

45. 实验室人员发生触电时，下列行为错误的是(　　)。

A. 应迅速切断电源，将触电者上衣解开，取出口中异物，然后进行人工呼吸

B. 应迅速注射兴奋剂

C. 当患者伤势严重时，应立即送医院抢救

D. 借助绝缘工具使触电者脱离电源

答案：B

46. 在实验过程中强酸溅入口中并已下咽，应当先饮用大量水，再服用(　　)解毒。

A. 氢氧化铝溶液、鸡蛋清

B. 乙酸果汁、鸡蛋清

C. 硫酸铜溶液(30g 溶于一杯水中)催吐

D. 小苏打

答案：A

47. 化学强腐蚀烫、烧伤事故发生后，应当(　　)，并保持创伤面的洁净，等待医务人员治疗，或者使用适合于消除这类化学药品的特种溶剂、溶液仔细洗涤烫、烧伤面。

A. 迅速用大量清水冲洗干净皮肤

B. 迅速解脱伤者被污染衣服，及时用大量清水冲洗干净皮肤

C. 迅速解脱伤者被污染衣服

D. 用大量清水冲洗伤者被污染衣服

答案：B

48. 下列不属于死亡特征的是(　　)。

A. 呼之不应　　B. 呼吸停止　　C. 心跳停止　　D. 双侧瞳孔散大固定

答案：A

49. 引起电气线路火灾的原因是(　　)。

A. 短路　　B. 电火花　　C. 负荷过载　　D. 以上均正确

答案：D

50. 下列关于使用生物实验材料注意事项说法错误的是(　　)。

A. 微生物、动物组织、细胞培养液、体液等生物材料可能存在细菌和病毒感染的潜伏性危险，处理时必须谨慎、小心

B. 被微生物等污染的玻璃器皿在清洗或高压灭菌前，应先浸泡在适当的消毒液中

C. 在缺乏高压灭菌设备时，可煮沸消毒被污染的物品

D. 做完实验后，必须用肥皂、洗涤剂或消毒液充分洗净双手

答案：C

51. 过滤除菌操作时，滤器和过滤瓶等装置使用前应用(　　)设备进行消毒灭菌。

A. 烘箱　　B. 高压灭菌锅　　C. 加热真空烘箱　　D. 微波炉

答案：B

52. 下列具有强腐蚀性的是(　　)，使用时须做必要防护。

A. 硝酸　　B. 硼酸　　C. 稀乙酸　　D. 稀盐酸

答案：A

53. 下列物质中，应该在通风橱内操作的是(　　)。

A. 氢气　　B. 氮气　　C. 氦气　　D. 氯化氢

答案：D

54. 能相互反应产生有毒气体的废液，下列处理方式正确的是(　　)。

A. 随垃圾丢弃　　B. 向下水口倾倒

C. 不得倒入同一收集桶中　　D. 倒入同一收集桶

答案：C

55. 一氧化碳的气味是(　　)。

A. 酸味　　B. 烂苹果味　　C. 无味　　D. 臭鸡蛋味

答案：C

56. 进行照明设施的接电操作，应采取的防触电措施是(　　)。

A. 湿手操作　　B. 切断电源

C. 站在金属凳子或梯子上　　D. 戴上手套

答案：B

57. 涉及有毒试剂的操作时，应采取的保护措施包括(　　)。

A. 佩戴适当的个人防护器具　　B. 了解试剂毒性，在通风橱中操作

C. 做好应急救援预案　　D. 以上均正确

答案：D

58. 对于实验室的微波炉，下列说法错误的是(　　)。

A. 微波炉开启后，会产生很强的电磁辐射，操作人员应远离

B. 严禁将易燃易爆等危险化学品放入微波炉中加热

C. 实验室的微波炉也可加热食品

D. 对密闭压力容器使用微波炉加热时应注意严格按照安全规范操作

答案：C

59. 往玻璃管上套橡皮管(塞)时，错误的做法是(　　)。

A. 管端应烧圆滑　　B. 用布裹手或带厚手套，以防割伤手

C. 可以使用薄壁玻管　　D. 加点水或润滑剂

答案：D

60. 下列试剂不用放在棕色瓶内贮存的是(　　)。

A. 硫酸亚铁　　B. 高锰酸钾　　C. 亚硫酸钠　　D. 硫酸钠

答案：D

61. 不是实验室常用于皮肤或普通实验器械的消毒液是(　　)。

A. 0.2%~1%漂白粉溶液　　B. 70%乙醇

C. 2%碘酊　　D. 0.2%~0.5%的氯己定

答案：A

62. 下列物质贮存于空气中易发生爆炸的是(　　)。

A. 苯乙烯　　B. 对二甲苯　　C. 苯　　D. 甲苯

答案：A

63. 金属汞具有高毒性，常温下的挥发情况是(　　)。

A. 不挥发　　B. 慢慢挥发

C. 很快挥发　　D. 需要在一定条件下才会挥发

答案：B

64. 下列关于存放自燃性试剂的说法错误的是(　　)。

A. 单独贮存　　B. 贮存于通风、阴凉、干燥处

C. 存放于试剂架上　　D. 远离明火及热源，防止太阳直射

答案：C

65. 危险化学品的急性毒性表述中，半致死量 LD_{50} 代表的意义是(　　)。

A. 致死量　　B. 导致一半受试动物死亡的量

C. 导致一半受试动物死亡的浓度　　D. 导致全部受试动物死亡的浓度

答案：B

66. 危险化学品的毒害包括(　　)。

A. 皮肤腐蚀性/刺激性、眼损伤/眼刺激

B. 急性中毒致死、器官或呼吸系统损伤、生殖细胞突变性、致癌性

C. 水环境危害性、放射性危害

D. 以上均正确

答案：D

67. 金属钠着火可采用的灭火工具是(　　)。

A. 干沙　　B. 水　　C. 湿抹布　　D. 泡沫灭火器

答案：A

68. 化学品的毒性可以通过皮肤吸收、消化道吸收及呼吸道吸收 3 种方式对人体健康产生危害，下列错误的预防措施是(　　)。

A. 实验过程中使用三氯甲烷时戴防尘口罩

B. 实验过程中移取强酸、强碱溶液应戴防酸碱手套

C. 实验场所严禁携带食物；禁止用饮料瓶装化学药品，防止误食

D. 称取粉末状的有毒药品时，要戴口罩防止吸入

答案：A

69. 剧毒物品保管人员应做到(　　)。

A. 日清月结　　B. 账物相符　　C. 手续齐全　　D. 以上均正确

答案：D

70. 处理使用后的废液时，下列说法错误的是(　　)。

A. 不明的废液不可混合收集存放

B. 废液不可随意处理

C. 禁止将水以外的任何物质倒入下水道，以免造成环境污染或使处理人员处于危险

D. 少量废液用水稀释后，可直接倒入下水道

答案：D

71. 关于重铬酸钾洗液，下列说法错误的是(　　)。

A. 将化学反应用过的玻璃器皿不经处理，直接放入重铬酸钾洗液浸泡

B. 浸泡玻璃器皿时，不可以将手直接插入洗液缸里取放器皿

C. 从洗液中捞出器皿后，立即放进清洗杯，避免洗液滴落在洗液缸外等处，然后马上用水连同手套一起清洗

D. 取放器皿应戴上专用手套，但仍不能在洗液里浸泡过长时间

答案：A

二、多选题

1. 消除控制危险源的技术控制措施包括(　　)。

A. 改进措施　　B. 隔离措施　　C. 消除措施

D. 连锁措施　　E. 警告措施

答案：BCDE

2. 消除控制危险源的管理控制措施包括(　　)。

A. 建立危险源管理规章制度　　B. 加强教育培训

C. 定期检查及日常管理　　D. 定期配备劳动防护用品

E. 加强预案演练

答案：ABC

3. 落实《中华人民共和国安全生产法》中安全教育培训的要求，通过(　　)等方式提高职工的安全意识，增强职工的安全操作技能，避免职业危害。

A. 新员工培训　　B. 调岗员工培训　　C. 复工员工培训

D. 日常培训　　E. 离岗培训

答案：ABCD

4. 在职业活动中可能引起死亡、失去知觉、丧失逃生及自救能力、伤害，引起急性中毒的环境，包括(　　)。

A. 可燃性气体、蒸气和气溶胶的浓度超过爆炸下限的10%

B. 空气中爆炸性粉尘浓度达到或超过爆炸上限

C. 空气中氧含量低于18%或超过22%

D. 空气中有害物质的浓度超过职业接触限值

E. 其他任何含有有害物浓度超过立即威胁生命或健康浓度的环境条件

答案：ACDE

5. 下列关于硫化氢的描述正确的是(　　)。

A. 硫化氢的局部刺激作用，是由于接触湿润黏膜与钠离子形成的硫化钠引起的

B. 工作场所空气中化学物质容许浓度中明确指出，硫化氢最高容许浓度为10mg/m^3

C. 轻度硫化氢中毒是以刺激症状为主，如眼刺痛、畏光、流泪、流涕、鼻及咽喉部有烧灼感，还有干咳和胸部不适，结膜充血

D. 中度硫化氢浓度可在数分钟内引发人的头晕、心悸，继而出现躁动不安、抽搐、昏迷等症状，有的还会出现肺水肿并发肺炎，最严重者发生电击型致死

E. 硫化氢能与许多金属离子作用，生成不溶于水或酸的硫化物沉淀

答案：ABCE

6. 危险化学品中毒、污染事故的预防控制措施包括(　　)。

A. 替代　　B. 变更工艺　　C. 应急管控　　D. 卫生

答案：ABD

7. 隔离是指采取加装(　　)等措施，阻断有毒有害气体、蒸气、水、尘埃或泥沙等威胁作业安全的物质涌入有限空间的通路。

A. 安全标志　　B. 封堵　　C. 导流　　D. 盲板

答案：BCD

8. 作业人员工作期间，有精神状态不好、眼睛灼热、流鼻涕、呛咳、胸闷、头晕、头痛、恶心、耳鸣、视力模糊、气短、(　　)等症状，作业人员应及时与监护人员沟通，并且尽快撤离。

A. 嘴唇变紫　　B. 意识模糊　　C. 四肢软弱乏力　　D. 呼吸急促

答案：ABCD

9. 危险化学品应该分类、分堆贮存，堆垛不得过高、过密，堆垛之间以及堆垛与墙壁之间，应该留出一定(　　)。

A. 通道　　B. 通风口　　C. 照明　　D. 间距

答案：ABD

10. 综合应急预案包括(　　)。

A. 生产经营单位的应急组织机构及职责　　B. 应急预案体系

C. 事故风险描述　　D. 应急处置和注意事项

答案：ABC

11. 现场处置方案包括(　　)。

A. 保障措施　　B. 事故风险分析

C. 应急工作职责　　D. 应急处置和注意事项

答案：BCD

12. 下列关于溺水后救护描述正确的有(　　)。

A. 救援人员发现后应立即下水　　B. 迅速将伤者移至空旷且通风良好的地点

C. 判断伤者意识、心跳、呼吸、脉搏　　D. 根据伤者受伤情况进行现场施救

答案：BCD

13. 下列关于淹溺者救援描述正确的有(　　)。

A. 伸手救援指救援者直接向落水者伸手将淹溺者拽出水面的救援方法

B. 抛物救援是借助某些物品(如木棍等)把落水者拉出水面的方法

C. 藉物救援适用于营救者与淹溺者距离较近(数米之内)同时淹溺者还清醒的情况

D. 游泳救援也称为下水救援，这是最危险的、不得已而为之的救援方法

答案：ACD

14. 人工呼吸适用于(　　)等引起呼吸停止、假死状态者。

A. 触电休克　　B. 溺水　　C. 有害气体中毒　　D. 窒息

答案：ABCD

15. 无心搏患者的现场急救，需采用心肺复苏术，现场心肺复苏术主要分为 3 个步骤：打开气道、人工呼吸和胸外心脏按压。一般称为 ABC 步骤，ABC 是指(　　)。

A. 判断患者的意识和打开气道　　B. 人工呼吸

C. 胸外心脏按压　　D. 等待医护人员到位

答案：ABC

16. 对于受伤人员的搬运方法常用的有(　　)。

A. 单人徒手搬运　　B. 双人徒手搬运　　C. 担架搬运法　　D. 单人拖拽法

答案：ABC

17. 关于担架搬运法，下列描述正确的是(　　)。

A. 如病人呼吸困难、可平卧，可将病人背部垫高，让病人处于半卧位，以利于缓解其呼吸困难

B. 如病人腹部受伤，要叫病人屈曲双下肢、脚底踩在担架上，以松弛肌肤、减轻疼痛

C. 如病人背部受伤则使其采取俯卧位

D. 对脑出血的病人，应稍垫高其头部

答案：BCD

18. 使用止血带时应注意的事项包括(　　)。

A. 上止血带的部位要在创口上方(近心端)，尽量靠近创口，但应与创口面接触

B. 在上止血带的部位，必须先衬垫绷带、布块，或绑在衣服外面，以免损伤皮下神经

C. 为控制出血，绑扎必须绑紧

D. 绑扎止血带的时间要认真记录，每隔0.5h(冷天)或者1h应放松1次，放松时间1~2min

答案：ABD

三、判断题

1. 岗位消防安全“四知四会”中的“四会”是指：会报警、会使用消防器材、会扑救初期火灾、会逃生自救。

答案：正确

2. 漏电保护器对两相触电(人体双手触及两相电源)不起保护作用。

答案：正确

3. 在潮湿或高温或有导电灰尘的场所，实验时应该降低电压供电。

答案：正确

4. 实验大楼因出现火情出现浓烟时应迅速离开，当浓烟已窜入实验室内时，要沿地面匍匐前进，因地面层新鲜空气较多，不易中毒而窒息，有利于逃生。当逃到门口时，千万不要站立开门，以避免被大量浓烟熏倒。

答案：正确

5. 爆炸是指物质瞬间突然发生物理或化学变化，同时释放出大量的气体和能量(光能、热能、机械能)并伴有巨大声响的现象。

答案：正确

6. 实验室必须配备符合本室要求的消防器材，消防器材要放置在明显或便于拿取的位置。严禁任何人以任何借口把消防器材移作他用。

答案：正确

7. 气瓶的充装人员可以穿着化纤材料的衣服。

答案：错误

8. 当电气设备发生火灾后，如果可能应当先断电后灭火。

答案：正确

9. 消防工作的方针是：“预防为主，防消结合”，实行消防安全责任制。

答案：正确

10. 用灭火器灭火时，灭火器的喷射口应该对准火焰的中部。

答案：错误

11. 发现火灾时，单位或个人应该先自救，当自救无效、火越着越大时，再拨打火警电话119。

答案：错误

12. 使用手提灭火器时，应拔掉保险销，握住胶管前端，对准燃烧物根部用力压下压把，使灭火剂喷出，左右扫射，就可灭火。

答案：正确

13. 易燃、易爆气体和助燃气体(氧气等)的钢瓶不得混放在一起，并应远离热源和火源，保持通风。

答案：正确

14. 国家秘密载体是指以文字、数据、符号、图形、图像、声音等方式记载国家秘密信息的纸介质、磁介质、光盘等各类物品。磁介质载体包括计算机硬盘、软盘和录音带、录像带等。

答案：正确

15. 为方便进出专人管理的设备房间，可自行配制钥匙。

答案：错误

16. 触电事故是因电流流过人体而造成的。

答案：正确

17. 人体触电致死，是由于肝脏受到严重伤害。

答案：错误

18. 移动某些非固定安装的电气设备时（如电风扇、照明灯），可以不必切断电源。

答案：错误

19. 在实验室同时使用多种电气设备时，其总用电量和分线用电量均应小于设计容量。

答案：正确

20.《中华人民共和国传染病防治法》由中华人民共和国第十届全国人民代表大会常务委员会第十一次会议于2004年8月28日修订通过。

答案：正确

21. 使用激光扫描仪预览和扫描资料时，可以不盖上扫描仪盖子。

答案：错误

22. 饮水加热器、灭菌锅等可以无水干烧。

答案：错误

23. 在使用微波炉时，可以使用金属容器以及空载。

答案：错误

24. 危险废弃物是指有潜在的生物危险、可燃易燃、腐蚀、有毒、放射性的，对人和环境有害的一切废弃物。

答案：正确

25. 实验中遇到严重割伤，可在伤口上部10cm处用纱布扎紧，减缓流血，并立即送医院。

答案：正确

26. 某人因机械操作不慎，致使左手食指从指根完全离断，急救处理首先是找器皿保存断指，然后包扎残端伤口止血。

答案：错误

27. 发生意外后，应先对伤员进行必要的止血、包扎、固定等处理，然后尽可能用担架搬运伤员，搬运时伤员始终处于脚朝前、头朝后的位置，以便于随时观察伤者情况变化，及时实施急救处理。

答案：正确

28. 对于触电事故，应立即切断电源或用有绝缘性能的木棍棒挑开和隔绝电流，如果触电者的衣服干燥，又没有紧缠在身上，可以用一只手抓住他的衣服，拉离带电体；但救护人不得接触触电者的皮肤，也不能抓他的鞋。

答案：正确

四、简答题

1. 简述溺水者上岸后的救治处置情况。

答：(1)对意识清醒患者实施保暖措施，进一步检查患者，尽快送医治疗。

(2)对意识丧失但有呼吸、心跳的患者实施人工呼吸，确保保暖，避免呕吐物堵塞呼吸道。

(3)对无呼吸患者实施心肺复苏术。

2. 简述发生电火警的处理办法。

答：首先切断电源；然后用1211灭火器或二氧化碳灭火器灭火：灭火时不要触及电气设备，尤其要注意落在地上的电线，防止触电事故的发生并及时报警。

3. 简述溺水人员的救援注意事项。

答：(1)救援人员必须正确穿戴救援防护用品，确保安全后方可进入施救，以免盲目施救发生次生事故。

(2)迅速将伤者移至空旷且通风良好的地点。

(3)判断伤者意识、心跳、呼吸、脉搏。

(4)清理口腔及鼻腔中的异物。

(5)根据伤者情况进行现场施救。

(6)搬运伤者过程中要轻柔、平稳，尽量不要拖拉、滚动。

五、实操题

1. 简述心肺复苏的急救步骤。

答：对于心跳和呼吸骤停的伤员，心肺复苏成功的关键是抓紧时间，必须在现场立即实施正确的心肺复苏操作。

(1)确认伤员是否有反应：

①将伤员拖离危险场所，放置于空气洁净、通风良好、平整坚硬的地面上，呈仰卧状。

②双手轻拍伤员双肩，大声呼唤两耳侧，观察其是否有反应。

③如无反应，立即拨打急救电话120或999。

(2)拨打急救电话：

①汇报事故发生的时间。

②汇报事故发生的地点。

③汇报事故导致受伤的人数。

④汇报报警人姓名及电话。

(3)判断伤员的呼吸和脉搏：

①按照“一听、二看、三感觉”的方法，判断伤员的有无呼吸。

②检查伤员的颈动脉，判断有无脉搏。

③判断时间为5~10s。

(4)胸外按压：

①在两乳头连线的中间位置，双手交叉叠加，用掌跟垂直按压。

②按压深度5cm左右，按压频率每分钟100次以上。

③按压30次后，进行人工呼吸。

(5)人工呼吸：

①打开伤员，气道，清除口腔异物。

②托起伤员，下颌，捏紧鼻孔，进行人工呼吸2次。

③每次吹气1s以上，吹气量为500~600mL，吹气频率为每分钟10~12次。

④对中毒患者禁止采用口对口人工呼吸，应使用简易呼吸器。

(6)心肺复苏：

①按步骤(4)和(5)连续做5次(按压与通气之比为30：2)。

②观察伤员是否恢复自主呼吸和心跳。

③对未恢复自主呼吸和脉搏的伤员，不得中断心肺复苏。

(7)复原：

①让伤者侧卧，确保气道畅通。

②进一步实施专业救治。

第二节　理论知识

一、单选题

1. 属于强制检定的工作计量器具范围包括(　　)。

A. 用于贸易结算、安全防护、医疗卫生、环境监测方面的计量器具

B. 列入国家强制检定目录的计量器具

C. 用于贸易结算、安全防护、医疗卫生、环境监测方面并列入国家强制检定目录的计量器具

D. 实验中使用到的大型分析仪器

答案：C

2.《中华人民共和国计量法》规定，我国采用(　　)。

A. 米制　B. 国际单位制　C. 公制　D. 英制

答案：B

3. 下列仪器设备不需要计量检定的是(　　)。

A. 分光光度计　B. 普通电炉　C. 高压灭菌锅　D. 温湿度计

答案：B

4.《污水综合排放标准》(GB 8978—1996)中规定的污水生物指标是(　　)。

A. 炭疽菌　B. 大肠菌群数　C. 病毒　D. 病原菌

答案：B

5. 我国《城镇污水处理厂污染物排放标准》(GB 18918—2002)，执行一级A类标准的污水处理厂粪大肠菌群排放要求不超过(　　)。

A. 2000个/L　B. 10000个/L　C. 1000个/L　D. 500个/L

答案：C

6.《城镇污水处理厂污染物排放标准》(GB 18918—2002)将污染物控制项目分为基本控制项目和选择控制项目，细化了污染物排放控制的种类和指标，其中基本控制项目共包含(　　)。

A. 12项　B. 18项　C. 19项　D. 43项

答案：C

7. 挥发酚是指沸点在(　　)以下的酚类化合物。

A. 210℃　B. 220℃　C. 230℃　D. 240℃

答案：C

8. 下列不属于挥发酚的是(　　)。

A. 甲酚　B. 二甲酚　C. 对硝基酚　D. 硝基酚

答案：C

9. 挥发酚与4-氨基安替比林所生成的安替比林染料颜色是(　　)。

A. 红色　B. 橙色　C. 黄色　D. 蓝色

答案：A

10. 用4-氨基安替比林法测定水中挥发酚，其反应所需pH为(　　)。

A. 7.0±0.2　B. 8.0±0.2　C. 9.0±0.2　D. 10.0±0.2

答案：D

11. 4-氨基安替比林法测定挥发酚的最低检测量为(　　)。

A. 0.1μg　B. 0.5μg　C. 1.0μg　D. 1.5μg

答案：B

12. 亚硝酸盐是氮循环的(　　)产物。

A. 最初　B. 中间　C. 最终　D. 循环

答案：B

13. 亚硝酸盐可与(　　)反应生成具有致癌性的亚硝胺类物质。

A. 伯胺类　B. 仲胺类　C. 叔胺类　D. 季胺类

答案：B

14. 亚硝酸盐重氮化偶合比色法的最大吸收波长为(　　)。

A. 530nm　B. 540nm　C. 550nm　D. 560nm

答案：B

15. 下列物质不对亚硝酸盐重氮化偶合比色法有明显干扰的是(　　)。

A. 氯　B. 硫代硫酸盐　C. Fe^{3+}　D. 氢氧化铝

答案：D

16. 耗氧量是一种间接测定水中存在的(　　)含量的方法。

A. 还原性物质　B. 有机物质　C. 微生物　D. 剩余溶解氧

答案：B

17. 耗氧量与(　　)同时上升时，不能认为水已受到污染。

A. 色度　　B. 氯化物　　C. 溶解氧　　D. 游离氨

答案：C

18. 适宜于重铬酸钾法测量耗氧量的范围是(　　)。

A. <5mg/L　　B. 5~10mg/L　　C. 10~50mg/L　　D. >50mg/L

答案：D

19. 适合于高锰酸钾法直接测定的耗氧量范围不超过(　　)。

A. 5mg/L　　B. 10mg/L　　C. 15mg/L　　D. 20mg/L

答案：A

20. 水中溶解氧的含量与(　　)有密切的联系。

A. 大气压　　B. 水温　　C. 氯化物　　D. 色度

答案：B

21. 养殖鱼类的水体中，溶解氧必须在(　　)以上。

A. 2mg/L　　B. 4mg/L　　C. 6mg/L　　D. 8mg/L

答案：B

22. 水中氨氮的来源主要为生活污水中(　　)受微生物作用的分解产物。

A. 亚硝酸盐　　B. 硝酸盐　　C. 氮化合物　　D. 合成氨

答案：C

23. 纳氏试剂法测定氨氮最低检出浓度为(　　)。

A. 0.005mg/L　　B. 0.01mg/L　　C. 0.02mg/L　　D. 0.05mg/L

答案：C

24. 亚甲蓝比色法测定阴离子合成洗涤剂的最低检出量为(　　)。

A. 0.005mg　　B. 0.01mg　　C. 0.02mg　　D. 0.05mg

答案：B

25. 当有机物污染水域后，有机物分解会破坏水体中(　　)的平衡，使水质恶化。

A. 氧　　B. 氮　　C. 磷　　D. 硫

答案：A

26. 适用于五日生化需氧量测定的 BOD 值应大于等于(　　)。

A. 1mg/L　　B. 2mg/L　　C. 3mg/L　　D. 4mg/L

答案：B

27. 五日生化需氧量适用于测定 BOD 值最大不超过(　　)的水样。

A. 20mg/L　　B. 600mg/L　　C. 6000mg/L　　D. 60000mg/L

答案：C

28. 测定工业循环水总磷含量，试样被消解后使所含磷全部氧化为(　　)。

A. 磷酸　　B. 正磷酸盐　　C. 无机磷酸盐　　D. 有机磷酸盐

答案：B

29. 工业循环水总磷测定中，试样消解后在(　　)介质中，正磷酸盐与钼酸铵反应。

A. 弱酸性　　B. 中性　　C. 碱性　　D. 酸性

答案：D

30. 在总磷测定中，正磷酸盐与钼酸盐反应，在(　　)存在下生成磷钼杂多酸。

A. 铵盐　　B. 锑盐　　C. 酸性　　D. 碱性

答案：B

31. 总磷包括溶解的、颗粒的有机磷酸盐和(　　)。

A. 有机磷酸盐　　B. 无机磷酸盐　　C. 正磷酸盐　　D. 磷酸

答案：B

32. 总磷和无机磷酸盐测定均采用(　　)。

A. 目视比色分析法　　B. 钼酸铵分光光度法　　C. 色谱法　　D. 原子吸收法

答案：B

33. 锌试剂分光光度法适用于(　　)中锌含量的测定。

A. 地面水　　B. 循环水　　C. 锅炉水　　D. 工业污水

答案：C

34. 利用可见分光光度计测定铜离子时选用的波长为(　　)。

A. 510nm　　B. 600nm　　C. 610nm　　D. 420nm

答案：B

35. 纳氏试剂分光法适用于测定(　　)中的氨。

A. 锅炉水和循环水　　B. 工业污水　　C. 生活水　　D. 天然水

答案：A

36. 水样中悬浮物含量越高，(　　)越高，其透明度越低。

A. 色度　　B. 浊度　　C. 透明度　　D. 温度

答案：B

37. 浊度的测定方法适用于(　　)浊度的水质。

A. 高　　B. 低　　C. 中　　D. 微

答案：B

38. 水中的色度以除去(　　)后的色度为标准。

A. 微生物　　B. 溶解固形物　　C. 全固形物　　D. 悬浮物

答案：D

39. 铂-钴标准溶液有效期为(　　)。

A. 12 个月　　B. 3 个月　　C. 1 个月　　D. 6 个月

答案：D

40. 游离氯包括次氯酸、(　　)和溶解的元素氯。

A. 氯离子　　B. 氯胺　　C. 次氯酸根离子　　D. 氯气

答案：C

41. 总氯包括游离氯和(　　)。

A. 氯气　　B. 元素氯　　C. 氯酸　　D. 氯离子

答案：C

42. 氯胺包括：一氯胺、(　　)、三氯化氮和有机氯化物的所有氯化衍生物。

A. 三氯化铵　　B. 二氯胺　　C. 三氯甲烷　　D. 氯化物

答案：B

43. 硫酸盐的测定方法适用于测定含(　　)小于 10mg/L 的水样中的硫酸根离子。

A. 硝酸盐　　B. 磷酸盐　　C. 亚硝酸盐　　D. 硫酸盐

答案：B

44. 硝酸根离子与(　　)作用，在碱性介质中发生分子重排，生成二磺酸硝基酚。

A. 二苯胺磺酸钠　　B. 酚二磺酸　　C. 二苯胺　　D. 二甲酚橙

答案：B

45. 细胞膜的厚度约为(　　)。

A. 2. 5nm　　B. 5. 0nm　　C. 7. 5nm　　D. 10. 0nm

答案：C

46. 当细胞处于不利条件下时，某些细胞会在(　　)形成芽孢。

A. 细胞质内　　B. 细胞质外　　C. 细胞壁内　　D. 细胞壁外

答案：A

47. 细菌分布与季节变化有关，一般规律是异养菌数量每年(　　)出现两次高峰。

A. 春秋　　B. 春夏　　C. 夏秋　　D. 夏冬

答案：A

48. 下列分类中不属于形态学分类的是(　　)。

A. 球菌　　B. 杆菌　　C. 螺旋菌　　D. 根瘤菌

答案：D

49. 一般认为，当水体的(　　)或污染程度提高时，腐生菌的总量就会大大增加。

A. pH　　B. 浊度　　C. 色度　　D. 矿化度

答案：B

50. 在溪流中，由于营养物质缺乏，常见的细菌主要是真细菌目中的(　　)杆菌。

A. 革兰阳性芽孢　　B. 革兰阴性芽孢

C. 革兰阳性无芽孢　　D. 革兰阴性无芽孢

答案：D

51. 一般情况下，只测定水体中有无(　　)的存在，就可以确定水体是否受到粪便的污染。

A. 肠道正常细菌　　B. 肠道病原菌　　C. 类大肠菌群　　D. 大肠埃希氏菌

答案：A

52. 通常将在(　　)下培养生长的大肠菌称为粪大肠菌群。

A. 25. 5℃　　B. 37. 5℃　　C. 40. 5℃　　D. 44. 5℃

答案：D

53. 总大肠菌群检测方法(工具)是(　　)。

A. 涂片　　B. 滤膜　　C. 革兰染色　　D. 平板

答案：B

54. 作为我国的化学试剂的等级标志，绿色瓶签表示(　　)。

A. 一级品　　B. 二级品　　C. 三级品　　D. 四级品

答案：A

55. 作为我国化学试剂对等级标志的规定，分析纯的符号为(　　)。

A. L. R.　　B. A. R　　C. C. P.　　D. G. R.

答案：B

56. 化验室的分析测试工作所涉及的标准不包括(　　)标准。

A. 综合　　B. 工艺　　C. 产品　　D. 分析方法

答案：B

57. 化验室做定量分析时，一般要求使用(　　)以上的试剂。

A. 基准　　B. 高纯　　C. 优级纯　　D. 分析纯

答案：D

58. 氧气钢瓶瓶身颜色为(　　)。

A. 黑色　　B. 天蓝色　　C. 草绿色　　D. 银灰色

答案：B

59. 氮气钢瓶瓶身为(　　)。

A. 天蓝色　　B. 深绿色　　C. 草绿色　　D. 黑色

答案：D

60. 玻璃电极是一种离子选择性电极，其电极电位的产生是(　　)的结果。

A. 离子交换　　B. 电子得失　　C. 氧化还原　　D. 离子沉积

答案：A

61. 在选用离子选择电极法测量离子活度时，一般使用(　　)电极做参比电极。

A. 标准甘汞　　B. 标准氢　　C. 饱和甘汞　　D. 标准银-氯化银

答案：C

62. 对于氟离子选择性电极，其响应时间为(　　)。

A. 10ms　　B. 1s　　C. 5s　　D. 10s

答案：A

63. 对离子选择电极不产生干扰的是(　　)。

A. 温度　　B. 噪声　　C. 颜色　　D. 共存组分

答案：C

64. 参比电极与指示电极的不同点是(　　)不同。

A. 原理　　B. 结构　　C. 使用方法　　D. 作用

答案：D

65. 在电位分析中，一个电极是指示电极还是参比电极由(　　)决定。

A. 操作人员　　B. 电极本身　　C. 干扰物质　　D. 被测物质

答案：D

66. 原子吸收光谱分析仪的光源是(　　)。

A. 氢灯　　B. 氘灯　　C. 钨灯　　D. 空心阴极灯

答案：D

67. 原子吸收光谱分析仪中单色器位于(　　)。

A. 空心阴极灯之后　　B. 原子化器之后　　C. 原子化器之前　　D. 空心阴极灯之前

答案：B

68. 原子吸收光谱分析中，乙炔是(　　)。

A. 燃气、助燃气　　B. 载气　　C. 燃气　　D. 助燃气

答案：C

69. 原子吸收光谱分析的波长介于(　　)和可见光之间。

A. 远紫外光　　B. 近紫外光　　C. 近红外光　　D. 远红外光

答案：B

70. 原子吸收分析中所测元素的性质是由(　　)决定的。

A. 光源　　B. 原子化器　　C. 检测器　　D. 预先已知

答案：A

71. 原子吸收分光光度计不能根据(　　)进行分类。

A. 光源　　B. 原子化器　　C. 分光系统　　D. 检测器

答案：B

72. 不适用于原子吸收的原子化法是(　　)原子化法。

A. 冷　　B. 火焰　　C. 无火焰　　D. 化学

答案：D

73. 原子吸收分析的试剂中溶质含量一般不超过(　　)。

A. 1%　　B. 3%　　C. 5%　　D. 10%

答案：C

74. 原子吸收测量中吸光度应在(　　)范围内，以减少读数误差。

A. 0~0.9A　　B. 0.1~0.5A　　C. 0.1~0.9A　　D. 0~0.5A

答案：B

75. 不适用于原子吸收的定量分析方法是(　　)。

A. 标准曲线法　　B. 标准加入法　　C. 浓度直读法　　D. 归一化法

答案：D

76. 原子吸收的定量方法标准加入法，消除了(　　)的干扰。

A. 背景吸收　　B. 分子吸收　　C. 物理　　D. 光散射

答案：A

77. 原子吸收分光光度计各个部分的排列顺序是(　　)。

A. 光源、原子化器、分光系统、检测器

B. 光源、分光系统、原子化器、检测器

C. 光源、原子化器、分光系统、检测器、记录器
D. 光源、分光系统、原子化器、检测器、记录器
答案：A
78. 供给被测原子激发所需能量的部件是(　　)。
A. 光源　　B. 原子化器　　C. 燃烧器　　D. 分光系统
答案：A
79. 空心阴极灯中，对发射线半宽度影响最大的因素是(　　)。
A. 阴极材料　　B. 阳极材料　　C. 填充气体　　D. 灯电流
答案：D
80. 现代原子吸收光谱仪的分光系统的组成部分主要是(　　)。
A. 棱镜、凹面镜、狭缝　　B. 棱镜、透镜、狭缝
C. 光栅、透镜、狭缝　　D. 光栅、凹面镜、狭缝
答案：D
81. 使用原子吸收光谱法分析时，火焰的温度最高的是(　　)。
A. 氢气-氧气　　B. 乙炔-空气　　C. 煤气-空气　　D. 乙炔-氧化亚氮
答案：D
82. 原子吸收分光光度计的检测系统一般采用(　　)作为检测器。
A. 光电池　　B. 光敏晶体管　　C. 光电倍增管　　D. 空心阴极灯
答案：C
83. 在原子吸收光谱仪检测系统中，将光信号转换为电信号的元件是(　　)。
A. 放大器　　B. 对数转换器　　C. 光电倍增管　　D. 光电池
答案：C
84. 原子吸收分光光度法的灵敏度是指(　　)。
A. 吸收曲线的斜率　　B. 吸收曲线的截距　　C. 校正曲线的斜率　　D. 校正曲线的截距
答案：C
85. 原子吸收的检测限是能产生 2 或 3 倍空白溶液的(　　)的吸收信号所对应的被测溶液的浓度。
A. 绝对偏差　　B. 相对偏差　　C. 标准偏差　　D. 平均值
答案：C
86. 荧光光度法是通过测量在(　　)照射下的物质所产生的荧光强度，来确定该物质的浓度 。
A. X 射线　　B. 紫外线　　C. 红外线　　D. 可见光
答案：B
87. 荧光光谱仪一般采用(　　)作为光源。
A. 空心阴极灯　　B. 可调激光器　　C. 高压氙弧灯　　D. 无极放电灯
答案：C
88. 采用荧光光度法测量时，某些微量(　　)离子存在时，常导致荧光“熄灭”。
A. 过渡族金属　　B. 碱土族金属　　C. 两性元素　　D. 惰性元素
答案：A
89. 适合荧光分析法测定的无机离子(　　)。
A. 数目不多，灵敏度不高　　B. 数目不多，灵敏度高
C. 数目多，灵敏度不高　　D. 数目多，灵敏度高
答案：B
90. 原子荧光分析可采用的连续光源是(　　)。
A. 无机放电灯　　B. 蒸气放电灯　　C. 高压氙弧灯　　D. 空心阴极灯
答案：C
91. 处于第一激发态的原子降落回基态时，所发出的荧光称为(　　)荧光。
A. 共振　　B. 直线　　C. 阶梯线　　D. 特征

答案：A

92. 原子荧光分析所用仪器与原子吸收分析所使用仪器的主要区别是(　　)不同。

A. 所选光源类型　　B. 所选用检测器类型

C. 所选用原子化器类型　　D. 光源、原子化器和分光的排列方式

答案：D

93. 苯并[a]芘是一种由(　　)苯环构成的多环芳烃。

A. 4 个　　B. 5 个　　C. 6 个　　D. 7 个

答案：B

94. 能使苯并[a]芘激发荧光的激发波长为(　　)。

A. 347nm　　B. 357nm　　C. 367nm　　D. 387nm

答案：C

95. 原子荧光光谱法是(　　)中的一个重要分支。

A. 原子光谱法　　B. 荧光光度法　　C. 原子吸收光谱法　　D. 原子发射光谱法

答案：A

96. 原子荧光光谱法经历了(　　)的发展历程。

A. 20 年　　B. 40 年　　C. 60 年　　D. 80 年

答案：B

97. 原子荧光光谱法中采用的氩氢焰具有很(　　)的荧光效率以及较(　　)的背景。

A. 高，高　　B. 高，低　　C. 低，高　　D. 低，低

答案：B

98. 原子荧光可归纳为(　　)基本类型。

A. 3 种　　B. 5 种　　C. 7 种　　D. 9 种

答案：B

99. 当激发和发射过程中涉及的上能级和下能级相同时，会产生(　　)荧光。

A. 共振　　B. 直跃线　　C. 阶跃线　　D. 多光子

答案：A

100. 当激发和发射过程中涉及的上能级相同时，会产生(　　)荧光。

A. 共振　　B. 直跃线　　C. 阶跃线　　D. 多光子

答案：B

101. 在原子光谱仪中，整个荧光池位于可被检测器观测到的(　　)之内。

A. 平面　　B. 平面角　　C. 立体角　　D. 中心线

答案：C

102. 原子荧光光谱分析的基本原理仅适用于(　　)的原子荧光分析。

A. 低浓度　　B. 中等浓度　　C. 高浓度　　D. 常量

答案：A

103. (　　)不会导致原子荧光法的工作曲线变宽。

A. 多普勒变宽　　B. 自吸　　C. 环境温度　　D. 散射

答案：C

104. 在原子荧光的定量测定中，测定的灵敏度与(　　)无关。

A. 峰值吸收系数　　B. 荧光波长　　C. 入射光强度　　D. 吸收光程长度

答案：B

105. 处于激发态的原子寿命(　　)。

A. 较长　　B. 很长　　C. 十分短暂　　D. 不一定

答案：C

106. 下列属于荧光淬灭类型的是(　　)。

A. 与自由原子碰撞　　B. 与分子碰撞　　C. 与电子碰撞　　D. 以上均正确

答案：D

107. 在原子设计中应力求荧光量子效率接近于( )。

A. 0.1 B. 0.5 C. 1 D. 10

答案：C

108. 原子荧光分析中利用高强的光源照射，可使待测原子基态原子数( )。

A. 大大减少 B. 大大增加 C. 保持恒定 D. 无法确定

答案：A

109. 原子荧光分析中利用高强的光源照射，可使待测原子激发态原子数( )。

A. 减少 B. 保持恒定 C. 增加 D. 无法确定

答案：C

110. 最早采用氢化物方式应用于原子光谱分析的元素是( )。

A. 汞 B. 铅 C. 砷 D. 硒

答案：C

111. 氢化物发生进样方法是指借助( )将待测共价氢化物导入原子光谱分析系统进行测量。

A. 载流液 B. 载流气 C. 六通阀 D. 注射器

答案：B

112. 原子荧光分析时，氢化物发生进样法的进样效率近乎( )。

A. 40% B. 60% C. 80% D. 100%

答案：D

113. 原子荧光分析时，在锌-酸还原体系中只能产生( )化氢。

A. 砷 B. 硒 C. 汞 D. 铅

答案：A

114. 原子荧光分析时，在盐酸-碘化钾-氯化亚锡-金属锌体系中，能将五价砷还原为三价的是( )。

A. 新生态氢 B. 碘化钾 C. 氯化亚锡 D. 金属锌

答案：B

115. 原子荧光分析时，在锌-酸还原体系中砷化氢反应生成时间大约要( )。

A. 1min B. 2min C. 5min D. 10min

答案：D

116. 当 pH 等于( )时，硼氢化钠与酸反应生成氢气仅需 4.3μs。

A. 4 B. 7 C. 0 D. 14

答案：C

117. 原子荧光分析中，能用于将二价铅氧化为四价铅的氧化剂是( )。

A. 双氧水 B. 过硫酸铵 C. 铁氰化钾 D. 亚铁氰化钾

答案：D

118. 下列元素与硼氢化钠可以进行反应，但反应速度较慢的是( )。

A. As^{5+} B. As^{3+} C. Sb^{3+} D. Sb^{4+}

答案：A

119. 原子荧光分析时，下列氢气发生方法不属于直接输送法的是( )。

A. 间断法 B. 连续流动法 C. 流动注射法 D. 压力法

答案：D

120. ( )被称为新一代的流动注射。

A. 连续流动法 B. 流动注射法 C. 断续流动法 D. 顺序注射法

答案：D

121. 早期的原子荧光均采用( )。

A. 间断法 B. 流动注射法 C. 断续流动法 D. 连续流动法

答案：A

122. 在原子荧光分析中，(　　)不属于气相干扰。
A. 自由基数量引起的干扰　　B. 传输效率干扰
C. 分析元素原子的衰减　　D. 发生效率干扰
答案：D
123. 氢化物发生过程中，适当(　　)酸度，可(　　)过渡元素的干扰。
A. 提高，增加　　B. 提高，减少　　C. 降低，减少　　D. 变化，不影响
答案：B
124. 在原子荧光分析中，有关气相干扰的机理与(　　)密切相关。
A. 氢火焰的温度　　B. 氢自由基的密度
C. 氧自由基的密度　　D. 氩自由基的密度
答案：B
125. 在原子荧光分析中，通过加入(　　)可以达到消除干扰的目的。
A. 缓冲剂　　B. 共沉淀剂　　C. 络合剂　　D. 硼氢化钠
答案：C
126. 在氢化物法中测定锡，加入试剂(　　)可消除铜、铁、镍的干扰。
A. EDTA　　B. 硫氰酸钾　　C. 碘化钾　　D. 硫脲-抗坏血酸
答案：D
127. 硼氢化钠的还原电位强烈依赖于pH，酸度(　　)时，可被还原的元素较(　　)，引起的干扰比较严重。
A. 高，多　　B. 低，多　　C. 高，少　　D. 低，少
答案：B
128. 氢化物-原子荧光光谱仪的光学系统的特点是无色散光学系统光路简单且(　　)、光损失(　　)。
A. 长，多　　B. 长，少　　C. 短，多　　D. 短，少
答案：D
129. 关于原子荧光法(AFS)和原子吸收法(AAS)，下列描述错误的是(　　)。
A. 原子荧光法光路简单，原子吸收法光路复杂
B. 原子荧光法的石英炉对原子化过程影响较小，原子吸收法的影响大
C. 原子荧光法可进行多元素同时分析，原子吸收法1次只能测定一个元素
D. 两者的测量精度基本接近
答案：C
130. 国外某些原子荧光1次最多可测(　　)元素。
A. 3种　　B. 6种　　C. 9种　　D. 12种
答案：D
131. (　　)在分析仪器领域仍处于领先地位。
A. 氢化物-原子荧光光谱仪　　B. 氢化物-原子吸收光谱仪
C. 气相色谱仪　　D. 高效液相色谱仪
答案：A
132. 国外原子荧光商品仪器的开发始于20世纪(　　)年代。
A. 50　　B. 60　　C. 70　　D. 80
答案：C
133. 1976年，世界第一台原子荧光光谱仪可同时测定(　　)元素。
A. 3种　　B. 4种　　C. 5种　　D. 6种
答案：D
134. 原子荧光分析时，断续进样通过(　　)的方式提高采样精度。
A. 提高蠕动泵精度　　B. 减少泵管脉动
C. 提高进样管路精度　　D. 增设采样环
答案：D

135. 原子荧光分析时，间歇泵系统与断续流动进样系统比较，主要差别在于(　　)。

A. 进样程序　　B. 排液程序　　C. 排液系统　　D. 进样系统

答案：C

136. 原子荧光分析时，顺序注射系统所采用的注射泵精度很高，当进样量为 0.05mL 时，精度优于(　　)。

A. 0.05%　　B. 0.1%　　C. 0.5%　　D. 1%

答案：C

137. 氢化物-原子荧光光谱仪的气路系统实际专指(　　)的供给系统。

A. 氢　　B. 氩　　C. 乙炔　　D. 空气

答案：B

138. 氢化物-原子荧光分析用于点燃火焰的氢气来源于(　　)。

A. 高纯氢气　　B. 样品与硼氢化钠反应

C. 载流液与硼氢化钠反应　　D. 氢气发生器

答案：C

139. 原子荧光的气路安全保护装置包括(　　)。

A. 电磁阀自检　　B. 自动防回火保护　　C. 防回流膜　　D. 以上均正确

答案：D

140. 氢化物-原子荧光光谱仪的原子化器采用(　　)聚焦。

A. 单透镜　　B. 双透镜　　C. 凹面镜　　D. 组合方式

答案：A

141. 原子荧光分析时，选用日盲光电倍增管，光学系统需要采用(　　)分光器。

A. 光栅　　B. 棱镜　　C. 光学滤光片　　D. 不需要

答案：D

142. 原子荧光辐射强度在各个方向(　　)，因此可以从(　　)进行检测。

A. 相同，任意角度　　B. 相同，特定角度　　C. 不同，任意角度　　D. 不同，特定角度

答案：A

143. 原子荧光分析时，低温石英炉原子化器石英管的温度为(　　)。

A. 100℃　　B. 200℃　　C. 300℃　　D. 400℃

答案：B

144. 氢化物-原子荧光分析中，多数元素的最佳工作温度为(　　)。

A. 200℃　　B. 300℃　　C. 400℃　　D. 500℃

答案：A

145. 低温石英炉原子化器在石英管(　　)有点火炉丝。

A. 底部　　B. 中部　　C. 顶部　　D. 整个管壁

答案：C

146. 日盲光电倍增管的光谱响应范围是(　　)。

A. 110~220nm　　B. 130~250nm　　C. 150~280nm　　D. 180~320nm

答案：D

147. 在氢化物-原子发射光谱仪所测元素的光谱中，(　　)的波长最长。

A. 砷　　B. 硒　　C. 铋　　D. 铅

答案：C

148. 在氢化物-原子荧光光谱仪所测元素的光谱中，砷的测量波长是(　　)。

A. 182.5nm　　B. 193.7nm　　C. 203.2nm　　D. 243.8nm

答案：B

149. 随着科学技术的进步，未来的光源向高强度(　　)光源发展。

A. 专属　　B. 编码　　C. 纯净　　D. 连续

答案：D

150. 现有的原子荧光器测定砷只能测定(　　)。

A. 三价砷　　B. 五价砷　　C. 无机砷　　D. 砷总量

答案：D

151. 迄今为止，美国环境保护署只认可原子荧光法测定(　　)。

A. 砷　　B. 硒　　C. 汞　　D. 铅

答案：C

152. 氢化物-原子荧光仪器装置由(　　)部分组成。

A. 3 个　　B. 4 个　　C. 5 个　　D. 6 个

答案：C

153. 全自动氢化物发生系统不包括(　　)。

A. 自动进样器　　B. 氢化反应系统　　C. 气液分离装置　　D. 气体屏蔽装置

答案：D

154. 原子荧光分析时，断续流动进样通过(　　)的方式，来弥补由于蠕动泵的疲劳而引起的进样量漂移。

A. 过量进样、定量采样　　B. 过量进样、过量采样

C. 定量进样、过量采样　　D. 定量进样、定量采样

答案：A

155. 原子荧光分析时，断续流动与流动注射相比省去了(　　)。

A. 蠕动泵　　B. 反应块　　C. 电磁阀　　D. 气液分离器

答案：C

156. 原子荧光分析时，断续流动利用(　　)将采样环中的样品推入混合反应块中进行反应。

A. 氩气　　B. 还原剂　　C. 蒸馏水　　D. 载流液

答案：D

157. 国际上，顺序注射是在(　　)的基础上发展起来的溶液处理和分析方法。

A. 连续流动　　B. 流动注射　　C. 断续流动　　D. 间歇泵法

答案：B

158. 原子荧光分析时，顺序注射系统多位阀不与(　　)相连。

A. 检测器　　B. 试样　　C. 载流液　　D. 还原剂

答案：D

159. 原子荧光分析时，顺序注射系统的进样系统不包括(　　)。

A. 样品注射泵　　B. 三位阀　　C. 多位阀　　D. 还原剂注射泵

答案：D

160. 原子荧光分析时，注射泵的精度比蠕动泵至少高(　　)。

A. 1 倍　　B. 5 倍　　C. 10 倍　　D. 100 倍

答案：C

161. 原子荧光分析时，采用蠕动泵进样，进样范围(　　)，(　　)进样漂移。

A. 宽，无　　B. 宽，有　　C. 窄，无　　D. 窄，有

答案：D

162. 原子荧光分析时，采用蠕动泵，进样量为 30μL 时，相对标准偏差为(　　)。

A. 0.15%　　B. 1.5%　　C. 8%　　D. 100%

答案：C

163. 目前，国内外原子荧光商品仪器中二级去水装置共分(　　)。

A. 3 种　　B. 4 种　　C. 5 种　　D. 6 种

答案：A

164. (　　)进入原子化器会引起荧光猝灭。

A. 水蒸气　　B. 氢气　　C. 氩气　　D. 氢化物

答案：C

165. 原子荧光分析时，理想的气液分离装置要求死体积(　　)，记忆效应(　　)。

A. 大，大　　B. 大，小　　C. 小，大　　D. 小，小

答案：D

166. 原子荧光的电磁阀控制气路模块中稳压阀的作用是将氩气稳压在(　　)。

A. 0.1MPa　　B. 0.2MPa　　C. 0.4MPa　　D. 0.5MPa

答案：B

167. 原子荧光的质量流量控制器中不包括(　　)。

A. 压力传感器　　B. 流量传感器　　C. 分流器通道　　D. 放大控制电路

答案：A

168. 原子荧光的质量流量控制器采用(　　)原理测量气体的质量流量。

A. 伯努利方程　　B. 压差式

C. 罗斯蒙特质量流量计测量　　D. 毛细管传热温差量热法

答案：D

169. 原子荧光中所采用的理想光源具有发生强度(　　)的特点。

A. 高、无自吸　　B. 低、无自吸　　C. 高、自吸　　D. 低、自吸

答案：A

170. 无色散原子荧光采用的空心阴极灯的工作电压为(　　)。

A. 110~150V　　B. 150~220V　　C. 150~300V　　D. 220~380V

答案：C

171. 空心阴极灯是一种(　　)。

A. 高压辉光放电灯　　B. 低压辉光放电灯　　C. 高压原子光谱灯　　D. 低压原子光谱灯

答案：B

172. 国内外的紫外分光光度计和原子吸收分光光度计均采用(　　)的方式克服光源的不稳定性。

A. 单光束单检测器　　B. 单光束双检测器　　C. 双光束单检测器　　D. 双光束双检测器

答案：C

173. (　　)能有效消除原子荧光光源漂移。

A. 单光束单检测器　　B. 单光束双检测器　　C. 双光束单检测器　　D. 双光束双检测器

答案：D

174. 斜线校正法只有在光源(　　)漂移且标准曲线也为线性的条件下才能使用。

A. 线性非单向　　B. 线性单向　　C. 非线性非单向　　D. 非线性单向

答案：A

175. 原子荧光分析时，工作时，光电倍增管的负高压加在(　　)。

A. 光电阴极　　B. 阳极　　C. 倍增极　　D. PN 结

答案：A

176. 氢化物发生-无色散原子荧光仪器所使用的检测器一般为(　　)。

A. 电荷耦合器件　　B. 日盲型光电倍增管　　C. 紫外光电池　　D. 全波段硅光电池

答案：B

177. 原子荧光分析时，光电池随温度的变化相对较慢，温度每增加 1℃，光电流增加(　　)。

A. 2A　　B. 2mA　　C. 2μA　　D. 200mA

答案：C

178. 原子荧光检测电路中前置放大器的作用是(　　)。

A. 将电流转变为电压　　B. 将电压转变成电流　　C. 放大电流　　D. 放大电压

答案：A

179. 原子荧光检测电路中主放大器的功能是将前置放大器输出的(　　)进一步(　　)。

A. 电流信号，放大　　B. 电压信号，放大　　C. 电流信号，降低　　D. 电压信号，降低

答案：C

180. 原子荧光检测电路中，积分器和模拟数字转换器(A/D)转换电路的功能是(　　)。

A. 背景扣除　　B. 峰值保持　　C. 积分　　D. 光电转换

答案：D

181. 氢化物发生-无色散原子荧光仪器对环境温度的要求是(　　)。

A. 10~20℃　　B. 15~30℃　　C. 20~35℃　　D. 15~35℃

答案：B

182. 氢化物发生-无色散原子荧光仪器要求氩气的纯度不小于(　　)。

A. 99%　　B. 99.9%　　C. 99.99%　　D. 99.999%

答案：C

183. 氢化物发生-无色散原子荧光仪器要求硼氢化钠的含量在(　　)以上。

A. 85%　　B. 90%　　C. 95%　　D. 98%

答案：C

184. 对光电倍增管来讲，负高压越大，放大倍数越(　　)，噪声越(　　)。

A. 大，大　　B. 大，小　　C. 小，大　　D. 小，小

答案：B

185. 光电倍增管的作用是把(　　)，并将信号(　　)。

A. 光信号转变为电信号，放大　　B. 电信号转变为光信号，放大

C. 光信号转变为电信号，缩小　　D. 电信号转变为光信号，缩小

答案：A

186. 光电倍增管上的光电极发射出1个电子，第一倍增极有4个二次电子发出，经过10个倍增极后，放大倍数为(　　)。

A. 10倍　　B. 41倍　　C. 410倍　　D. 104倍

答案：C

187. 原子荧光分析时，氩氢火焰的温度约为(　　)。

A. 580℃　　B. 680℃　　C. 780℃　　D. 880℃

答案：C

188. 原子荧光分析时，点火炉丝点燃(　　)后，石英炉内的温度达到平衡。

A. 5min　　B. 10min　　C. 20min　　D. 30min

答案：B

189. 原子荧光分析时，对于多数元素来讲，最佳预加热温度为(　　)。

A. 200℃　　B. 400℃　　C. 600℃　　D. 780℃

答案：A

190. 原子荧光仪器的原子化器高度指示的数值越大，原子化器的高度越(　　)，氩氢火焰的位置越(　　)。

A. 高，高　　B. 高，低　　C. 低，高　　D. 低，低

答案：D

191. 原子荧光分析时，随着氩氢焰的高度不同，原子蒸气分布的差异很大，火焰(　　)原子蒸气的密度最大。

A. 根部　　B. 尾部　　C. 中部　　D. 边缘

答案：C

192. 原子荧光分析时，由于元素灯照射在火焰上的光斑较(　　)，各种元素需要调节的原子化器高度范围很(　　)。

A. 大，大　　B. 大，小　　C. 小，大　　D. 小，小

答案：B

193. 在氢化物发生-原子荧光仪器中(　　)经点火炉丝点燃形成火焰。

A. 氢气　　B. 氢化物　　C. 氢气和氩气混合气　　D. 氩气

答案：C

194. 原子荧光分析时，下列关于屏蔽气的描述错误的是(　　)。

A. 流量大时氩氢火焰肥大，信号稳定　　B. 能够保持火焰形状稳定

C. 能够防止原子蒸气被周围空气氧化　　D. 能够作为氩氢火焰的保护气体

答案：A

195. 下列关于氢化物发生-原子荧光仪器载气的描述错误的是(　　)。

A. 流量小时，火焰不稳定，重现性差

B. 流量大时，原子蒸气被稀释

C. 流量小时，无法形成氩氢焰，没有测量信号

D. 过大的载气流量可能导致火焰冲断

答案：C

196. 原子荧光分析时，(　　)与读数时间无关。

A. 进样泵泵速　　B. 还原剂浓度　　C. 预加热温度　　D. 载气流量

答案：C

197. 原子荧光分析时，下列关于延迟时间的描述错误的是(　　)。

A. 延迟时间过长会使数据采集更完全

B. 准确设置延迟时间可以减少空白噪声

C. 准确设置延迟时间可以有效延长灯的使用寿命

D. 延迟时间过长会损失测量信号

答案：A

198. 下列关于元素灯的描述错误的是(　　)。

A. 元素灯在未进行测量时也对灯的寿命有所损耗

B. 元素灯在未进行测量时，设置的灯电流未加在灯的电极上

C. 仪器电源打开后元素灯就会点亮

D. 仪器电源打开后元素灯只有极小的电流通过

答案：A

199. 原子荧光分析时，每次实验结束要用(　　)清洗进样系统和反应器。

A. 载流液　　B. 还原剂　　C. 载气　　D. 纯水

答案：D

200. 仪器及元素灯不应长期放置不用，应每隔(　　)个月开机预热(　　)h。

A. 半，1　　B. 半，0.5　　C. 1，1　　D. 1，0.5

答案：B

201. 下列关于原子荧光仪器日常维护的描述错误的是(　　)。

A. 每次测试结束擦拭其表面　　B. 石英炉芯如被污染应及时正确清洗

C. 仪器周围放置酸碱等化学试剂　　D. 每次实验结束应清洗进样系统和反应器

答案：C

202. 氢化物-原子荧光分析所用纯水建议阻值为(　　)。

A. 4MΩ　　B. 10MΩ　　C. 18MΩ　　D. 20MΩ

答案：C

203. 为保持硼氢化钠溶液的稳定性，氢氧化钠的浓度应为(　　)。

A. 0.1%　　B. 0.4%　　C. 1%　　D. 2%

答案：B

204. 氢化物发生-原子荧光分析所用试剂应采用合格的(　　)以上试剂。

A. 基准试剂　　B. 分析纯　　C. 色谱纯　　D. 优级纯

答案：D

205. 氢化物原子荧光法测砷的最低检测质量是(　　)。

A. 0.5μg　　B. 0.5ng　　C. 0.5pg　　D. 0.5mg

答案：B

206. 取0.5mL进行水样测量，氢化物原子荧光法测砷的最低检测质量浓度为(　　)。

A. 0.1μg/L　　B. 0.5ng/L　　C. 1.0μg/L　　D. 1.0mg/L

答案：C

207. 原子荧光法测砷时，标准样和待测样加入硫脲-抗坏血酸混合液的作用是(　　)。

A. 将As(Ⅴ)还原为As(Ⅲ)

B. 将As(Ⅲ)氧化为As(Ⅴ)

C. 消除As(Ⅴ)的干扰

D. 将As(Ⅴ)还原为As(Ⅲ)，同时消除共存元素的干扰

答案：D

208. 原子荧光法测砷的载流液是(　　)溶液。

A. 5+95 盐酸　　B. 5+95 硝酸　　C. 1+1 盐酸　　D. 1+1 硝酸

答案：A

209. 原子荧光法测砷灯电流应控制在(　　)。

A. 4.5mA　　B. 45mA　　C. 90mA　　D. 150mA

答案：B

210. 原子荧光法测砷载气流量应调整为(　　)。

A. 5mL/min　　B. 50mL/min　　C. 500mL/min　　D. 1000mL/min

答案：C

211. Se(Ⅵ)(　　)与硼氢化钠发生反应。

A. 完全不　　B. 完全　　C. 不完全　　D. 严格条件下

答案：A

212. 经硝酸-高氯酸混合液消解的水样，冷却后加入盐酸溶液的目的是(　　)。

A. 将水样进一步消解　　B. 提高残渣的溶解度

C. 将Se(Ⅵ)还原成Se(Ⅳ)　　D. 调整 pH

答案：C

213. 原子荧光法测硒时，向水样中加入铁氰化钾的目的是(　　)。

A. 将Se(Ⅵ)还原成Se(Ⅳ)　　B. 将Se(Ⅳ)氧化成Se(Ⅵ)

C. 消除共存Se(Ⅵ)的干扰　　D. 消除共存与元素的干扰

答案：D

214. 氢化物发生-原子荧光法测硒时，延迟时间为(　　)。

A. 1s　　B. 5s　　C. 10s　　D. 30s

答案：A

215. 氢化物发生-原子荧光法测硒时，读数时间为(　　)。

A. 1s　　B. 6s　　C. 12s　　D. 24s

答案：C

216. 5.0μg/L的含硒溶液采用氢化物发生-原子荧光法测定，其标准偏差为(　　)。

A. 1%　　B. 5%　　C. 10%　　D. 15%

答案：B

217. 采用原子荧光法测定汞，其最低检测质量是(　　)。

A. 0.05μg　　B. 0.05ng　　C. 0.05mg　　D. 0.5mg

答案：B

218. 采用原子荧光法测定汞时，用于将汞全部转化为二价汞的消解体系是(　　)。

A. 硼氢化钠　　B. 重铬酸钾　　C. 盐酸羟胺　　D. 溴酸钾-溴化钾

答案：D

219. 硼氢化钠溶液的浓度越(　　)，原子荧光法测汞的灵敏度越(　　)。

A. 高，稳定　　B. 高，低　　C. 低，高　　D. 低，低

答案：C

220. 原子荧光分析中，汞灯可以采用(　　)电流预热(　　)电流测量的方法以减少测量误差。

A. 大，大　　B. 大，小　　C. 小，小　　D. 小，大

答案：B

221. 作为汞标准溶液的定容介质，硝酸和重铬酸钾的浓度分别为(　　)。

A. 5%和0.5%　　B. 5%和5%　　C. 0.5%和5%　　D. 0.5%和0.5%

答案：A

222. 原子荧光法开始检测前，汞灯应预热(　　)，以降低灯漂移产生的误差。

A. 5min　　B. 10min　　C. 20min　　D. 60min

答案：C

223. 铅标准溶液用(　　)硝酸作为定容介质。

A. 0.1%　　B. 1%　　C. 5%　　D. 10%

答案：B

224. 铅形成氢化物的酸度范围很窄，控制标准是反应后废液的pH介于(　　)。

A. 6~7　　B. 7~8　　C. 8~9　　D. 9~10

答案：C

225. 原子荧光法测铅时，水样及标准系列中加入草酸和硫氰酸钠的作用是(　　)。

A. 掩蔽共存的干扰物质　　B. 彻底消除硝酸的干扰

C. 将Pb(Ⅱ)氧化为Pb(Ⅳ)　　D. 将Pb(Ⅳ)转化为Pb(Ⅱ)

答案：A

二、多选题

1. 紫外吸收光谱定性分析利用光谱吸收峰的(　　)等特征来进行物质的鉴定。

A. 数目　　B. 峰位置　　C. 吸光强度　　D. 形状

答案：ABC

2. 有机化合物中含有π键的不饱和基团，能在紫外与可见光区产生吸收，如(　　)等称为生色团。

A. —CHO　　B. —COOH　　C. —N=N—　　D. —N=O

答案：ABCD

3. 分光光度法的定量方法有(　　)。

A. 示差法　　B. 双波长法　　C. 计量学法　　D. 导数法

答案：ABCD

4. 分子吸收光谱有(　　)。

A. 原子吸收　　B. 紫外与可见光　　C. 原子发射光谱　　D. 红外光谱

答案：BD

5. 红外光谱属于(　　)。

A. 分子光谱　　B. 原子光谱　　C. 吸收光谱　　D. 电子光谱

答案：AC

6. 红外光谱具有(　　)的特点。

A. 特征高　　B. 应用范围广

C. 用样少　　D. 适用于大部分单质测定

答案：ABC

7. 下列关于水污染物排放标准体系说法正确的是(　　)。

A. 此标准体系是国家环境保护法律体系的重要组成部分

B. 此标准体系是执行环保法律、法规的重要技术依据

C. 此标准体系在环境保护执法和管理上发挥着不可替代的作用
D. 此标准体系已成为对水污染物排放进行控制的重要手段
答案：ABCD
8. 水样可以分为(　　)。
A. 平均污水样　　B. 定时污水样　　C. 混合水样　　D. 瞬时污水样
答案：ABCD
9. 下列属于污水的化学指标的是(　　)。
A. COD　　B. 总氮　　C. 总磷　　D. 浊度
答案：ABC
10. 消除无火焰原子吸收光度法中的记忆效应的方法有(　　)。
A. 用较高的原子化温度　　B. 用较长的原子化时间
C. 测定后空烧 1 次　　D. 使用涂层石墨管
答案：ABCD
11. 原子吸收光谱定量分析的基本关系式是 $A=KC$，导致标准曲线弯曲的主要因素是(　　)。
A. 基体效应的存在　　B. 化学干扰　　C. 光谱干扰　　D. 火焰温度
答案：ABC
12. 下列属于城市水污染的危害的是(　　)。
A. 对生物链造成巨大的破坏
B. 造成植物大面积枯萎
C. 动物饮用后导致其死亡
D. 污染物进入人体内，使人急性或慢性中毒
答案：ABCD
13. 重铬酸钾法测定 COD，其中包括的物质是(　　)。
A. 非还原性无机物　　B. 不可生物降解有机物
C. 无机还原性物质　　D. 可生物降解有机物
答案：BCD
14. 化验室应建立健全(　　)。
A. 质量管理体系　　B. 环境管理体系
C. 职业健康安全管理体系　　D. 国家安全标准体系
答案：ABC
15. 下列因素会影响浊度的大小的是(　　)。
A. 溶解物质的数量　　B. 不溶解物质的浓度
C. 不溶解物质的颗粒大小　　D. 不溶解物质的形状
答案：BCD
16. 下列污水检测项目需要每月都测试的包括(　　)。
A. 硫化物　　B. 氰化物　　C. 氯化物　　D. 挥发酚
答案：ABD

三、判断题

1. 4-氨基安替比林法测定挥发酚所需的测定波长为 560 nm。
答案：错误
2. 水样中还原性硫化物、氧化剂及石油类物质对酚的测定有干扰。
答案：正确
3. 碱性条件有利于亚硝胺类的形成。
答案：错误
4. 耗氧量是 1L 水中还原性物质在一定条件下被氧化时所消耗的氧毫克数。

答案：正确

5. 耗氧量是绝对数据，测定结果不随氧化剂种类和浓度、加热温度和时间以及水的酸碱度等因素变化而变化。

答案：错误

6. 测定溶解氧，对了解原水的污染情况和水的自净作用有重大的意义。

答案：正确

7. 膜电极法测溶解氧根据膜对氧的选择性吸收。

答案：错误

8. 在无氧的环境下，水中的氨可转变为亚硝酸盐甚至硝酸盐；在有氧环境中，水中的亚硝酸盐在微生物的作用下转变为氨。

答案：错误

9. 水中烷基磺酸盐与阴离子染料亚甲蓝作用，形成非水溶性蓝色化合物。

答案：错误

10. 生化需氧量是指在室温条件下，微生物分解存在水中的某些可氧化物质，特别是有机物，所进行的生物化学过程中消耗溶解氧的量。

答案：错误

11. 测定总磷含量需先将所含磷全部氧化为无机磷酸盐后再进行分析。

答案：错误

12. 总磷和总无机磷酸盐测定方法相同，没有差别。

答案：错误

13. 在绘制氨的工作曲线时，所用标准溶液的浓度为0.1mg/L。

答案：错误

14. 绘制铁离子校准曲线时，以铁含量(mg)为纵坐标，以吸光度为横坐标。

答案：错误

15. 浊度的单位符号为FTU，即福尔马肼浊度单位。

答案：正确

16. 浊度的测量，必须用专用浊度仪进行测量。

答案：错误

17. 铂钴比色法测得的色度的单位是黑曾。

答案：正确

18. 总磷和无机磷测定中，都是将试样在酸性条件下转化成正磷酸盐后再与钼酸铵及抗坏血酸反应。

答案：正确

19. 试样中的游离氯与DPD余氯试剂直接反应，生成无色化合物。

答案：错误

20. 游离氯的测定条件为pH=6.0~6.5。

答案：错误

21. 在过碘化钾存在下，试样中游离氯与DPD余氯试剂反应，生成红色化合物。

答案：错误

22. 硝酸根离子与酚二磺酸作用，在酸性介质中进行分子重排，生成黄色化合物。

答案：错误

23. 汞原子对其特征谱线的吸收大小与原子蒸气浓度符合朗伯定律。

答案：错误

24. 碱性条件下双硫腙溶于氯仿相，酸性条件下双硫腙溶于水相。

答案：正确

25. 由于钾盐有较大的溶解度，使得水中钾离子与钠离子含量接近。

答案：错误

26. 多数金属元素能在空气-乙炔火焰中原子化直接测定，一般不受其他金属离子干扰。
答案：正确
27. 由于细菌的动物特性，其外面没有细胞壁。
答案：错误
28. 一般以形态学和生理学的特征结合起来确定一个细菌在分类学上的位置。
答案：正确
29. 随着细菌间相似性的减小，细菌间的位置相距渐远。
答案：正确
30. 水中微生物的分布与悬浮有机物以及一些浮游植物种群分布有明显的关系。
答案：正确
31. 肠道正常细菌包括肠杆菌和肠球菌两大类。
答案：错误
32. 肠球菌是作为水细菌学检验的理想指标。
答案：错误
33. 我国规定生活用水中每毫升内细菌总数不超过 10 个。
答案：错误
34. 水体污染的两项常用细菌指标为细菌总数和大肠菌群。
答案：正确
35. 我国化学试剂属于国家标准的标有 HG 代号。
答案：错误
36. 标准方法是技术上最先进、准确度最高的方法。
答案：错误
37. 环境温度过高，会使天平的变动性增大。
答案：正确
38. 高压气瓶应避免严寒冷冻，不得暴晒和强烈振动。
答案：正确
39. 稀溶液的电导率与所有离子电导率之和成正比。
答案：正确
40. 电导检测是选择性检测。
答案：错误
41. 伴随电子转移的化学反应，都属于电化学的范围。
答案：错误
42. 2 个电极即可组成 1 个原电池。
答案：错误
43. 在原电池的电极上可以不发生氧化还原反应，而在电解池的电极上必须要发生氧化还原反应。
答案：正确
44. 对于电解池而言，电解池的正极即为阴极。
答案：错误
45. 金属片插入水中，当金属离子在溶液中达到饱和时，金属与液面间产生的电位差叫金属电极电位。
答案：错误
46. 电化学分析法是仪器分析法的一个分支。
答案：正确
47. 电位分析法的关键是准确测定电极电位值。
答案：正确
48. 直接电位法是根据电极电位与离子活度之间的函数关系，直接测出离子活度的分析方法。
答案：正确

49. 酸度计是利用电位法来测定溶液中氢离子总浓度的仪器。
答案：错误
50. 电位滴定法是通过测量滴定过程中借助于指示电极电位的变化来确定终点的方法。
答案：正确
51. 电位滴定法与一般的容量分析在原理上是不同的。
答案：错误
52. 非水溶液可以用电位滴定法来进行测量。
答案：正确
53. 指示电极是指示被测离子活度的电极。
答案：正确
54. 金属-金属离子电极仅能指示构成电极的金属的离子的活度。
答案：正确
55. 能发生氧化还原反应的金属都能构成金属-金属离子电极。
答案：错误
56. 金属-金属难溶盐电极是一种既能指示该金属阳离子又能指示与该金属离子生成难溶盐的阴离子的活度。
答案：正确
57. 金属-金属难溶盐电极的电极电位值稳定，重现性好，既可用作指示电极，又常用作参比电极。
答案：正确
58. 惰性电极本身不参加电极反应，只起到转移电子的作用。
答案：正确
59. 能与惰性电极发生化学反应或在惰性电极催化溶液中的化学反应的情况下，不能使用惰性电极。
答案：正确
60. 玻璃电极可用于测量溶液的 pH，是基于玻璃膜两边的电位差。
答案：正确
61. 玻璃电极的内参比电极的电极电位随被测溶液 pH 的变化而变化。
答案：错误
62. 参比电极是测量电极电位的绝对标准。
答案：错误
63. 氢电极从本质上讲属于金属-金属离子电极。
答案：正确
64. 在一定温度下，当 Cl^- 活度一定时，甘汞电极的电极电位为一定值，与被测溶液的 pH 无关。
答案：正确
65. 标准甘汞电极是最精确的参比电极。
答案：错误
66. 银与氯化银共同组成一个银-氯化银电极。
答案：错误
67. 离子选择性电极分为原电极和敏化电极两大类。
答案：正确
68. 离子选择性电极是离子的专属性电极。
答案：错误
69. 理想的离子选择性电极对所有离子都有响应。
答案：错误
70. 离子选择性电极仅能用于直接电位法中。
答案：错误
71. 电极是指示电极还是参比电极是绝对的。
答案：错误

72. 参比电极和指示电极都必须与被测溶液发生直接接触。
答案：错误
73. 原子吸收分析只遵从比耳定律，而与朗伯定律无关。
答案：错误
74. 对于共振线处于紫外区的元素，由于火焰吸收很强烈，因而不易选择这些元素的共振线作为分析线。
答案：正确
75. 根据原子吸收系统的不同，原子吸收可分为火焰原子化分析及石墨炉无火焰原子化分析。
答案：正确
76. 氢化物原子化装置和冷原子化装置属于无火焰原子化分析。
答案：错误
77. 原子吸收分光光度法的特点，致使它只能进行无机金属元素的测定。
答案：错误
78. 原子吸收分析的灵敏度很高，火焰原子吸收法可测到 10^{-9}g/L。
答案：错误
79. 在原子吸收分析中，对于基体组成复杂的试样，采用标准加入法可以消除基体对测定带来的干扰。
答案：正确
80. 标准加入法中所做的外推曲线一定要经过原点。
答案：错误
81. 在原子吸收分析中光源的作用是供给原子吸收所需的足够尖锐的共振线。
答案：正确
82. 空心阴极灯发射的光谱，主要是阳极元素的光谱。
答案：错误
83. 空心阴极灯内充装有高压惰性气体。
答案：错误
84. 原子吸收分析中，可以根据谱线的结构和欲测共振线附近有无干扰线来决定单色的狭缝宽度。
答案：正确
85. 原子吸收分析中，在火焰温度范围内，大多数元素的激发态原子数与基态原子数之比大于 10%。
答案：错误
86. 火焰原子化过程中，火焰温度越高，被测元素原子化数增多，有利于原子吸收的测定。
答案：错误
87. 非火焰原子化法对样品的利用率高，可大大提高原子化效率和测量的灵敏度，但稳定性差。
答案：正确
88. 原子吸收的检测系统由检测器和读数装置两部分组成。
答案：错误
89. 原子吸收分析中，暗电流越大，则光电倍增管的质量越好。
答案：错误
90. 原子吸收分析中，灵敏度是指元素浓度或含量改变一个单位时，吸光度的变化量。
答案：正确
91. 原子吸收分析中，检出限反映了测量中总噪声电平的大小，是灵敏度与稳定性的综合性指标。
答案：正确
92. 原子吸收分析中，在试样中加入与水不互溶的有机物可提高灵敏度。
答案：错误
93. 在火焰原子化分析中，可以通过转动燃烧器的角度来降低灵敏度。
答案：正确
94. 荧光光度分析法的灵敏度比分光光度法高 2~3 倍。
答案：错误

95. 原子荧光分析中所产生的荧光强度不易受外界条件影响。

答案：错误

96. 对于某些元素来讲，以激光器为激发光源，即使使用火焰原子化器也能得到电热原子化器原子吸收法相近的灵敏度。

答案：正确

97. 大多数分析工作中涉及的荧光为直跃线荧光。

答案：错误

98. 原子荧光分析中，随着待测样品中待测原子浓度的提高，不会使工作曲线出现弯曲。

答案：错误

99. 原子荧光分析中，荧光淬灭的程度取决于原子化器的气氛。

答案：正确

100. 原子荧光分析中，通过无限制提高光源辐射强度来改善原子荧光的检出限是可能的。

答案：错误

101. 氢化物发生法不能进行价态分析。

答案：错误

102. 原子荧光分析中，利用金属-酸还原体系能生成的氢化物元素较多。

答案：错误

103. 进行氢化物发生时，必须保持一定的酸度，被测元素也必须保持一定的价态存在。

答案：正确

104. 原子荧光分析中，采用流动注射法所获得的信号为连续信号。

答案：错误

105. 在原子荧光分析中，硼氢化钠与盐酸的加入顺序对所得到的分析数据没有很大影响。

答案：错误

106. 原子荧光光度计中，改变氢化物发生的方式是克服氢化物中液相干扰的重要途径。

答案：正确

107. 与原子吸收法比较，原子荧光法的干扰要多一些。

答案：错误

108. 原子荧光光度计中，采用脉冲供电方式，解决了空心阴极灯使用寿命短的问题。

答案：正确

109. 原子荧光光度计中，顺序注射一个重要特点是可以实现单标准溶液配制工作曲线。

答案：正确

110. 原子荧光光度计中，屏蔽式石英炉原子化器只需一路氩气。

答案：错误

111. 氢化物发生-原子荧光具有极好的自单色性。

答案：正确

112. 采用低温石英炉原子化器对冷原子吸收测汞时，可防止石英管出现水蒸气冷凝。

答案：正确

113. 自然光中存在的紫外线是散射光噪声的主要来源。

答案：正确

114. 近年来，电荷耦合器件技术性能大幅提高，若采用连续光源，光线传导微型光学分光系统可将紫外光能量的损耗降到最低。

答案：正确

115. 原子荧光法检测时，由于载流槽的体积比样品管的体积大很多，且载流槽中的载流液是循环流动的，样品对载流的污染较小。

答案：正确

116. 断续流动由于进样和排液同时进行，反应产生的部分有用信号在还没有进行采样前就随废液排掉，降低了仪器的灵敏度。

答案：正确

117. 用双注射泵顺序注射系统可以实现原子荧光光度计的半自动化。

答案：错误

118. 原子荧光法检测时，注射泵进样量越小，其相对标准偏差越小。

答案：错误

119. 原子荧光光度计中，水封型气液分离装置通过加干燥剂方式去除部分水蒸气。

答案：错误

120. 原子荧光光度计中，电磁阀控制气路模块中气体开关的作用是控制氩气的开启。

答案：错误

121. 无色散原子荧光采用的空心阴极灯阴极孔径大、输出光斑较小。

答案：错误

122. 空心阴极灯的漂移现象是线性的。

答案：错误

123. 原子荧光法检测时，紫外光电池对不同波长的光响应灵敏度相同。

答案：错误

124. 原子荧光检测电路中配置主放大器的目的是提高信噪比。

答案：正确

125. 原子荧光法检测时，温度过低，氢化反应的速度和效率降低，测量稳定性变差。

答案：正确

126. 原子荧光法检测时，在一定范围内，荧光信号与负高压成反比。

答案：错误

127. 对原子荧光仪器来讲，原子化器温度即为原子化温度。

答案：错误

128. 原子化器的高度决定了激发光源照射在氩氢火焰上的位置。

答案：正确

129. 原子荧光法检测时，在反应条件一定的情况下，载气的大小对测量荧光强度的大小没有影响。

答案：错误

130. 原子荧光法检测时，只开启主机电源，元素灯就可起到预热作用。

答案：错误

131. 打开原子荧光仪器主机电源后，灯室内的空心阴极灯应该自发点亮。

答案：正确

132. 原子荧光法检测中，应注意空心阴极灯前端石英玻璃窗清洁，不能用手触摸。

答案：正确

133. 配好的硼氢化钠溶液应避免阳光照射。

答案：正确

134. 五价砷不与硼氢化钠发生反应。

答案：错误

135. 原子荧光法测砷，只需在水样中加入硫脲-抗坏血酸混合液。

答案：错误

136. 原子荧光法测硒时，应尽量采用硫酸做介质。

答案：错误

137. 氢化物发生-原子荧光法测水中硒时，硼氢化钠的浓度为20g/L。

答案：正确

138. 分析纯的盐酸和硝酸一般均含有较高浓度的汞。

答案：正确

139. 配制硼氢化钠溶液时，可以先溶解硼氢化钠后加入氢氧化钠。

答案：错误

140. 原子荧光测铅时，除控制好样品的酸度外，硼氢化钠溶液的碱介质调整整个反应体系的 pH 也是关键所在。

答案：正确

四、简答题

1. 简述电化学分析法的定义。

答：电化学分析法是基于被分析溶液的各种电化学性质来确定其组成及其含量的分析方法。主要包括电位分析法、极谱分析法、电重量分析法、电解分析法、库仑分析法和电导分析法。

2. 简述电化学的定义及其范围。

答：电化学是物理化学的一个分支，主要研究化学能与电能相互转换的规律。电极电位、电解、电镀、原电池、化学腐蚀和化学电源等，都属于电化学范围。它是一门与生产联系密切的学科。

3. 简述能否单独使用一个电极直接测定离子的活度，以及直接电位法的原理及测定离子活度的方法。

答：单独一个电极无法测量电极电位，也就无法测定离子的活度。

在电位分析中，需要一个电极电位随待测离子活度的不同而变化的电极(即指示电极)与电位值恒定的电极(即参比电极)和待测溶液组成工作电池。通过测定两电极之间的电极电位差(电池电动势)来测定离子的活度。

4. 简述原子吸收分析法的基本原理。

答：由一种特制的光源(元素的空心阴极灯)发射出该元素的特征谱线(具有确定波长的光)，特征谱线通过将试样转变为气态自由原子的火焰或电加热设备时，则被待测元素的自由原子所吸收，从而产生吸收信号。所测得的吸光度的大小与试样中该元素的含量成正比。

5. 简述应用原子吸收分光光度法进行定量分析的依据。

答：待测元素原子蒸气经过原子化器后，会解离成基态原子。在锐线光源的作用下，待测元素会对共振频率的辐射进行吸收。其吸光度与待测元素吸收辐射的原子总数成正比。而实际分析要求测定的是试样中待测元素的浓度，而此浓度与待测元素吸收辐射的原子总数成正比。在一定浓度范围和一定的吸收光程情况下，通过测定吸光度就可以求出待测元素的吸光度。这就是原子吸收分光光度定量的依据。

6. 简述城镇污水处理厂常说的一级 A 标准的适用范围，并列出其中 7 项基本控制项目指标。

答：《城镇污水处理厂污染物排放标准》(GB 18918—2002)中的一级标准的 A 标准，适用于城镇污水处理厂出水排入国家和省确定的重点流域及湖泊、水库等封闭、半封闭水域，以及出水引入稀释能力较小的河湖作为城镇景观用水和一般回用水等用途。

基本控制项目共 12 项(能列出 7 项即可)：COD、BOD_5、悬浮固体、动植物油、石油类、阴离子表面活性剂、总氮、氨氮、总磷、色度、pH、粪大肠菌群数。

7. 简述原子荧光分析法的原理。

答：当试样溶液经过原子化器时，金属元素被蒸发和离解为基态的原子蒸气。如果此时由光源所产生的具有特征波长的光线通过原子蒸气，则金属原子将选择性地吸收同种元素的特征波长，并从基态激发至激发态。各种元素的原子所发射的荧光波长各不相同。在一定条件下，原子所产生的荧光强度与试样中该种元素在原子化器中的基态原子数成正比，故可用来测定试样中金属元素的含量。

8. 简述测定 COD 的意义。

答：水中存在的有机物质，直接测定比较困难。耗氧量是一种间接测定有机物的方法。其步骤为在水中加入一定量的氧化剂，酸性或碱性条件下，加热一定时间后，测定消耗氧化剂的量。因为这个过程利用化学试剂来氧化，因此又称为化学需氧量。由于水中无机还原剂亦能消耗氧化剂的量，因此只根据水的耗氧量高不能立即判定水受污染。

9. 简述测定氨氮的意义。

答：氨氮以游离氨或铵盐形式存在于水中，两者的组成比取决于水的 pH。水中氨氮的来源主要为生活污水、某些工业废水以及农田排水中含氮化合物受微生物作用的分解产物。此外，在无氧环境中，水中存在的亚硝酸盐亦受微生物作用，还原为氨。在有氧环境中，水中氨亦可转变为亚硝酸盐，甚至继续转变为硝酸盐。测定水中各种形态的氮化合物，有助于评价水体的污染和“自净”状况。

10. 简述大肠菌群检验的重要特性。

答：大肠菌群一般包括大肠埃希氏菌、产气杆菌和副大肠埃希氏菌等。大肠菌群大量存在于人和温血动物肠道中，菌体生长适宜温度为37℃，最适宜的pH为中性。(40%)在培养过程中，不产生芽孢；革兰染色为阴性好气或兼气性，能发酵葡萄糖和甘露醇等产酸产气；在远藤氏培养基上生长形成具有金属光泽的粉红色的菌落。这些都是大肠菌群检验的重要特性。

11. 简述BOD指标的定义。

答：BOD指标是指在指定的温度和时间段内，在有氧条件下由微生物(主要是细菌)降解水中有机物所需要的氧量。一般采用20℃下5d的BOD作为微量污水中可生物降解有机物的浓度指标。

12. 简述电位法测pH的基本原理。

答：以玻璃电极为指示电极，饱和甘汞电极为参比电极，插入溶液中组成原电池。在25℃时，单位pH标度相当于59.1mV电动势变化值，在仪器上直接以pH读数表示。温度差异在仪器上有补偿装置。

13. 简述酸度计的基本结构。

答：任何一类酸度计的基本结构都包括两部分：pH电位发送器和电位酸度转换器。前者主要是一对pH测量电极，其作用是将被测溶液的pH变化转化成电位信号输出，通常用饱和甘汞电极做参比电极，玻璃电极做指示电极。后者是酸度计的电计，其作用是测量发送器输出的电位信号并直接将电位信号转换为pH读数。

14. 简述电位滴定法的基本原理。

答：电位滴定法是指向试剂中滴加能与待测物质进行化学反应的一定浓度的试剂，并在滴定过程中监测指示电极的电位变动，根据反应达到等物质的量点，待测物质浓度的突然改变所引起电极电位的改变，来确定终点的定量分析方法。

15. 简述电位滴定法的特点。

答：电位滴定法可以用于所有的滴定反应，如酸碱反应、络合物形成反应、沉淀反应和氧化还原反应等。它对于没有合适的指示剂的滴定以及深色或混浊溶液等难于用指示剂判断终点的滴定特别有利，对于滴定突跃小难于用指示剂指示终点的滴定，如采用新操作技术，可以得到满意结果。

16. 简述指示电极的选择和使用要求，并介绍几种常见的指示电极。

答：在电位分析中，能指示被测离子活度的电极称为指示电极。指示电极应符合如下要求：

(1)电极电位与离子活度之间符合能斯特方程式。即电极电位与被测溶液离子的活度的对数值应呈线性关系。

(2)对离子的活度响应快，再现性好。

(3)使用方便，结构简单。

常见的指示电极有：金属-金属离子电极、惰性金属电极、金属-金属难溶盐电极和膜电极。

17. 简述参比电极的选择和使用的要求，并介绍几种常见的参比电极。

答：参比电极是测量电极电位的相对标准，其电极电位在一定条件下基本恒定。

对参比电极有如下要求：

(1)电位稳定，受外界影响小，长时间不变，并能很快建立平衡。

(2)重现性好，对温度、浓度或其他因素的变化没有滞后现象。

(3)可逆性好，短时间小电流放电时对电位无影响。

(4)装置简单，使用寿命长。

常见的参比电极有标准氢电极、饱和甘汞电极、银-氯化银电极和饱和硫酸亚汞电极。

18. 简述离子选择性电极分析法的原理。

答：离子选择性电极法通过测量溶液的电位来计算溶液中待测离子的活度。测量电极由一支离子选择性电极和一支电位恒定的参比电极组成，用一台高输入阻抗、测量精度达0.1mV的电位计测量电位，并利用电位与离子活度的关系来测定离子的活度。一般使用饱和甘汞电极做参比电极，若其中的氯化钾溶液干扰测定可用其他参比电极或用盐桥间接与测试溶液相连。

19. 简述离子选择性电极分析法的特点。

答：(1)线性范围广。标准曲线一般含量范围在3个数量级内均能得相关系数$r \geq 0.99$。

(2)快速。离子选择性电极能快速、连续、无损地对溶液中某些离子活度进行选择性检测。

(3)应用范围宽。一般情况下，对大多数样品均可直接测定。

(4)设备简单。电极简单、牢固，还可制成复合微型电极。

(5)用样量少。测量仅需少量样品，甚至可达十分之几毫升的极少用量。

20. 简述离子选择性电极法的局限性。

答：(1)离子选择性电极并非离子专属性电极，其薄膜的响应只有相对的选择性，没有专一性。

(2)测定准确度稍低，而且容易受溶液组分、液体接界电位、温度和噪声等的影响。

(3)离子选择性电极法测量的另一个问题是由离子活度的定义所引起的不确定性。离子活度通常理解为溶液中自由离子的有效浓度，但由于离子强度的影响，其有效浓度并不等于总浓度。

21. 简述参比电极与指示电极之间的关系。

答：参比电极是测量电极电位的相对标准，在一定的测量条件下，参比电极的电极电位基本不变。指示电极是指示被测离子活度的电极，它的电位随被测离子活度的变化而变化。某一电极是指示电极还是参比电极不是绝对的，在一定条件下可用作参比电极，在另一种情况下，可用作指示电极。

22. 简述原子吸收分析法的特点。

答：(1)灵敏度高。火焰原子吸收灵敏度对多数元素在10^{-6}g/mL数量级，对少数元素可达10^{-9}g/mL数量级，无火焰原子吸收比火焰原子吸收还要灵敏几十倍到几百倍。

(2)选择性高。共存元素对测定元素干扰少，一般不用分离共存元素。

(3)重现性好。

(4)测定元素范围广，可测定元素周期表上的70多种元素。

(5)操作简便，分析快速，分析方法容易建立。

其缺点是每分析一种元素，原则上要更换一个元素灯，即使有多元素空心阴极灯，使用中也受到种种限制。

23. 简述原子吸收光谱法与紫外可见光分光光度法的异同点。

答：(1)相同点：它们都遵循朗伯-比耳定律，仪器结构大致相同，都由光源、吸收池、分光系统和检测系统4部分组成。

(2)不同点：①紫外可见光分光光度法使用连续光源、比色皿，吸收状态为液态，分子吸收，带宽为10nm或更宽。

②原子吸收光谱法使用锐线光源、原子化器，吸收状态为蒸气，基态自由原子吸收，带宽只有0.001~0.005nm。

24. 简述原子吸收分光光度计的构成及其主要作用。

答：原子吸收分光光度计主要由光源、原子化器、分光系统和检测系统4部分组成。

(1)光源的作用是供给原子吸收所需要的足够尖锐的共振线。

(2)原子化器的作用是提供一定的能量，使试样游离出能在原子吸收中起作用的基态原子，并使其进入原子吸收光谱灯的吸收光程。

(3)分光系统的作用是将欲测的吸收线和其他谱线分开，从而得到原子吸收所需的尖锐的共振线。

(4)检测系统包括光电元件、放大器及读数系统。

25. 简述原子吸收分光光度计的分光系统放在原子化系统后面的原因。

答：因为原子化系统在将待测元素转变成原子蒸气的过程中，其火焰本身产生发射光谱，同时待测原子蒸气中待测元素中的激发态原子也会产生发射光谱。这些光谱辐射如果直接照射在光电检测器上，会影响检测器的正常运转或使其准确度降低，因而将分光系统安排在火焰及检测器之间，以消除来自原子化器的发射干扰。

26. 简述空心阴极灯的工作原理。

答：在空心阴极灯中两个电极间加上一定的电压时，灯就被点燃，此时电子由阴极高速射向阳极。在此过程中，电子与惰性气体相碰撞，使其电离成离子。在电场作用下，惰性气体的正离子强烈地轰击阴极表面，使阴极表面的金属原子发生溅射，所溅射出来的金属元素在阴极区受到高速电子及离子流的撞击而激发，从而发射出金属元素的特征谱线。

27. 简述原子吸收分光光度法对光源的要求。

答：在原子吸收分析中为了获得较高的灵敏度和准确度，使用的光源必须满足下列条件：

(1)能发射待测元素的共振线，并且具有足够的强度，以保证有足够的信噪比。

(2)能发射锐线光谱，即发射线的半宽度比吸收线的半宽度窄得多。否则测出的不是峰值。

(3)发射的光强度必须稳定且背景小，而光强度的稳定性又依赖于供电系统。也就是说，要求光源必须能发射出比吸收线宽度更窄、强度更大而稳定的发射光谱。

28. 简述原子吸收分析的灵敏度、特征灵敏度及检出限。

答：(1)原子吸收分光光度法的灵敏度被定义为标准曲线的斜率，即单位浓度 c(或质量)的变化所造成的测量值(吸光度 A)的变化。

(2)特征灵敏度是指产生1%吸收(吸光度为0.004)所对应的元素浓度，用mg/(mL·1%)来表示。

(3)检出限指能产生相当于两倍或三倍空白溶液的标准偏差的吸收信号对应的被测溶液的浓度。

29. 简述原子荧光分析法的原理。

答：当试样溶液经过原子化器时，金属元素被蒸发和离解为基态的原子蒸气。如果此时由光源所产生的具有特征波长的光线通过原子蒸气，则金属原子将选择性地吸收同种元素的特征波长，并从基态激发至激发态。各种元素的原子所发射的荧光波长各不相同。在一定条件下，原子所产生的荧光强度，与试样中该种元素在原子化器中的基态原子数成正比，故可用来测定试样中金属元素的含量。

30. 简述4-氨基安替比林测挥发酚的基本原理。

答：在pH为10.0±0.2且有氧化剂铁氰化钾存在的溶液中，酚与4-氨基安替比林生成红色的安替比林染料，用氯仿提取后比色定量。水样中硫化物的干扰可通过将水样pH调至4.0以下，加入硫酸铜后蒸馏去除。

氧化剂(游离氯)能将一部分酚类化合物氧化，采样时应立即加入过量硫酸亚铁或亚砷酸钠。

31. 简述测定亚硝酸盐的意义。

答：亚硝酸盐为氮循环的中间产物，不稳定。根据水环境条件，可被氧化成硝酸盐，也可被还原成氨。亚硝酸盐可使人体中正常的血红蛋白氧化成高铁血红蛋白，发生高铁血红蛋白症，让血红蛋白在体内失去送氧的能力，出现组织缺氧的症状。亚硝酸盐可与仲胺类反应生成具致癌性的亚硝胺类物质，在pH较低的酸性条件下，有利于亚硝胺类物质的形成。

32. 简述重铬酸钾法测耗氧量的定义、原理及化学反应方程式。

答：(1)定义：在一定条件下，用重铬酸钾氧化水中某些有机物及无机还原物质，由消耗的重铬酸钾的量来计算相当的耗氧量。

(2)原理：在强酸性溶液中，一定量的重铬酸钾氧化水样中还原性物质，过量的重铬酸钾以试 亚铁灵为指示剂，用硫酸亚铁铵溶液回滴，并据用量计算出水样中还原物质消耗氧化剂的量。

(3)化学反应方程式：

$$2Cr_2O_7^{2-} + 3C + 16H^+ = 4Cr^{3+} + 8H_2O + 3CO_2\uparrow$$

$$Cr_2O_7^{2-} + 6Fe^{2+} + 14H^+ = 2Cr^{3+} + 6Fe^{3+} + 7H_2O$$

33. 简述高锰酸盐指数(耗氧量)的定义、测定原理及化学反应方程式。

答：(1)定义：在一定条件下，用高锰酸钾氧化水中某些有机物及无机还原物质，用消耗的高锰酸钾的量计算相当的耗氧量。

(2)原理：水样中加入硫酸酸化后，加入一定量的高锰酸钾溶液，并在沸水浴中加热反应一定时间，剩余的高锰酸钾用过量的草酸溶液还原，再用高锰酸钾回滴过量的草酸，通过计算求出高锰酸盐指数数值。

(3)化学反应方程式：

$$4KMnO_4 + 6H_2SO_4 + 5C = 2K_2SO_4 + 4MnSO_4 + 6H_2O + 5CO_2\uparrow$$

$$2KMnO_4 + 5H_2C_2O_4 + 3H_2SO_4 = K_2SO_4 + 2MnSO_4 + 8H_2O + 10CO_2\uparrow$$

34. 简述碱式高锰酸钾法测耗氧量的原理及化学反应方程式。

答：(1)原理：在碱性溶液中，加一定量的高锰酸钾溶液于水样中，加热一定时间以氧化水中的还原性无机物和部分有机物。加酸酸化后，用过量的草酸溶液还原剩余的高锰酸钾，再以高锰酸钾溶液滴定至微红色。

(2)化学反应方程式：

$$4MnO_4^- + C + 4OH^- = 4MnO_4^{2-} + CO_2\uparrow + 2H_2O$$

$$MnO_4^{2-} + 8H^+ + 2C_2O_4^{2-} = Mn^{2+} + 4CO_2\uparrow + 4H_2O$$

$$2MnO_4^- + 5C_2O_4^{2-} + 16H^+ = 2Mn^{2+} + 8H_2O + 10CO_2\uparrow$$

35. 简述测定溶解氧的意义。

答：溶解于水中的氧气称为溶解氧，其含量与空气中氧的分压、大气压力、水温和氯化物有密切的关系。清洁的地面水在正常情况下，水中的溶解氧接近饱和状态。如果水源被易氧化的有机物或无机还原物污染时，则水中溶解氧逐渐消耗。这种氧化作用进行得太快，溶解氧来不及补充，则水中溶解氧含量可能减小至零。在此情况下，厌气微生物繁殖并活跃起来，有机物发生腐败，水发黑发臭。因此，溶解氧的测定，对了解水的污染情况和水的自净作用有重大的意义。

36. 简述氨氮纳氏试剂分光光度法的测量原理及化学反应方程式。

答：(1)原理：水中的游离氨或铵盐，与纳氏试剂作用，根据不同的氨浓度形成淡黄、深黄到红棕色的氨基汞络合的碘衍生物碘化汞铵合氧化汞。纳氏试剂是由碘化汞、碘化钾和氢氧化钠(或氢氧化钾)等试剂配制成的。根据用于淡水、盐水或生物液等不同样品，有不同的配方。

(2)化学反应方程式：

$$HgI_2 + 2KI = K_2HgI_4$$

$$2K_2HgI_4 + 3KOH + NH_3 = NH_2Hg_2OI + 7KI + 2H_2O$$

37. 简述亚甲蓝比色法测定阴离子合成洗涤剂的原理。

答：水中的烷基苯磺酸盐与阴离子染料亚甲基蓝(MB)作用，形成水溶性蓝色化合物，用氯仿萃取这种化合物，比色定量。除烷基苯磺酸盐外，烷基磺酸盐和某些有机物等都能与亚甲蓝起作用，因此测定结果是以上一些物质的总量，称为亚甲蓝活性物质。本法测定范围为0.025~100mg/L，最低检出限为0.01mg。

38. 简述BOD_5的测定原理。

答：生化需氧量是指在规定条件下，微生物分解存在水中的某些可氧化物质，特别是有机物所进行的生物氧化过程中消耗的溶解氧的量。此生物氧化过程进行的时间很长，如在20℃培养时，完成此过程需至少100d。目前，国内外普遍规定于(20±1)℃培养5d，分别测定水样培养前后的溶解氧，二者之差即为BOD_5值，单位为mg/L。

39. 简述测定汞的意义。

答：汞和汞盐皆有毒，毒性大致可分为3类：第一类是烷基汞，毒性最大；第二类是汞蒸气，毒性次之；第三类为无机汞、苯基汞和金属汞，毒性再次。人类摄入体内的汞部分从粪便中排出，部分吸收进入血液中，经血液循环而到达全身。无机汞主要蓄积于肝和肾脏，有机汞还可到达脑中。汞中毒的症状有口腔神经和汞震颤等，严重者短期内立即死亡。

40. 简述冷原子吸收法测定汞的原理。

答：根据原子吸收光谱原理，汞原子对波长为253.7nm共振谱线的强烈吸收作用，利用光电管测量汞蒸气对253.7nm共振线的吸收量的变化，其吸收大小与原子蒸气浓度符合比耳定律。在冷原子吸收光谱分析中必须使水中存在的汞原子化，由于汞离子能定量地被亚锡还原成为金属汞原子，以致能在常温下利用汞蒸气对253.7nm共振线进行定量吸收。

41. 简述双硫腙分光光度法测定汞的基本原理。

答：汞离子与双硫腙在浓度为0.5mol/L硫酸的酸性条件下能迅速定量螯合，生成溶于氯仿、四氯化碳等有机溶剂的橙色螯合物，用碱性液洗去过量的双硫腙，于485nm波长比色定量。在水样中加入高锰酸钾和硫酸并加热，可将水中有机汞和低价汞氧化成高价汞，且能消除有机物的干扰。

42. 简述原子吸收分光光度法测定银的基本原理。

答：可用高温石墨炉原子吸收分光光度法测定水中的银。原理是：将水样注入石墨管中，迅速升温，使水样蒸发，并使其中的银原子化，此基态原子吸收来自银空心阴极灯发出的共振线(325.1nm)，根据吸收共振线的量与样品中银含量成正比，可定量测定银。

43. 简述细菌的基本结构。

答：(1)细菌是一类单细胞的微生物，它们的大小是以微米为单位测量的。

(2)所有的细菌细胞最外面都有细胞壁，以保证细胞形态的完整性。

(3)细胞膜很薄，它的厚度不超过7.5nm。

(4)细胞质由核糖核酸(RNA)、脱氧核糖核酸(DNA)异染性颗粒及细胞代谢所需酶组成。

(5)许多细菌还有纤毛、荚膜、鞭毛等组成部分，某些细菌在不利条件时，还会产生芽孢。

44. 简述细菌的分类方法。

答：(1)形态学分类。细菌的最简单的分类是从形态学上来分，按其形态可分为球菌、杆状菌和螺旋菌三大类型。

(2)生理学分类。细菌的分类在很大程度上是根据它们生理上的不同而进行的，一般以形态学和生理学上的特征结合起来以确定一个细菌的分类学上的位置。

(3)数字分类。用于分类细菌的阿氏分析技术是数字分类学方法。

45. 简述细菌在水体中的一般分布规律。

答：(1)不同水域中细菌的分布特点：细菌的分布与其生活环境有密切的关系。不同地质层的地下水中所含微生物的种类和数量不同。一般认为，水体中盐碱度或污染程度加剧时，腐生菌的总量会大大增加。

(2)水体中细菌的垂直分布特征：水中微生物与悬浮有机物质以及浮游植物群分布有明显的关系。

(3)季节变化与细菌分布的一般规律：异养菌群数量每年春秋出现两次高峰。

46. 简述选择肠杆菌作为水细菌学检验指标的原因。

答：肠道正常细菌包括肠杆菌、肠球菌和产气荚膜梭菌3类。作为卫生指标的非传染性肠道细菌的指标，必须符合下列条件：该种细菌在外界环境中生存的时间与肠道病原菌相似；该菌在肠道中的数量最多；检验方法简便易行。

在粪便中最多的是肠杆菌，肠球菌次之，产气荚膜梭菌最少，3种细菌的检验都不困难。唯独肠杆菌，在外界生存时间与肠道病原菌接近，因此选择它作为细菌学检验的指标。

47. 简述水中大肠菌群量的表示法。

答：水中大肠菌群的量即水中大肠菌类细菌的数目，可用大肠菌类指数或大肠菌类值表示；大肠菌类指数是指水中所含的大肠菌类细菌的数目。大肠菌类值是指水样中可检出1个大肠菌类细菌的最小水样体积(毫升数)，此值越大表示水样中大肠菌类越少，生活用水大肠菌类值不得小于333。大肠菌指数和大肠菌值的关系为大肠菌值=1000/大肠菌指数。

48. 简述一般化学试剂的规格及用途。

答：一般试剂的规格分为4种。

(1)优级纯，为一级品，主要成分含量高，杂质少，用于精确分析和研究，有的还可作为基准物质。

(2)分析纯，为二级品，质量略低于优级纯，用于一般分析和科研。

(3)化学纯，为三级品，质量较分析纯差，但高于实验试剂，用于工业分析及教学实验。

(4)实验试剂，为四级品，杂质含量高，但比工业品纯度高，主要用于一般化学实验。

在环境样品分析中，一级品用于配制标准溶液，二级品用于配制定量分析的普通试剂，三级品只能用于配制半定量或定性分析中的普通试剂或清洁剂等，四级品不能用于分析工作。

五、计算题

1. 取20.00mL水样，经10.00mL$c(1/6K_2Cr_2O_7)=0.025$mol/L的重铬酸钾溶液加热回流2h后，以试亚铁灵为指示剂，用标准溶液滴至终点，用量为5.00mL，同样用20.00mL纯水做空白，消耗用量为9.90mL，求COD_{Cr}。

解：已知滴定空白时硫酸亚铁铵标准溶液用量$V_0=9.90$mL，滴定水样硫酸亚铁铵标准溶液用量$V_1=5.00$mL，重铬酸钾溶液的浓度$c(1/6K_2Cr_2O_7)=0.025$mol/L，水样体积$V_2=20.00$mL

$$COD_{Cr}=\frac{(V_0-V_1)c\times8\times1000}{V_2}=\frac{(9.9-5.00)\times0.025\times8\times1000}{20}=49\text{mg/L}$$

答：该水样COD_{Cr}为49mg/L。

2. 设生活污水流量为0.2m^3/s，其COD浓度为200mg/L，河水流量为4m^3/s，河水中COD浓度为5mg/L，求污水排入河中并完全混合后的稀释平均浓度。

解：完全混合后的稀释平均浓度为$c_{平均}=(4\times5+0.2\times200)/(4+0.2)\approx14.29$mg/L。

答：污水排入河中并完全混合后的稀释平均浓度为14.29mg/L。

3. 25℃下用标准加入法测定离子浓度时，于100mL铜盐溶液中添加0.1mol/L硝酸铜溶液1mL后电动势增加4mV，求铜离子原来的总浓度。

解：已知：绝对温度 $T=273.15+25=298.15K$，溶液中铜离子增加的浓度 $c_{\Delta}=10^{-3}$ mol/L，溶液电动势的增加值 $\Delta E=4\times10^{-3}V$

根据能斯特方程 $\Delta E=\frac{2.303RT}{nF}\lg(1+\frac{c_{\Delta}}{c_x})$

令 $S=2.303RT/(nF)=0.059/2=0.0295$

所以 $\Delta E=S\lg(1+\frac{c_{\Delta}}{c_x})$

经整理得铜离子原来的总浓度 $c_x=c_{\Delta}(10^{\Delta E/S}-1)^{-1}=10^{-3}\times(10^{4\times10^{-3}/0.0295}-1)^{-1}=2.72\times10^{-3}$mol/L

答：铜离子原来的总浓度为 2.72×10^{-3} mol/L。

4. 25℃时，把一个玻璃电极与饱和甘汞电极插在 pH=7.00 的缓冲溶液中，测得电池的电动势为 0.395V，于同一电池中换上未知 pH 的溶液测得电动势为 0.467V 计算未知溶液的 pH。

解：已知缓冲溶液的 pH 为 $pH_s=7.00$，电池的电动势 $E_s=0.395V$，换上未知 pH 的溶液测得电动势 $E_x=0.467V$

根据能斯特方程，$E_s=K+0.059pH_s$，$E_x=K+0.059pH_x$，K 为由甘汞电极本身性质决定的常数。

两式相减：$pH_x=pH_s+(E_x-E_s/0.059)=7.00+[(0.467-0.295)/0.059]\approx9.92$

答：未知溶液的 pH 为 9.92。

5. 将氟离子选择性电极和参比电极放入 F^- 浓度 $c(F^-)=0.001$mol/L 的溶液中，测得电池的电动势为 0.147V，于同一电池中，换上未知的 F^- 溶液，测得电动势为 0.206V，假定两种溶液的离子强度相同，计算未知溶液中 F^- 的浓度(25℃时)。

解：电池的电动势 $E_s=0.147V$，换上未知 F^- 的溶液后测量的电动势 $E_x=0.206V$，F^- 标准溶液的浓度 $\alpha_s=0.001$mol/L，$\frac{2.303RT}{nF}=0.059$

因被测离子为阴离子 $E_s=K-0.059\lg\alpha_s$，$E_x=K-0.059\lg\alpha(F^-)$，$K$ 为由甘汞电极本身性质决定的常数。

两式相减 $\lg\alpha(F^-)=\frac{E_x-E_s}{0.059}+\lg\alpha_s=(-0.206+0.147)/0.059+1g10^{-3}=-4$

F^- 标准溶液的浓度 $\alpha(F^-)=10^{-4}$

答：未知溶液中 F^- 的浓度为 10^{-4}mol/L。

6. 以玻璃电极为指示电极，测定 pH=11.5 的氢氧化钠溶液，结果产生了 1%的误差，求该电极的选择系数 $K(H^+/Na^+)$ 值。

解：pH=11.5，相对误差 $E_r=1\%$

根据水的离子积 $K_w=c(H^+)c(OH^-)=10^{-14}$

溶液中 Na^+ 的活度 $\alpha(Na^+)=c(Na^+)=c(OH^-)=K_w/10^{-11.5}$mol/L

溶液中 H^+ 的活度 $\alpha(H^+)=10^{-pH}=10^{-11.5}$mol/L

相对误差 $E_r=K(H^+/Na^+)\alpha(Na^+)/\alpha(H^+)$

$K(H^+/Na^+)=1\%\times\alpha(H^+)/\alpha(Na^+)=1\%\times10^{-11.5}/10^{-2.5}=10^{-11}$

答：该电极的选择系数 $K(H^+/Na^+)$ 为 10^{-11}。

7. 某种钠敏感玻璃电极的选择系数 $K(Na^+/H^+)$ 值约为 30，如果用这种电极测定 $p(Na^+)=3$ 的钠离子溶液，并要求测定误差小于 3%，则溶液的 pH 必须大于多少？

解：Na^+ 的活度 $\alpha(Na^+)=10^{-P(Na^+)}=10^{-3}$mol/L，$K(Na^+/H^+)=30$，相对误差 $E_r<3\%$

根据定义，相对误差 $E_r=K(Na^+/H^+)\alpha(H^+)/\alpha(Na^+)$

H^+ 的活度 $\alpha(H^+)=E_r\alpha(Na^+)/K(Na^+/H^+)>3\%\times10^{-3}/30=10^{-6}$mol/L

$pH=-\lg\alpha(H^+)>6$

答：溶液的 pH 必须大于 6。

8. 用标准加入法测定一无机试样中镉的浓度，各试液在加入镉标准溶液后，用水稀释至 50mL，测得其吸光度如下表所示，求镉的浓度。

序　号	试液的体积/mL	加镉标准溶液(10μg/mL)的体积/mL	吸光度
1	20	0	0.042
2	20	1	0.082
3	20	2	0.116
4	20	4	0.190

解：根据比尔定律 $A_x=Kc_x$

$A_0=K(c_0+c_x)$

两式相除得 $c_x=0.042/(0.116-0.042)\times2\times10/50=0.23$mg/L

试样中镉的浓度为 $c(\text{Cd})=c_x\times50/20=0.23\times2.5=0.58$mg/L

答：镉的浓度为0.58mg/L。

9. 已知柱前压力和室温条件下转子流量计的读数为20mL/min(转子流量计已校正)，柱前压力为 2.533×10^5Pa，柱出口压力为 1.013×10^5Pa，求在室温条件下柱出口载气的体积流速。

解：已知柱前压力 $p_1=2.533\times10^5$Pa，柱出口压力 $p_2=1.013\times10^5$Pa，柱前体积流速 $V_1=20$mL/min

在温度恒定的条件下，pV 为恒量

$V_2=p_1V_1/p_2=(2.533\times10^5\times20)/(1.013\times10^5)=50$mL/min

答：在室温条件下柱出口载气的体积流速为50mL/min。

10. 将浓度为0.2μg/mL的镁溶液喷雾燃烧，测得其吸光度为0.220，计算镁元素的特征浓度。

解：已知：镁溶液中镁元素的浓度 $\Delta c=0.2$μg/mL，其吸光度 $\Delta A=0.220$

根据特征浓度定义 $c=0.0044\Delta c/\Delta A$

镁元素的特征浓度 $c=0.0044\times0.2/0.220=0.004$μg/(mL·1%)

答：镁元素的特征浓度为0.004μg/(mL·1%)。

11. 50mL水样中加纯水50mL，加5.00mL(1+3)H_2SO_4，加10.00mL $c(1/5KMnO_4)=0.0100$mol/L的高锰酸钾溶液，水浴加热30min后，加10.00mL$c(1/2Na_2C_2O_4)=0.0100$mol/L的草酸钠溶液，用高锰酸钾溶液滴至终点，消耗量为5.00mL，同样做纯水空白，消耗上述高锰酸钾溶液1.00mL，K 值为10/9.9，求高锰酸盐指数(COD_{Mn})。

解：已知用纯水做空白时，消耗高锰酸钾溶液的体积 $V_0=1.00$mL，滴定水样消耗的高锰酸钾溶液的体积 $V_1=5.00$mL，水样的体积 $V_2=50$mL，$c(1/5KMnO_4)=0.0100$mol/L，$R=1/2$，$K=10/9.9$

$$COD_{Mn}=\frac{\{[(10+V_1)K-10]-[(10+V_0)K-10]R\}\times c\times8\times1000}{V_2}$$

$$=\frac{\left\{\left[(10+5)\frac{10}{9.9}-10\right]-\left[(10+1)\frac{10}{9.9}-10\right]\frac{1}{2}\right\}\times0.01\times8\times1000}{50}\approx7.34\text{mg/L}$$

答：水样的高锰酸钾指数(COD_{Mn})为7.34mg/L。

12. 取100mL水样中加5.00mL(1+3)H_2SO_4，加10.00mL$c(1/5KMnO_4)=0.0100$mol/L的高锰酸钾溶液，水浴加热30min后，加10.00mL$c(1/2Na_2C_2O_4)=0.0100$mol/L的草酸钠溶液，用上述高锰酸钾溶液滴至终点，消耗量为5.00mL，校正系数 K 为10/9.8，求水样 COD_{Mn}。

解：消耗高锰酸钾溶液的体积 $V_1=5.00$mL，高锰酸钾溶液的浓度 $c(1/5KMnO_4)=0.0100$mol/L，校正系数 $K=10/9.8$，水样的体积 $V=100$mL

$$COD_{Mn}=\frac{[(10+V_1)K-10]\times c\times8\times1000}{V}$$

$$=\frac{\left[(10+5.00)\frac{10}{9.8}-10\right]\times0.0100\times8\times1000}{100}$$

≈4.24mg/L

答：水样的高锰酸钾指数(COD_{Mn})为4.24mg/L。

13. 125mL 水样经过固定氧及浓硫酸酸化处理后，用0.025mol/L 的硫代硫酸钠标准溶液滴定至终点，用量为5.00mL，求该水样中溶解氧的含量。

解：水样的体积 $V_1 = 125mL$，硫代硫酸钠标准溶液的用量 $V_2 = 5.00mL$，硫代硫酸钠标准溶液的浓度 $c(Na_2S_2O_3) = 0.025mol/L$

水样中溶解氧的含量 $\rho(O_2) = \frac{cV_2 \times 8 \times 1000}{V_1} = \frac{0.025 \times 5.00 \times 8 \times 1000}{125} = 8.00mg/L$

答：该水样中溶解氧的含量为 8.00mg/L。

第三节　操作知识

一、单选题

1. 在水质分析中，对水样进行过滤操作，滤液在(　　)下蒸干后所得到的固体物质即为溶解性固体。

A. 103～105℃　　B. 203～205℃　　C. 303～305℃　　D. 403～405℃

答案：A

2. 悬浮固体在(　　)的高温下灼烧后挥发掉的质量为挥发性悬浮固体的质量。

A. 100℃　　B. 200℃　　C. 400℃　　D. 600℃

答案：D

3. 原始记录的填写要及时、完整、清晰、准确，原始记录单据应进行(　　)汇总、存档。

A. 年度　　B. 季度　　C. 每天　　D. 月度

答案：D

4. 实验室内的浓酸、浓碱处理方式正确的是(　　)。

A. 先中和后倾倒，并用大量的水冲洗管道

B. 不经处理，沿下水道流走

C. 无须中和，直接向下水道倾倒

D. 以上均正确

答案：A

5. pH 为 2 的盐酸和 pH 为 12 的氢氧化钠等体积混合后，得到溶液(　　)。

A. pH=7　　B. pH>7　　C. pH<7　　D. pH=14

答案：A

6. 下列物质对碘量法测定溶解氧产生正干扰的是(　　)。

A. 余氯　　B. 腐殖酸　　C. 丹宁酸　　D. 木质素

答案：A

7. 采用碘量法测量溶解氧过程中，对氧起固定作用的试剂是(　　)。

A. 硫酸锰　　B. 氢氧化钠　　C. 氢氧化锰　　D. 碘化钾

答案：C

8. 待测氨氮水样中含有硫化物，可加入(　　)后再行蒸馏。

A. 硫酸铜　　B. 硝酸铜　　C. 硝酸铅　　D. 碳酸铅

答案：D

9. 纳氏试剂法测定氨氮的最大吸收波长是(　　)。

A. 420nm　　B. 460nm　　C. 540nm　　D. 560nm

答案：A

10. 下列物质对阴离子合成洗涤剂的测定产生负干扰的是(　　)。

A. 有机硫酸盐　　B. 羧酸盐　　C. 酚类　　D. 胺类

答案：D

11. 水样中烷基硫酸盐等阴离子洗涤剂，经(　　)酸化并煮沸，可去除干扰。

A. 硫酸　　B. 盐酸　　C. 硝酸　　D. 高氯酸

答案：B

12. 阴离子合成洗涤剂-亚甲蓝比色法使用的吸收波长为(　　)。

A. 420nm　　B. 460nm　　C. 540nm　　D. 560nm

答案：D

13. 稀释测定 BOD_5 水样时，不能作为营养盐或缓冲液加入的是(　　)。

A. 二氯化钙　　B. 氯化铁　　C. 硫酸铜　　D. 磷酸盐

答案：C

14. 测定工业循环水总磷含量时试样应用(　　)消解。

A. 过硫酸　　B. 浓硝酸　　C. 过硫酸钾　　D. 高锰酸钾

答案：C

15. 采用过硫酸钾法消解试样时，试样要置于高压蒸汽消毒器中加热，使压力达到(　　)方可。

A. 1.079kPa　　B. 10.79kPa　　C. 107.9kPa　　D. 1079kPa

答案：C

16. 总磷测定中，发色后试样使用光程为 30mm 比色皿，在(　　)波长下进行比色。

A. 620nm　　B. 540nm　　C. 420nm　　D. 700nm

答案：D

17. 采用硝酸-高氯酸法消解试样时，使消解液在锥形瓶内壁保持(　　)状态，直至剩下 3~4mL。

A. 煮沸　　B. 冷却　　C. 回流　　D. 蒸馏

答案：C

18. 总磷测定采用硝酸-高氯酸消解法消解试样时，必须先加(　　)消解后，再加入硝酸-高氯酸进行消解。

A. 盐酸　　B. 硝酸　　C. 磷酸　　D. 高氯酸

答案：B

19. 当加入硫酸保存水样，并用过硫酸钾消解时需先将试样调至(　　)。

A. 酸性　　B. 碱性　　C. 中性　　D. 弱酸性

答案：C

20. 含磷量(　　)的水样，不要用(　　)采样，因为磷酸盐易吸附在瓶壁上。

A. 较少，塑料瓶　　B. 较多，玻璃瓶　　C. 较少，玻璃瓶　　D. 较多，塑料瓶

答案：A

21. 总磷测定采取 500mL 水样后加入硫酸调节样品的 pH，可在 pH≤(　　)的情况下保存水样。

A. 1　　B. 7　　C. 10　　D. 12

答案：A

22. 总磷测定采取 500mL 水样后，可不加任何试剂于(　　)保存水样。

A. 高温　　B. 低温　　C. 水浴　　D. 干燥器

答案：B

23. 在氨氮的测定中加入纳氏试剂的作用是(　　)。

A. 调节 pH　　B. 作为显色剂　　C. 作为掩蔽剂　　D. 作为还原剂

答案：B

24. 在氨氮的测定中加入酒石酸钾钠的作用是(　　)。

A. 作为氧化剂　　B. 作为还原剂　　C. 作为掩蔽剂　　D. 作为显色剂

答案：C

25. 配制 1-氨基-2 萘酚-4 磺酸还原剂时，保存期一般不超过(　　)。

A. 2 周　　B. 1 周　　C. 1 个月　　D. 2 个月

答案：A

26. 调整酸度及加酒石酸的目的是消除(　　)的干扰。

A. Fe^{3+}和Al^{3+}　　B. Ca^{2+}和Mg^{2+}　　C. 磷酸盐　　D. Zn^{2+}

答案：C

27. 酸化后的水样用(　　)滤纸过滤，以除去悬浮物。

A. 快速定量　　B. 中速定量　　C. 慢速定量　　D. 中速定性

答案：B

28. 经革兰染色后，革兰阳性细菌是(　　)的。

A. 紫色　　B. 红色　　C. 棕色　　D. 绿色

答案：A

29. 干热灭菌是利用热的作用来杀菌，通常在(　　)设备中进行。

A. 微波炉　　B. 烘箱　　C. 高压蒸汽灭菌器　　D. 电阻炉

答案：B

30. 乳糖蛋白胨培养基所采用的灭菌温度为(　　)。

A. 100℃　　B. 115℃　　C. 121℃　　D. 160℃

答案：C

31. 菌类分析前对采样瓶灭菌的方法是将洗净并烘干后的1000mL磨口试剂瓶瓶口和瓶颈用牛皮纸裹好，扎紧，置于干燥箱中于(　　)灭菌2h。

A. (100±2)℃　　B. (120±2)℃　　C. (300±2)℃　　D. (160±2)℃

答案：D

32. 低浓度含酚废液加(　　)可使酚氧化为二氧化碳和水。

A. 高锰酸钾　　B. 重铬酸钾　　C. 次氯酸钠　　D. 双氧水

答案：C

33. 含汞废液的pH应先调至8~10，加入过量(　　)，以形成沉淀。

A. 氯化钠　　B. 硫化钠　　C. 碘化钠　　D. 硫酸钠

答案：B

34. 含氰化物废液应先将pH调至(　　)，再进行其他处理。

A. 2　　B. 4　　C. 6　　D. 8

答案：D

35. 含砷废液应用(　　)处理。

A. 氧化钙　　B. 氯化钙　　C. 碳酸钙　　D. 硝酸钙

答案：A

36. 对于强酸的灼伤处理应采用2%(　　)溶液。

A. 碳酸氢钠　　B. 碳酸钠　　C. 氢氧化钠　　D. 硫酸钠

答案：A

37. 皮肤被苯酚灼伤，应用饱和(　　)溶液温敷。

A. 碳酸钠　　B. 碳酸氢钠　　C. 硫代硫酸钠　　D. 二亚硫酸钠

答案：D

38. 氯仿遇紫外线和高热可形成光气，毒性很大，可在贮存的氯仿中加入1%~2%(　　)消除。

A. 抗坏血酸　　B. 碳酸钠　　C. 乙醇　　D. 三乙醇胺

答案：C

39. 永久性气体气瓶的残压不低于(　　)。

A. 0.01MPa　　B. 0.02MPa　　C. 0.05MPa　　D. 0.10MPa

答案：C

40. 通过(　　)可以适当提高光源强度。

A. 提高灯电压　　B. 减小灯电流　　C. 增加光谱通带　　D. 减少光谱通带

答案：C

41. 对于乙炔-空气化学计量焰，其燃助比(乙炔/空气)为(　　)。

A. 1∶3 B. 1∶4 C. 1∶5 D. 1∶6

答案：B

42. 石墨炉要求采用(　　)工作电源。

A. 高电压、大电流 B. 高电压、小电流 C. 低电压、大电流 D. 低电压、小电流

答案：C

43. 无火焰原子化过程中，不断向石墨炉中通入惰性气体是为了(　　)。

A. 防止石墨管过热 B. 降低背景吸收

C. 防止石墨管氧化 D. 防止被测原子氧化

答案：C

44. 原子吸收分析中，通过(　　)可以降低灵敏度。

A. 减小灯电流 B. 采用长管吸收 C. 减小负高压 D. 选择次灵敏线

答案：D

45. 原子吸收光谱仪的光源是(　　)。

A. 钨灯 B. 氘灯 C. 空心阴极灯 D. 紫外灯

答案：C

46. 下列元素适宜用冷原子吸收法来提高灵敏度的是(　　)。

A. 砷 B. 汞 C. 硒 D. 锡

答案：B

47. 下列操作不能提高原子荧光分析的灵敏度的是(　　)。

A. 选用高强度空心阴极灯 B. 选用无极放电灯

C. 选用火焰原子化器 D. 选用无火焰原子化器

答案：C

48. 在冷原子吸收光谱分析中，能将汞离子定量还原为金属汞原子的试剂为(　　)。

A. 硫代硫酸钠 B. 高纯锌粒 C. 氯化亚锡 D. 硫酸亚铁

答案：C

49. 汞及汞盐中毒性最大的是(　　)。

A. 烷基汞 B. 金属汞 C. 汞蒸气 D. 无机汞

答案：A

50. 钠可在灵敏线(　　)处进行原子吸收测定。

A. 766. 5nm B. 589. 0nm C. 564. 0nm D. 404. 4nm

答案：B

51. 水样中含有硅酸盐和磷酸盐对铁、锰有干扰时，应加入(　　)以释放出待测金属元素。

A. Ca^{2+} B. Mg^{2+} C. Al^{3+} D. Cu^{2+}

答案：A

52. 铁元素的特征吸收波长为(　　)。

A. 213. 9nm B. 248. 3nm C. 279. 5nm D. 324. 7nm

答案：B

53. 金属铅的共振吸收线波长为(　　)。

A. 213. 9nm B. 228. 8nm C. 248. 3nm D. 283. 3nm

答案：D

54. 银元素的特征灵敏线波长为(　　)。

A. 253. 7nm B. 328. 1nm C. 330. 2nm D. 404. 4nm

答案：B

55. 保存含银水样的 pH 应小于(　　)。

A. 1 B. 2 C. 3 D. 4

答案：B

56. 原子荧光光谱仪的正确开机顺序为(　　)。
A. 开主机电源、开断续流动(顺序注射)电源、开计算机电源、打开操作软件
B. 开断续流动(顺序注射)电源、开主机电源、开计算机电源、打开操作软件
C. 开计算机电源、打开操作软件、开主机电源、开断续流动(顺序注射)电源
D. 开计算机电源、开主机电源、开断续流动(顺序注射)电源、打开操作软件
答案：D
57. 蠕动泵运行一段时间后，应随时向泵管和泵头的间隙滴加随机提供的(　　)。
A. 甘油　　B. 机油　　C. 硅油　　D. 凡士林
答案：C
58. 关于蠕动泵的维护，下列描述错误的是(　　)。
A. 使用泵管时，不要让泵空转运行
B. 使用一段时间后的泵管应该全部废弃，防止影响精度
C. 使用泵管时，要注意泵管压力的松紧程度是否合适
D. 为保护泵管，使用时应随时向泵管和泵头的间隙滴加硅油
答案：B

二、判断题

1. 4-氨基安替比林法测定挥发酚的结果均以甲酚计算。
答案：错误
2. 每升亚硝酸盐氮标准储备溶液中应加入 2g 抗坏血酸保存。
答案：错误
3. 采用重铬酸钾法测耗氧量时，如果水样中氯离子的浓度高，可选用硫酸银作为沉淀剂去除干扰。
答案：错误
4. 重铬酸钾氧化有机物时，应加入硫酸银做催化剂。
答案：正确
5. 用碘量法测溶解氧时，如果水样中含有的余氯大于 1mg/L，可用过量硫代硫酸钠去除。
答案：错误
6. 测定氨氮时，应先加入纳氏试剂，然后再加入酒石酸钾钠，次序不得相反。
答案：错误
7. 水样中的氨氮在 pH 为 7.4 以下时，才可全部被蒸出。
答案：错误
8. 每次测定合成洗涤剂所用的玻璃器皿都应先用洗衣粉液洗涤干净。
答案：错误
9. 测 BOD_5 所需玻璃器皿应先用洗涤剂浸泡清洗，然后用稀盐酸浸泡，最后依次用自来水、蒸馏水洗净。
答案：正确
10. 测定总磷，取试样时应仔细摇匀，以得到溶解部分和悬浮部分均具有代表性的试样。
答案：正确
11. 总磷测定试样中，砷大于 2mg/L 时干扰测定，应用亚硫酸钠去除。
答案：错误
12. 含磷较多的水样，需要用塑料瓶取样，避免磷酸盐吸附在瓶壁上。
答案：错误
13. 总磷测定中，硫化物大于 2mg/L 时会干扰测定，可用硫代硫酸钠去除。
答案：错误
14. 钼酸盐溶液贮存于棕色试剂瓶中，在冷处可保存 1 个月。
答案：错误
15. 测定水样浊度时，应静止后，再测量。

答案：错误

16. 水样取来后，立即用目视比色法比较水样与铂-钴标准溶解液，即可测得水样的浊度。

答案：错误

17. 在氨的测定中，选择的波长是600nm。

答案：错误

18. 在420nm 波长处测定磷酸盐含量时，空白水样的吸光度调不到零，可采用425nm 的波长进行测定。

答案：正确

19. 试样混浊可用中速定量滤纸过滤。

答案：错误

20. 在配制氯化亚锡-甘油溶液过程中，把甘油加热至100℃再进行配制，可提高氯化亚锡还原溶液的稳定性。

答案：错误

21. 重量法检测硫酸盐含量时，是把生成的硫酸钡沉淀，经过过滤、洗涤、灼烧和称量，可以计算出样品中硫酸盐的含量。

答案：正确

22. 对高浊度水样，特别是水样中二氧化硅含量大于500mg/L 时，应过滤后再测定硫酸盐的含量。

答案：正确

23. 水样中氯离子含量大于30mg/L 时会产生干扰，应加硫酸银除去干扰。

答案：正确

24. 测银的容器使用前，只需用洗涤剂清洗干净。

答案：错误

25. 浓缩石油醚萃取液的水浴温度为100℃。

答案：错误

26. 一般培养基和器皿采用高压蒸汽灭菌应控制在160℃，灭菌20min。

答案：错误

27. 异氧菌测定过程中，当培养皿中培养基固化后，应平放平皿，无须倒置。

答案：错误

28. 真菌测定时，每一水样接种时间不宜超过4s。

答案：正确

29. 不溶于水的废弃化学药品应丢进废水管道内。

答案：错误

30. 氯仿废溶剂应用水、浓硫酸、纯水、0.5%的盐酸羟胺溶液洗涤后，再经无水碳酸钾脱水，重蒸馏回收。

答案：正确

31. 使用氢氟酸时，必须戴橡皮手套。

答案：正确

32. 声级计可放置在高温、潮湿、有污染的地方。

答案：错误

33. 由仪器本身不够精密而引起的误差属于系统误差。

答案：正确

34. 利用校准曲线的响应值推测样品的浓度值时，其浓度应在所作曲线的浓度范围以内，不得将曲线任意外延。

答案：正确

三、简答题

1. 简述浊度的测量步骤。

答：(1)标准曲线绘制：吸取浊度标准液0mL、0.50mL、1.25mL、2.50mL、5.00mL、10.00mL、12.50mL于50mL容量瓶中，加水稀释至标线，混匀，其浊度依次为0度、4度、10度、20度、40度、80度、100度。

于680nm处，用3cm比色皿测定吸光度，绘制标准曲线。

(2)水样测定：吸取50mL摇匀水样(无气泡，如浊度超过100度可酌情少取，用无浊度水稀释至50mL)，于50mL容量瓶中，按绘制标准曲线步骤测定吸光度，由标准曲线上查得水样浊度。

2. 简述用直接电位法测定pH时必须使用标准pH缓冲溶液的原因。

答：在实际工作中，不可能通过公式直接计算出被测溶液的pH，因此只能用一个pH已经确定的标准缓冲溶液作为基准，通过比较包含待测溶液和标准缓冲溶液的两个工作电池的电动势来确定待测溶液的pH。为了尽量减少误差，应选用pH与待测溶液pH相近的标准缓冲溶液，并在实测过程中尽可能使溶液的温度保持恒定。

3. 简述电位法测定pH的基本方法。

答：(1)玻璃电极在使用前应放入纯水中浸泡24h以上。

(2)用标准溶液检查仪器和电极，仪器和电极必须正常。

(3)测定时，用接近水样pH的标准缓冲溶液校正仪器刻度。

(4)以纯水淋洗两电极数次，再以水样淋洗6~8次，然后插入水样中，1min后直接从仪器上读出pH。

(5)玻璃电极用完后仍应浸泡在纯水中。

4. 简述原子吸收的几种分析方法。

答：(1)标准曲线法：根据标准溶液系列绘制标准曲线，并从曲线上查出试样溶液的浓度。

(2)标准加入法：在数份样品溶液中加入不等量的标准溶液，然后绘制吸光度-加入浓度曲线，用外推法求得样品溶液的浓度。

(3)浓度直接法：在标准曲线为直线的浓度范围内，应用仪器的标尺扩展档，或浓度直读装置，用标准液调至相应浓度值。此时吸喷试样时，读数即为该溶液的浓度值。

5. 简述使用标准加入法时的注意事项。

答：使用标准加入法时要注意：

(1)该方法仅适用于吸光度和浓度成线性的区域。

(2)为了得到较为精确的外推结果，至少采用4个点(包括未加标准的试液本身)来绘制外推曲线。同时首次加入标准溶液的浓度c最好与试样浓度大致相当，然后按$2c$、$4c$浓度分别配制第三、第四份试样。

(3)标准加入法只能消除物理干扰和轻微的与浓度无关的化学干扰，因为这些干扰只影响标准曲线的斜率而不会使曲线弯曲。

6. 简述原子吸收分析中测定谱线的选择。

答：许多元素有几条吸收线供选择，根据样品中待测元素的浓度不同，可以选择适用于不同测量范围的谱线。当然，有些谱线灵敏度虽然好，但波长在远紫外区，测试不稳定或被大气强烈吸收，这时就要选用灵敏度差一些的谱线。

例如：汞的最灵敏线为184.9nm，被强烈大气吸收，因此测定汞时就应选用灵敏度差一些的253.7nm谱线。

7. 简述原子吸收分析中光谱通带的选择。

答：光谱通带又称单色器通带，是指入射狭缝所含的波长范围。确定通带宽度以能将共振线与邻近的非吸收线分开为原则。也就是说，在选定的狭缝宽度下，只有共振线通过出口狭缝到达检测器，大多数元素可在0.1~0.2nm通带下测定，对谱线简单的元素，宜选用较宽的狭缝，对谱线复杂的元素，宜选用较窄的狭缝。

8. 简述火焰原子化中，火焰温度对测定灵敏度的影响。

答：火焰原子化是使试液变成原子蒸气的一种理想方法，化合物在火焰温度作用下，除了产生基态原子外，还会产生很少量的激发态原子，火焰温度能使待测元素离解成基态原子就可以了。如超过所需的温度，则激发态原子增加，电离度增大，基态原子减少，这样对原子吸收是不利的。因此，在确保待测元素充分离解为基态原子的前提下，低温火焰比高温火焰具有较高的灵敏度。

9. 简述原子吸收分析中提高或降低灵敏度的措施。

答：(1)提高灵敏度的措施：

①在仪器稳定性较好的前提下，可使用仪器的标尺扩展档将吸收信号放大。

②在试样中加入30%~50%与水互溶的有机溶剂，如甲醇、乙醇、丙醇等，可提高灵敏度2~3倍。

③采取富集浓缩的办法，例如有机溶剂的萃取、共沉淀等。也可以采用灵敏度更高的测定方法如测汞时用冷原子吸收法，测砷等用氢化法或采用石墨炉法。

(2)降低灵敏度的措施：选择次灵敏吸收线，适当稀释样品，转动燃烧器角度。使用标尺缩小法，衰减吸收信号。

10. 简述测定污泥沉降比值时容易出现的异常现象，并解释其中原因。

答：(1)异常现象：污泥沉淀30min后呈层状上浮，多发生在夏季。

其原因：活性污泥在二沉池中发生反硝化作用，被还原为气态氮，气态氮附着在活性污泥絮体上并携带污泥上浮。

(2)异常现象：在上清液中含有大量悬浮状态的微小絮体，且上清液透明度下降。

其原因：污泥解体。污泥解体的原因有曝气过度、负荷太低导致活性污泥自身氧化过度、有毒物质进入等。

(3)异常现象：上清液混浊，泥水界面分界不明显。

其原因：流入高浓度的有机废水、微生物处于对数增长期，使形成的絮体沉降性能下降、污泥分散。

(4)异常现象：沉降比过高。

其原因：生物池由于过量排泥导致污泥浓度过低；由于生物池无机物含量过高(有机物含量过低)，需及时检查进水情况。

第四章

技　师

第一节　安全知识

一、单选题

1. 下列不属于直接触电防护措施的是(　　)。

A. 绝缘　　B. 间隔　　C. 安全电压　　D. 个人防护

答案：D

2. 下列对危险源防范技术控制措施概念描述错误的是(　　)。

A. 减弱措施，当消除危险源有困难时，可采取适当的预防措施

B. 消除措施，通过选择合适的工艺、技术、设备、设施、合理结构形式，选择无害、无毒或不能致人伤害的物料来彻底消除某种危险源

C. 隔离措施，在无法消除、预防和隔离危险源的情况下，应将人员与危险源隔离并将不能共存的物质分开

D. 连锁措施，当操作者失误或设备运行达到危险状态时，应通过连锁装置终止危险、危害发生

答案：A

3. 防止触电的安全技术措施是(　　)造成触电事故，以及防止短路、故障接地等电气事故的主要安全措施。

A. 防止雷击或火灾

B. 防止人体触及或过分接近带电体

C. 防止进入高压作业区域

D. 临时搭接用电线路

答案：B

4. 下列直接触电防护措施描述错误的是(　　)。

A. 绝缘，即用绝缘的方法来防止人触及带电体，不让人体和带电体接触，从而避免发生触电事故

B. 屏护，即用屏障或围栏防止人触及带电体，设置的屏障或围栏与带电体距离较近

C. 障碍，即设置障碍以防止人无意触及带电体或接近带电体，但不能防止人有意绕过障碍去触及带电体

D. 间隔，即保持间隔以防止人无意触及带电体

答案：B

5. 下列对触电防护措施描述错误的是(　　)。

A. 可单独用涂漆、漆包等类似的绝缘来防止触电

B. 易于接近的带电体，应保持在手臂所及范围之外

C. 漏电保护只用作附加保护，不应单独使用

D. 可根据场所特点，采用相应等级的安全电压防止触电事故发生

答案：A

6. 漏电保护装置动作电流不宜超过(　　)。

A. 100mA　　B. 80mA　　C. 50mA　　D. 30mA

答案：D

7. 下列电气设备管理描述错误的是(　　)。

A. 所有电气设备都应有专人负责保养

B. 所有电气设备均不应该露天放置

C. 在进行卫生作业时，不要用湿布擦拭或用水冲洗电气设备，以免触电或使设备受潮、腐蚀而形成短路

D. 不要在电气控制箱内放置杂物，也不要把物品堆置在电气设备旁边

答案：B

8. 下列语句描述正确的是(　　)。

A. 如需拉接临时电线装置，必须向有关管理部门办理申报手续，经批准后方可进行接电

B. 如接到临时任务，可先自行接电，后续补办临时用电审批

C. 严禁不经请示私自乱拉乱接电线

D. 对已批准安装的临时线路，应指定专人负责，到期进行拆除

答案：C

9. 对防火防爆安全管理说法错误的是(　　)。

A. 加强教育培训，确保员工掌握有关安全法规、防火防爆安全技术知识

B. 消防水带、消火栓等无须进行日常检查

C. 定期或不定期开展安全检查，及时发现并消除安全隐患

D. 配备专用有效的消防器材、安全保险装置和设施

答案：B

10. 对危险部位安全防护的最后一步防护是(　　)。

A. 安全操作要求　　B. 材料要求　　C. 安装要求　　D. 个人防护要求

答案：D

11. 下列环境属于有害环境的是(　　)。

A. 可燃性气体、蒸气和气溶胶的浓度超过爆炸下限的12%

B. 空气中爆炸性粉尘浓度达到或超过爆炸上限

C. 空气中氧含量为18%~21%

D. 空气中有害物质的浓度超过职业接触限值

答案：D

12. 下列对有毒有害气体描述错误的是(　　)。

A. 甲烷对人基本无毒，但浓度过量时使空气中氧含量明显降低，使人窒息

B. 硫化氢浓度越高时，对呼吸道及眼的局部刺激越明显

C. 当硫化氢浓度超高时，人体内游离的硫化氢在血液中来不及氧化，则会引起全身中毒反应

D. 硫化氢的化学性质不稳定，在空气中容易爆炸

答案：B

13. 下列对有毒有害气体描述错误的是(　　)。

A. 爆炸是物质在瞬间以机械功的形式释放出大量气体和能量的现象，压力的瞬时急剧升高是爆炸的主要特征

B. 有限空间内，可能存在易燃的或可燃的气体、粉尘，与内部的空气发生混合，可能引起燃烧或爆炸

C. 一氧化碳在空气中含量达到一定浓度范围时，极易使人中毒

D. 沼气是多种气体的混合物，99%的成分为甲烷

答案：D

14. 外界正常大气环境中，按照体积分数，平均的氧气浓度约为(　　)。

A. 19.25%　　B. 20.05%　　C. 20.25%　　D. 20.95%

答案：D

15. 下列关于硫化氢描述错误的是(　　)。

A. 硫化氢的局部刺激作用，是由于接触湿润黏膜与钠离子形成的硫化钠引起的

B. 工作场所空气中化学物质容许浓度中明确指出，硫化氢最高容许浓度为10mg/m^3

C. 轻度硫化氢中毒以刺激症状为主，如眼刺痛、畏光、流泪、流涕、鼻及咽喉部有烧灼感，还有干咳和胸部不适、结膜充血

D. 中度硫化氢中毒可在数分钟内发生头晕、心悸，继而出现躁动不安、抽搐、昏迷，有的出现肺水肿并引发肺炎，最严重者发生电击型死亡

答案：D

16. 甲烷的爆炸极限为(　　)。

A. 5%~10%　　B. 5%~15%　　C. 10%~15%　　D. 10%~20%

答案：B

17. 反硝化生物滤池作业场所可能涉及的危险化学品有(　　)。

A. 金属钠　　B. 液氧　　C. 氢氧化钠　　D. 甲醇

答案：D

18. 臭氧制备场所可能涉及的危险化学品有(　　)。

A. 金属钠　　B. 液氧　　C. 氢氧化钠　　D. 甲醇

答案：B

19. 下列不属于危险化学品火灾爆炸事故的预防措施是(　　)。

A. 防止可燃可爆混合物的形成　　B. 控制工艺参数

C. 消除点火源　　D. 个体防护

答案：D

20. 危险化学品是指具有毒害、(　　)、爆炸、燃烧、助燃等性质，对人体、设施、环境具有危害的剧毒化学品和其他化学品。

A. 灼伤　　B. 腐蚀　　C. 辐射　　D. 触电

答案：B

21.《危险化学品目录》(2015年版)中已纳入(　　)类属条目危险化学品。

A. 26　　B. 27　　C. 28　　D. 29

答案：C

22. 爆炸物质是一种固态或液态物质(或物质的混合物)，其本身能够通过(　　)产生气体，而产生气体的温度、压力和速度能对周围环境造成破坏。

A. 物理反应　　B. 化学反应　　C. 生物反应　　D. 中和反应

答案：B

23. 发火物质是一种物质或物质的混合物，它指通过非爆炸自持(　　)化学反应产生的热、光、声、气体、烟或所有这些的组合来产生效应。

A. 快速　　B. 中和　　C. 放热　　D. 吸热

答案：C

24. 化学品安全技术说明书是一份关于危险化学品燃爆、毒性和环境危害以及(　　)、泄漏应急处置、主要理化参数、法律法规等方面信息的综合性文件。

A. 安全使用　　B. 辐射　　C. 灼伤　　D. 性质

答案：A

25.《危险化学品安全管理条例》第十四条中明确规定：生产危险化学品的，应当在危险化学品的包装内附有与危险化学品完全一致的(　　)，并在包装(包括外包装)上加贴或者拴挂与包装内危险化学品完全一致的化学品安全标签。

A. 化学品说明书　　B. 化学品技术安全说明书

C. 化学品安全技术说明书　　D. 化学品安全说明书

答案：C

26. 一般无机酸、碱液和稀硫酸不慎滴在皮肤上时，正确的处理方法是(　　)。

A. 用酒精棉球擦　　B. 不做处理，马上去医院
C. 用水直接冲洗　　D. 用碱液中和后，用水冲洗
答案：C
27. 溶剂溅出并燃烧的正确处理方式是(　　)。
A. 马上使用灭火器灭火
B. 马上向燃烧处盖砂子或浇水
C. 马上用石棉布盖住燃烧处，尽快移开临近的其他溶剂，关闭热源和电源，再灭火
D. 以上均正确
答案：C
28. 下列加热热源，化学实验室原则上不得使用的是(　　)。
A. 明火电炉　　B. 水浴、蒸汽浴
C. 油浴、沙浴、盐浴　　D. 电热板、电热套
答案：A
29. 酸烧伤时，应用(　　)溶液清洗。
A. 5%碳酸钠　　B. 5%碳酸氢钠　　C. 清水　　D. 5%硼酸
答案：B
30. 不小心把浓硫酸滴到手上，应采取的措施是(　　)。
A. 立即用纱布拭去酸，再用大量水冲洗，然后涂碳酸氢钠溶液
B. 用氨水中和
C. 用水冲洗
D. 用纱布擦洗后涂油
答案：A
31. 下列关于硫化氢描述错误的是(　　)。
A. 硫化氢不仅是一种窒息性毒物，对黏膜还有明显的刺激作用，这两种毒作用与硫化氢的浓度无关
B. 硫化氢溶于乙醇、汽油、煤油、原油中，溶于水后生成氢硫酸
C. 硫化氢能使银、铜及其他金属制品表面腐蚀发黑
D. 硫化氢能与许多金属离子作用，生成不溶于水或酸的硫化物沉淀
答案：A
32. 当甲烷的体积浓度达到(　　)时，人会出现窒息样感觉，若不及时逃离接触，可致人窒息死亡。
A. 20%~23%　　B. 20%~22%　　C. 23%~25%　　D. 25%~30%
答案：D
33. 下列语句描述错误的是(　　)。
A. 有限空间发生爆炸、火灾，往往瞬间或很快耗尽有限空间的氧气，并产生大量有毒有害气体，造成严重后果
B. 甲烷相对空气密度约为0.55，无须与空气混合就能形成爆炸性气体
C. 一氧化碳与血红蛋白的亲和力比氧与血红蛋白的亲和力高200 ~ 300倍
D. 一氧化碳极易与血红蛋白结合形成碳氧血红蛋白，使血红蛋白丧失携氧的能力和作用，造成人体组织窒息
答案：B
34. (　　)是指闪点不高于93℃的液体。
A. 发火物质　　B. 自燃液体　　C. 自燃固体　　D. 易燃液体
答案：D

二、多选题

1. 下列属于作业人员对危险源的日常管理的是(　　)。
A. 上岗前由班组长查看值班人员的精神状态

B. 按安全检查表进行日常安全检查
C. 危险作业须经过审批方准操作
D. 对所有活动均应按要求认真做好记录
E. 按安全档案管理的有关要求建立危险源的档案，并指定专人保管，定期整理
答案：BCDE

2. 下列对有毒有害气体描述正确的是(　　)。
A. 爆炸是物质在瞬间以机械功的形式释放出大量气体和能量的现象，压力的瞬时急剧升高是爆炸的主要特征
B. 有限空间内，可能存在易燃的或可燃的气体、粉尘，与内部的空气发生混合可能引起燃烧或爆炸
C. 沼气是多种气体的混合物，99%的成分为甲烷
D. 一氧化碳在空气中含量达到一定浓度范围时，极易使人中毒
E. 一氧化碳属于易燃易爆有毒气体，与空气混合能形成爆炸性混合物，遇明火、高热能引起燃烧与爆炸
答案：ABDE

3. 化学品安全技术说明书是一份关于(　　)、法律法规等方面信息的综合性文件。
A. 危险化学品燃爆　　B. 毒性和环境危害以及安全使用
C. 泄漏应急处置　　D. 主要理化参数
答案：ABCD

4. 制定安全生产规章制度的依据包括(　　)。
A. 法律、法规的要求　　B. 生产发展的需要
C. 劳动生产率提高的需要　　D. 企业安全管理的需要
答案：ABD

5. 安全生产教育培训制度是指落实《中华人民共和国安全生产法》有关安全生产教育培训的要求，规范企业安全生产教育培训管理，(　　)。
A. 监督各项安全制度的实施　　B. 提高员工安全知识水平
C. 提高员工实际操作技能　　D. 有效发现和查明各种危险和隐患
答案：BC

6. 安全生产检查制度中的安全检查是安全工作的重要手段，通过制定安全检查制度，(　　)，制止违章作业，防范和整改隐患。
A. 监督各项安全制度的实施　　B. 提高员工安全知识水平
C. 提高员工实际操作技能　　D. 有效发现和查明各种危险和隐患
答案：AD

7. 应急预案管理和演练制度是指落实《生产安全事故应急预案管理办法》《生产经营单位安全生产事故应急预案编制导则》等有关规定要求，预防和控制潜在的事故或紧急情况发生时，(　　)。
A. 提高员工安全知识水平　　B. 监督各项安全制度的实施
C. 最大程度地减轻可能产生的事故后果　　D. 做出应急预警和响应
答案：CD

8. 关于用电安全，下列描述正确的是(　　)。
A. 公共用电设备或高压线路出现故障时，要请电力部门处理
B. 不乱动、乱摸电气设备
C. 不用手或导电物如铁丝、钉子、别针等金属制品去接触、试探电源插座内部
D. 使用中经常接触的配电箱、配电盘、闸刀、按钮、插座、导线等要完好无损
答案：ABCD

9. 关于用电安全，下列描述错误的是(　　)。
A. 公共用电设备或高压线路出现故障时，要请电力部门处理
B. 打扫卫生、擦拭设备时，必须清理干净，用湿布去擦拭电气设备
C. 用水冲洗电气设备，不会导致短路和触电事故

D. 破损或将带电部分裸露，有露头、破头的电线、电缆杜绝使用

答案：BC

10. 发现有人触电时要(　　)。

A. 设法及时关掉电源

B. 用干燥的木棍等物将触电者与带电的电器分开

C. 用手直接去救人

D. 拿起身边随意物体使触电者与带电的电器分开

答案：AB

11. 应急响应主要任务包括(　　)。

A. 接警与通知　　B. 警报和紧急公告　　C. 信息网络的建立　　D. 公众知识的培训

答案：AB

12. 应急准备的主要任务包括(　　)。

A. 接警与通知　　B. 警报和紧急公告　　C. 信息网络的建立　　D. 公众知识的培训

答案：CD

13. 应急准备主要任务不包括(　　)。

A. 接警与通知　　B. 应急队伍的建设　　C. 通信　　D. 事态监测与评估

答案：ACD

14. 关于伸手救援描述正确的有(　　)。

A. 此法是指借助某些物品(如木棍等)把落水者拉出水面的方法

B. 使用该法救援时存在很大的风险

C. 救援者稍加不慎就容易被淹溺者拽入水中

D. 不推荐营救者使用该方式救援落水者

答案：BCD

15. 关于灭火通常采用的方法描述正确的有(　　)。

A. 冷却灭火法就是将灭火剂直接喷洒在可燃物上，使可燃物的温度降低到自燃点以下，从而使燃烧停止

B. 冷却灭火法适用于扑救各种固体、液体、气体火灾

C. 隔离灭火法是将燃烧物与附近可燃物隔离或者疏散开，从而使燃烧停止

D. 抑制灭火法即采取适当的措施，阻止空气进入燃烧区，或利用惰性气体稀释空气中的氧含量，使燃烧物质缺乏或断绝氧而熄灭，适用于扑救封闭式的空间、生产设备装置及容器内的火灾

答案：AC

16. 当设备内部出现冒烟、拉弧、焦味或着火等不正常现象时，应立即切断设备的电源，再实施灭火，并通知电工人员进行检修，避免发生触电事故。灭火应用(　　)等灭火器材灭火。

A. 黄沙　　B. 二氧化碳灭火器　　C. 水型灭火器　　D. 泡沫灭火器

答案：AB

17. 设备中的保险丝或线路中的保险丝损坏后千万不要用(　　)代替，空气开关损坏后应立即更换，保险丝和空气开关的大小一定要与用电容量相匹配，否则容易造成触电或电气火灾。

A. 铝线　　B. 保险线　　C. 铁线　　D. 铜线

答案：ACD

18. 危险化学品安全技术说明书的主要作用包括(　　)。

A. 是化学品安全生产、安全流通、安全使用的指导性文件

B. 是应急作业人员进行应急作业时的技术指南

C. 为制定危险化学品安全操作规程提供技术信息

D. 是企业进行安全教育的重要内容

答案：ABCD

19.《中华人民共和国安全生产法》规定，生产经营单位应对重大危险源应急管理方面应承担的管理职责包括(　　)。

A. 进行重大危险源的申报
B. 制定重大危险源事故应急救援预案
C. 告知从业人员和相关人员在紧急情况下应采取的措施
D. 通过媒体告知公众在紧急情况下应当采取的应急措施
答案：ABC

三、简答题

1. 简述危险化学品安全技术说明书的主要作用。
答：(1)是化学品安全生产、安全流通、安全使用的指导性文件。
(2)是应急作业人员进行应急作业时的技术指南。
(3)为制定危险化学品安全操作规程提供技术信息。
(4)是企业进行安全教育的重要内容。
(5)是化学品登记管理重要基础和手段。
2. 简述使触电者脱离电源的几种方法。
答：(1)关闭电源开关，拔去插头或熔断器。
(2)用干燥的木棒、竹竿等非导电物品移开电源或使触电人员脱离电源。
(3)用平口钳、斜口钳等绝缘工具剪断电线。
3. 简述应急管理的意义。
答：事故灾难是突发事件的重要方面，安全生产应急管理是安全生产工作的重要组成部分。全面做好安全生产应急管理工作，提高事故防范和应急处置能力，尽可能避免和减少事故造成的伤亡和损失，是坚持以人为本、贯彻落实科学发展观的必然要求，也是维护广大人民群众根本利益、构建和谐社会的具体体现。
4. 简述发现人员窒息后的报警流程。
答：一旦发现有人员中毒窒息，应马上拨打120或999救护电话，报警内容应包括：单位名称、详细地址、发生中毒事故的时间、危险程度、有毒有害气体的种类，报警人及联系电话，并向相关负责人员报告。

第二节 理论知识

一、单选题

1. 下列峰形中，(　　)适宜用峰高乘半峰宽法测量峰面积。
A. 对称峰　　B. 不对称峰　　C. 窄峰　　D. 小峰
答案：A
2. 单点标准法是(　　)定量分析的方法之一。
A. 内标法　　B. 外标法　　C. 归一化法　　D. 叠加法
答案：B
3. 可消除由进样产生的误差，测量结果较为准确的色谱定量分析常用方法是(　　)。
A. 内标法　　B. 外标法　　C. 归一化法　　D. 叠加法
答案：A
4. 对于氯消毒机理，目前认为主要通过(　　)起作用。
A. 氯　　B. 氯气　　C. 次氯酸银　　D. 次氯酸
答案：D
5. 实验结果表明，采用游离氯消毒在(　　)内杀菌率可达99%以上。
A. 1min　　B. 5min　　C. 30min　　D. 60min
答案：B
6. 色谱法是一种(　　)分离方法。

A. 物理　B. 化学　C. 化学物理　D. 机械

答案：A

7. 色谱法实质上是利用了(　　)具有不同的分配系数而实现分离。

A. 相同的物质在不同的两相　B. 相同的物质在相同的两相

C. 不同的物质在相同的两相　D. 不同的物质在不同的两相

答案：D

8. 吸附色谱利用了固体固定相表面对不同组分(　　)的差别，以达到分离的目的

A. 物理的吸附性能　B. 化学吸附性能　C. 溶解度　D. 溶解、解析能力

答案：A

9. 下列不是按操作形式来分类的是(　　)。

A. 冲洗法　B. 顶替法　C. 迎头法　D. 层析法

答案：D

10. 下列不属于按固定相形式分类的是(　　)色谱。

A. 柱　B. 纸　C. 气固　D. 薄层

答案：C

11. 色谱法的优点不包括(　　)。

A. 能分离分配系数很接近的组分　B. 能分离分析性质极为相近的物质

C. 可分析少至 $10^{-13} \sim 10^{-11}$g 的物质　D. 对未知物能做准确可靠的定性

答案：D

12. 色谱法具有高选择性是指(　　)。

A. 能分离分配系数很接近的组分　B. 能分离分析性质极为相近的物质

C. 可分析少至 $10^{-13} \sim 10^{-11}$g 的物质　D. 所需样品少，非常适合于微量和痕量分析

答案：B

13. 气相色谱仪器的基本部件包括(　　)组成部分。

A. 3 个　B. 4 个　C. 5 个　D. 6 个

答案：D

14. 色谱仪的气路系统不包括(　　)。

A. 气源　B. 气体净化器　C. 气体流速控制器　D. 色谱柱

答案：D

15. 当(　　)进入检测器时，记录笔所划出的线称为基线。

A. 无载气　B. 纯载气　C. 纯试剂　D. 空气

答案：B

16. 阻滞因子是指通过色谱柱的样品和载气的(　　)之比。

A. 保留时间　B. 调整保留时间　C. 移动速度　D. 校正保留时间

答案：C

17. 色谱柱的作用是使样品经过层析后分离为(　　)。

A. 单质　B. 基本粒子　C. 单个组分　D. 单个化合物

答案：C

18. 气相色谱仪的两个关键部件是色谱柱和(　　)。

A. 汽化室　B. 进样器　C. 检测器　D. 温控系统

答案：C

19. 气相色谱分析中常用的载气不包括(　　)

A. 氢气　B. 氧气　C. 氮气　D. 氦气

答案：B

20. 在气相色谱分析中，把(　　)称为载气。

A. 流动相气体　B. 空气　C. 样品中溶剂气体　D. 高纯氮气

答案：A

21. 通常固定液应在担体的(　　)。

A. 内部形成积液　　B. 表面形成积液

C. 表面形成均匀液膜　　D. 外表面形成均匀液膜

答案：C

22. 担体是(　　)。

A. 支持固定液膜的惰性支持体　　B. 支持固定液膜的活性支持体

C. 吸附分离试样的吸附剂　　D. 对试样分离起作用的催化剂

答案：A

23. 在气液色谱分析中起分离作用的主要是(　　)。

A. 载气　　B. 担体　　C. 固定液　　D. 溶剂

答案：C

24. 气液色谱利用样品各组分在固定液中(　　)的不同来进行组分分离。

A. 分配系数　　B. 吸附能力　　C. 溶解速度　　D. 溶解度

答案：D

25. 属于积分型的是(　　)检测器。

A. 电子捕获　　B. 电导　　C. 热导　　D. 火焰光度

答案：B

26. 浓度型检测器的响应值取决于(　　)。

A. 所注试样中组分的浓度　　B. 载气中组分的浓度

C. 单位时间内组分进入检测器的量　　D. 给定时间内组分通过检测器总量

答案：B

27. 下列检测器中属于浓度型检测器的是(　　)检测器。

A. 电子捕获　　B. 氢火焰　　C. 火焰光度　　D. 电导

答案：A

28. 热导池检测器的原理是基于不同的组分和载气有不同的(　　)来进行测量。

A. 电导系数　　B. 热导系数　　C. 比热容　　D. 燃烧值

答案：B

29. 热导池检测器的(　　)。

A. 稳定性好，线性范围较宽　　B. 稳定性差，线性范围较宽

C. 稳定性好，线性范围较窄　　D. 稳定性差，线性范围较窄

答案：A

30. 氢火焰离子化检测器的敏感度为(　　)。

A. $10^{-10}g/s$　　B. $10^{-10}g/L$　　C. $10^{-12}g/s$　　D. $10^{-12}g/L$

答案：C

31. 氢火焰离子化检测器要求氢气与空气的流量比为(　　)。

A. 1∶1　　B. 1∶2.5　　C. 1∶5　　D. 1∶10

答案：D

32. 下列物质对电子捕获检测器有干扰的是(　　)。

A. 氮气　　B. 氦气　　C. 水　　D. 氩气

答案：C

33. 电子捕获检测器内有能放出(　　)的放射源。

A. X 射线　　B. α 射线　　C. β 射线　　D. γ 射线

答案：C

34. 含硫化合物燃烧时发射出的特征波长为(　　)。

A. 374nm　　B. 384nm　　C. 394nm　　D. 404nm

答案：C

35. 火焰光度检测器是利用(　　)条件下燃烧促使物质发光而发展起来的检测器。

A. 贫燃　　B. 富氢　　C. 富氧　　D. 化学计量氢焰

答案：B

36. 内径为4mm的色谱柱，可用流速为(　　)。

A. 10mL/min　　B. 30mL/min　　C. 50mL/min　　D. 100mL/min

答案：B

37. 在低流速时最好选用(　　)做载气，以提高柱效能并降低噪声。

A. 氢气　　B. 氦气　　C. 氮气　　D. 氩气

答案：C

38. 载气的(　　)对柱效率和分析时间有影响。

A. 分子大小　　B. 相对分子质量　　C. 分子结构　　D. 极性

答案：B

39. 从检测器的灵敏度考虑，电子捕获检测器应选用(　　)做载气。

A. 氩气或氦气　　B. 氦气或氮气　　C. 氦气或氢气　　D. 氮气或氩气

答案：D

40. 一般填充物担体的粒度直径是柱内径的(　　)左右为宜。

A. 1/5　　B. 1/10　　C. 1/15　　D. 1/20

答案：B

41. 一般担体的颗粒范围为(　　)左右。

A. 5 目　　B. 10 目　　C. 15 目　　D. 20 目

答案：A

42. 不适宜用相似相溶原则来选择固定液的情况是(　　)相似。

A. 极性　　B. 官能团　　C. 化学性质　　D. 沸点

答案：D

43. 选用混合固定液进行气相色谱分析，其固定液的混合方法不包括(　　)。

A. 混合涂渍　　B. 填料混合　　C. 串联柱　　D. 并联柱

答案：D

44. 在色谱定量分析中，一般情况下柱子温度对(　　)有很大影响。

A. 峰高　　B. 峰面积　　C. 保留时间　　D. 保留体积

答案：A

45. 气液色谱中，色谱柱使用的上限温度取决于(　　)。

A. 试样中沸点最高组分的沸点　　B. 试样中沸点最低组分的沸点

C. 试样中各组分沸点的平均值　　D. 固定液的最高使用温度

答案：D

46. 在气体流速保持不变的情况下，分离度随(　　)的增加而增加。

A. 柱长　　B. 柱长的平方　　C. 柱长的平方根　　D. 柱长的立方

答案：C

47. 增大柱子的直径可以(　　)。

A. 增加柱负荷量，降低柱效率　　B. 增加柱负荷量，提高柱效率

C. 增加柱负荷量，提高分离度　　D. 减小柱负荷量，提高柱效率

答案：A

48. 热导池检测器的控温精度为(　　)。

A. 0.01℃　　B. 0.05℃　　C. 0.1℃　　D. 0.5℃

答案：B

49. 氢火焰检测器的温度应比柱温高(　　)。

A. 20℃　　B. 40℃　　C. 60℃　　D. 80℃

答案：A

50. 在气相色谱分析中，进样量对柱效的影响和(　　)有关。

A. 柱内固定液的总量　　B. 柱内液担比值

C. 组分在固定液中的溶解度　　D. 柱的长度

答案：B

51. 在气相色谱的定量分析中，要求每次进样要一致，以保证定量分析的(　　)。

A. 准确性　　B. 精确度　　C. 精密度　　D. 分离度

答案：C

52. 在气相色谱法中，进行定性实验时，实验室间通用的定性参数是(　　)。

A. 保留值　　B. 调整保留值　　C. 相对保留值　　D. 保留指数

答案：C

53. 对于用保留时间定性至少应测定 3 次，取其(　　)。

A. 最大值　　B. 最小值　　C. 中间值　　D. 平均值

答案：D

54. 在气相色谱的定量分析中，对于不对称的色谱峰可得到较准确结果的峰面积测量法为(　　)。

A. 峰高×半峰宽法　　B. 峰高×峰底宽法　　C. 峰高×平均峰宽法　　D. 峰高×保留值法

答案：C

55. 在气相色谱的定量分析中，相对校正因子与(　　)无关。

A. 操作条件　　B. 检测器的性能　　C. 标准物的性质　　D. 载气的性质

答案：A

56. 在气相色谱的定量分析中，适用于峰高×半峰高宽法测量峰面积的峰为(　　)。

A. 很小的峰　　B. 很宽的峰　　C. 对称峰　　D. 不对称峰

答案：C

57. 对于试样中各组分不能完全出峰的色谱分析，不能使用(　　)作为定量计算方法。

A. 内标法　　B. 外算法　　C. 叠加法　　D. 归一化法

答案：D

58. 测定卤代烃的气相色谱仪应带有(　　)检测器。

A. 热导池　　B. 氢火焰　　C. 电子捕获　　D. 火焰光度

答案：C

59. 顶空气相色谱法测定卤代烃的平衡温度为(　　)。

A. (20±1)℃　　B. (25±1)℃　　C. (36±1)℃　　D. (44±1)℃

答案：C

60. 测定滴滴涕时，环己烷萃取液的脱水剂是(　　)。

A. 浓硫酸　　B. 氧化钙　　C. 五氧化二磷　　D. 无水硫酸钠

答案：D

61. 测定滴滴涕时，有机磷农药及不饱和烃等有机物对电子捕获检测器有影响，萃取后应用(　　)去除。

A. 浓硫酸　　B. 硫酸钠溶液　　C. 无水硫酸钠　　D. 浓缩分解

答案：A

62. 沼气的主要成分是(　　)。

A. 氢气　　B. 一氧化碳　　C. 甲烷　　D. 二氧化硫

答案：C

63. 污水中的甲烷气体主要是(　　)中的含碳、含氮有机物质在供氧不足的情况下分解出的产物。

A. 水中微生物　　B. 沉淀污泥

C. 水中化学物质　　D. 水面上方挥发出的气体

答案：B

64. 原生动物通过分泌黏液和促使细菌(　　)，从而对污泥沉降有利。
A. 加快繁殖　B. 发生絮凝　C. 迅速死亡　D. 活动加剧
答案：B
65. 4. 6g 某有机物完全燃烧时，耗氧 9. 6g，生成 8. 8g 二氧化碳和 5. 4g 水，那么该有机物中(　　)。
A. 只含碳、氢元素　B. 只含碳、氢、氧元素
C. 不只含碳、氢、氧元素　D. 不含氧元素
答案：B
66. 原生动物通过(　　)可减少曝气池剩余污泥。
A. 捕食细菌　B. 分解有机物　C. 氧化污泥　D. 抑制污泥增长
答案：A
67. 硝化反应 pH(　　)，反硝化反应 pH(　　)。
A. 升高，下降　B. 下降，升高　C. 升高，升高　D. 下降，下降
答案：B
68. (　　)指硝酸盐被还原成氨和氮的作用。
A. 反硝化　B. 硝化　C. 上浮　D. 氨化
答案：A
69. 下列环境因子对活性污泥微生物无影响的是(　　)。
A. 营养物质　B. 酸碱度　C. 湿度　D. 毒物浓度
答案：C
70. 城市污水常用的生物处理方法是(　　)。
A. 活性污泥法　B. 筛滤截留　C. 重力分离　D. 离心分离
答案：A
71. 厂界一级标准，硫化氢废气排放最高允许浓度为(　　)。
A. 0. 03mg/m^3　B. 0. 06mg/m^3　C. 0. 32mg/m^3　D. 0. 40mg/m^3
答案：A
72. 厂界二级标准，硫化氢废气排放最高允许浓度为(　　)。
A. 0. 03mg/m^3　B. 0. 06mg/m^3　C. 0. 32mg/m^3　D. 0. 40mg/m^3
答案：B
73. 厂界二级标准，氨气废气排放最高允许浓度为(　　)。
A. 1. 0mg/m^3　B. 1. 5mg/m^3　C. 4. 0mg/m^3　D. 5. 0mg/m^3
答案：B
74. 生物反硝化是(　　)。
A. 氧化反应　B. 还原反应　C. 氧化还原反应　D. 中和反应
答案：B
75. 生物反硝化是指污水中的硝酸盐在(　　)条件下，被微生物还原为氮气的生化反应过程。
A. 好氧　B. 缺氧　C. 厌氧　D. 氧气充足
答案：B
76. COD 的去除主要是在(　　)中进行的。
A. 厌氧区　B. 缺氧区　C. 好氧区　D. 硝化液回流区
答案：C
77. 水体如被严重污染，水中含有大量的有机污染物，溶解氧的含量为(　　)。
A. 0. 1　B. 0. 5　C. 0. 3　D. 0
答案：D
78. 某工业废水的 BOD_5 与 COD 的比值为 50，初步判断它的可生化性为(　　)。
A. 较好　B. 可以　C. 较难　D. 不宜
答案：A

79. 活性污泥处理污水起作用的主体是(　　)。

A. 水质水量　B. 微生物　C. 溶解氧　D. 污泥浓度

答案：B

80. 城市污水一般用(　　)来进行处理。

A. 物理法　B. 化学法　C. 生物法　D. 物化法

答案：C

81. 污水的物理处理法主要利用物理作用分离污水中主要呈(　　)污染物质。

A. 漂浮固体状态　B. 悬浮固体状态　C. 挥发性固体状态　D. 有机状态

答案：B

82. 生物法主要用于(　　)。

A. 一级处理　B. 二级处理　C. 深度处理　D. 特种处理

答案：B

83. 二级处理主要采用(　　)。

A. 物理法　B. 化学法　C. 物理化学法　D. 生物法

答案：D

84. 污泥浓度的大小间接反映混合液所含的(　　)量。

A. 无机物　B. 污泥体积指数　C. 有机物　D. 溶解氧

答案：C

85. 活性污泥处于对数增长阶段时，其增长速率与(　　)呈一级反应。

A. 微生物量　B. 有机物浓度　C. 溶解氧浓度　D. 温度

答案：A

86. 氯的杀菌能力受水的(　　)影响较大。

A. pH　B. 碱度　C. 温度　D. 含盐量

答案：B

87. 下列环境因子对活性污泥微生物无影响的是(　　)。

A. 营养物质　B. 酸碱度　C. 湿度　D. 毒物浓度

答案：C

88. 生活污水中的杂质以 (　　)为最多。

A. 无机物　B. 悬浮物　C. 有机物　D. 有毒物质

答案：C

89. 二级处理的主要处理对象是处理(　　)有机污染物。

A. 悬浮状态　B. 胶体状态　C. 溶解状态　D. 胶体、溶解状态

答案：D

90. 城镇污水处理基本上以(　　)为基础，强化可生物降解有机物的代谢机能和氮磷营养物的去除，从而达到改善水质的目的。

A. 机械处理　B. 物理处理　C. 生物处理　D. 化学处理

答案：C

91. 污水生物性质及指标有(　　)。

A. 表征大肠菌群数与大肠菌群指数

B. 病毒

C. 细菌指数

D. 大肠菌群数与大肠菌群指数、病毒及细菌指数

答案：D

92. 废水治理的方法有物理法、(　　)和生物化学法等。

A. 化学法　B. 过滤法　C. 沉淀法　D. 结晶法

答案：A

93. 水体富营养化的征兆是(　　)的大量出现。
A. 绿藻　　B. 蓝藻　　C. 硅藻　　D. 鱼类
答案：B
94. 污水中的有机氮通过微生物氨化作用后，主要产物为(　　)。
A. 蛋白质　　B. 氨基酸　　C. 氨氮　　D. 氮气
答案：C
95. 活性污泥在厌氧状态下(　　)。
A. 吸收磷酸盐　　B. 释放磷酸盐　　C. 分解磷酸盐　　D. 生成磷酸盐
答案：B
96. (　　)指硝酸盐被还原成氨和氮的作用。
A. 反硝化　　B. 硝化　　C. 脱氮　　D. 上浮
答案：A
97. 用厌氧还原法处理污水，一般解决(　　)污水。
A. 简单有机物　　B. 复杂有机物　　C. 低浓度有机物　　D. 高浓度有机物
答案：D
98. 活性污泥净化废水的主要阶段为(　　)。
A. 黏附　　B. 有机物分解和有机物合成
C. 吸附　　D. 有机物分解
答案：B
99. 一般情况下，污水的可生化性取决于(　　)。
A. BOD_5 与 COD 的比值　　B. BOD_5 与总磷的比值
C. 溶解氧量与 BOD_5 的比值　　D. 溶解氧量与 COD 的比值
答案：A
100. 下列不属于消毒剂的是(　　)。
A. 聚合氯化铁　　B. 次氯酸钠　　C. 漂白粉　　D. 臭氧
答案：A
101. 下列污水处理技术，属于物理处理法的是(　　)。
A. 离子交换　　B. 混凝　　C. 反渗透法　　D. 好氧氧化
答案：C
102. 预处理工艺流程通常包括(　　)、进水提升泵、曝气沉砂池等。
A. 格栅　　B. 二沉池　　C. 生物池　　D. 计量槽
答案：A
103. 氨氮浓度大于(　　)时，会对硝化过程产生抑制，但城市污水中一般不会有如此高的氨氮浓度。
A. 100mg/L　　B. 200mg/L　　C. 500mg/L　　D. 1000mg/L
答案：B
104. 温度在(　　)的范围内，硝化菌能进行正常的生理代谢活动，并随温度的升高，生物活性增大。
A. 0~30℃　　B. 15~35℃　　C. 20~45℃　　D. 5~35℃
答案：D
105. 生物的反硝化作用是指污水中硝酸盐在(　　)条件下被微生物还原成氮气的反应过程。
A. 好氧　　B. 厌氧　　C. 微好氧　　D. 缺氧
答案：D
106. pH 对磷的释放和吸收有不同的影响，在 pH=(　　)时，磷的释放速率最快。
A. 3　　B. 4　　C. 5　　D. 6
答案：B
107. 由于丝状菌(　　)，当其在污泥中占优势生长时会阻碍絮粒间的凝聚。
A. 比重大　　B. 活性高　　C. 比表面积大　　D. 种类单一

答案：C

108. 甲烷细菌最适宜的 pH 范围是(　　)。

A. 6.5~7.5　　B. 6.8~7.2　　C. 6~9　　D. 7.2~8.5

答案：B

109. 自养型细菌合成可以不需要的营养物质是(　　)。

A. 二氧化碳　　B. 铵盐　　C. 有机碳化物　　D. 硝酸盐

答案：C

110. 混凝+沉淀+过滤组合单元通常出现在城镇污水处理系统的(　　)部分。

A. 预处理　　B. 强化预处理　　C. 深度处理　　D. 二级处理

答案：C

111. 厌氧生物处理不适于(　　)。

A. 城市污水厂污泥　　B. 自来水处理　　C. 高浓有机废水　　D. 城市生活污水

答案：B

112. (　　)的去除率主要取决于污泥回流比和缺氧区反硝化能力。

A. 总氮　　B. 氨氮　　C. COD　　D. 总磷

答案：A

113. 序批式活性污泥工艺法(SBR)系统对 BOD 值的降解率可达(　　)。

A. 85%~90%　　B. 85%~95%　　C. 90%~95%　　D. 80%~90%

答案：C

114. 活性污泥法是需氧的好氧过程，氧的需要是(　　)的函数。

A. 微生物代谢　　B. 细菌繁殖　　C. 微生物数量　　D. 原生动物

答案：A

115. 下列污水消毒方式效率最低的是(　　)。

A. 氯气　　B. 臭氧　　C. 二氧化氯　　D. 紫外线

答案：A

116. 硝化反应所需微生物为(　　)。

A. 好氧菌　　B. 异养型细菌　　C. 兼性菌　　D. 自养型细菌

答案：D

117. 沉淀和溶解平衡是暂时的、有条件的。只要条件改变，沉淀和溶解这对矛盾就能互相转化。如果离子积(　　)溶度积就会发生沉淀。

A. 等于　　B. 少于　　C. 大于　　D. 无法比较

答案：C

118. (　　)是对微生物无选择性的杀伤剂，既能杀灭丝状菌，又能杀伤菌胶团细菌。

A. 氨　　B. 氧　　C. 氮　　D. 氯

答案：D

119. 正常情况下，污水中大多含有对 pH 具有一定缓冲能力的物质，下列不属于缓冲溶液组成的物质是(　　)。

A. 强电解质　　B. 弱碱和弱碱盐　　C. 多元酸的酸式盐　　D. 弱酸和弱酸盐

答案：C

120. 硝化反应 pH(　　)，反硝化反应 pH(　　)。

A. 升高、下降　　B. 下降、升高　　C. 升高、升高　　D. 下降、下降

答案：B

121. 下列物质中，利用超滤膜分离法不能截留的是(　　)。

A. 细菌　　B. 微生物　　C. 无机盐　　D. 病毒

答案：C

122. 二氧化氯在消毒过程中能被还原成无机副产物，不包括(　　)。

A. 氯离子　　B. 次氯酸根　　C. 亚氯酸根　　D. 氯酸根

答案：B

123. 紫外线主要是通过对微生物(细菌、病毒、芽孢等病原体)的辐射损伤和破坏(　　)的功能使微生物致死，从而达到消毒的目的。

A. 细胞壁　　B. 多糖　　C. 蛋白质　　D. 核酸

答案：D

124. 化验测得消化进泥 pH=6.5，该污泥的酸碱度显示的是(　　)，该污泥会(　　)甲烷菌的生长，对消化运行(　　)。

A. 碱性，促进，有利　　B. 酸性，抑制，不利

C. 碱性，抑制，不利　　D. 酸性，促进，有利

答案：B

125. 污水二级出水悬浮固体浓度超标时，应采取的措施不包括(　　)。

A. 调整运行泥龄　　B. 调整生物池溶解氧浓度分布

C. 检查二沉池运行状态　　D. 增加好氧池供氧量

答案：D

126. 活性污泥性能较好，净化功能强时，镜检发现的原生动物不包括(　　)。

A. 钟虫　　B. 累枝虫　　C. 盖虫　　D. 鞭毛虫

答案：D

127. 如果污水处理系统超负荷，为了降低负荷，应采取的措施不包括(　　)。

A. 减少进水量　　B. 增加剩余污泥排放量

C. 提高回流比　　D. 增大曝气量

答案：B

128. 通常在活性污泥培养和驯化阶段，原生动物种类的出现和数量的变化会按照一定的顺序。在运行初期曝气池中常出现大量(　　)。

A. 肉足虫和鞭毛虫　　B. 鞭毛虫和钟虫

C. 鞭毛虫和轮虫　　D. 钟虫和轮虫

答案：A

129. 镜检时发现大量轮虫，说明(　　)。

A. 处理水质良好　　B. 污泥老化　　C. 进水浓度低　　D. 溶解氧高

答案：B

130. 生物池厌氧段溶解氧一般控制在(　　)以下，缺氧段控制在(　　)以下。

A. 0.5mg/L，1mg/L　　B. 0.3mg/L，0.5mg/L

C. 0.2mg/L，1mg/L　　D. 0.2mg/L，0.5mg/L

答案：D

131. 污泥监测项目中，挥发酚检测周期为(　　)1次，脂肪酸检测周期为(　　)1次。

A. 每周，每周　　B. 每月，每周　　C. 每月，每月　　D. 每月，每天

答案：B

132. 二沉池的污泥沉降比(SV_{30})一般控制在(　　)。

A. 20%~40%　　B. 20%~50%　　C. 20%~30%　　D. 10%~30%

答案：C

133. 下列关于水污染物排放标准体系说法错误的是(　　)。

A. 国家环境保护法律体系的重要组成部分

B. 执行环保法律、法规的重要技术依据

C. 仅在环境保护执法上发挥着不可替代的作用，在管理上无作用

D. 已成为对水污染物排放进行控制的重要手段

答案：C

134. 生物除磷最终主要通过(　　)将磷从系统中去除。

A. 氧化分解　　B. 吸收同化　　C. 排放剩余污泥　　D. 气体挥发

答案：C

135. 好氧活性污泥中的微生物主要由(　　)组成。

A. 病菌　　B. 原生动物　　C. 后生动物　　D. 细菌

答案：D

136. 一级处理主要采用(　　)。

A. 物理方法　　B. 化学方法　　C. 生物方法　　D. 生物化学方法

答案：A

137. 二级处理去除对象主要是(　　)。

A. 无机物　　B. 悬浮物　　C. 胶体物质　　D. 有机物质、氮和磷

答案：D

138. (　　)是硝化细菌将氨态氮氧化成硝态氮的过程。

A. 硝化作用　　B. 氨化作用　　C. 反硝化作用　　D. 厌氧氨氧化作用

答案：A

139. 原污水中的氮几乎全部以(　　)形式存在。

A. 有机氮和氨氮　　B. 有机氮和亚硝态氮　　C. 有机氮和硝态氮　　D. 无机氮

答案：A

140. 活性污泥处理污水起作用的主体是(　　)。

A. 水质水量　　B. 微生物　　C. 溶解氧　　D. 污泥浓度

答案：B

141. 生活污水中杂质以(　　)最多。

A. 无机物　　B. 悬浮物　　C. 有机物　　D. 有毒物质

答案：C

142. 活性污泥法的微生物生长方式是(　　)。

A. 悬浮生长型　　B. 固着生长型　　C. 混合生长型　　D. 以上都不是

答案：A

143. 缺氧区溶解氧浓度宜控制在(　　)。

A. 0.1mg/L 以下　　B. 0.2mg/L 以下　　C. 1mg/L 以下　　D. 2mg/L 以下

答案：C

144. 天然水经常表现出各种颜色，水中显色的杂质可处于悬浮、胶体或溶解状态，包括(　　)在内所构成的水色称为表色。

A. 离子　　B. 胶体　　C. 溶解物质　　D. 悬浮杂质

答案：D

145. 用重铬酸盐法测定水中 COD 时，用(　　)做催化剂。

A. 硫酸-硫酸银　　B. 硫酸-氯化汞　　C. 硫酸-硫酸汞　　D. 硝酸-氯化汞

答案：A

146. (　　)就是把一定量的物质，加入已知质量的样品中，然后进行色谱分析。

A. 外标法　　B. 内标法　　C. 归一化法　　D. 计算法

答案：B

147. 噪声和基线漂移是影响色谱仪(　　)的主要因素。

A. 灵敏度　　B. 敏感度　　C. 稳定性　　D. 性能

答案：C

148. 有的样品在色谱操作条件下不是每个组分都出峰，不能用(　　)法进行定量计算。

A. 归一化　　B. 内标　　C. 外标　　D. 标准曲线法

答案：A

149. 气相色谱定性分析的依据是(　　)。

A. 保留值　　B. 峰高　　C. 峰面积　　D. 峰宽

答案：A

150. 当色谱操作条件严格控制不变时，在一定进样量范围内，物质的浓度与峰高成(　　)关系。

A. 曲线　　B. 对数　　C. 线性　　D. 反比

答案：C

151. 在用热导池检测器进行分析时，检测器的温度应该(　　)。

A. 越高越好　　B. 适当高于柱温　　C. 适当低于柱温　　D. 越低越好

答案：B

152. 使用氢火焰离子化检测器时，3 种气体流速比为氮气：氢气：空气=(　　)。

A. 10：1：1　　B. 1：10：1　　C. 1：1：10　　D. 1：1：1

答案：C

153. 气相色谱选择性高是指气相色谱法对(　　)的物质具有很强的分离能力。

A. 熔点相近　　B. 性质极为接近　　C. 蒸汽压相近　　D. 密度极为接近

答案：B

154. 灵敏度高是指气相色谱法可分析(　　)组分的含量。

A. 沸点相近　　B. 分离分配系数接近　　C. 极微量　　D. 密度极小

答案：C

155. 重铬酸钾氧化能力很强，能使污水中的(　　)以上的有机物被氧化。

A. 55%~65%　　B. 65%~75%　　C. 75%~85%　　D. 85%~95%

答案：D

156. 关于水质指标，下列说法正确的是(　　)。

A. 对于可生物降解有机物，其重铬酸盐指数(COD_{Cr})等于 BOD_5

B. 大肠埃希氏菌是一种主要的病原菌，因此将大肠菌群数用作主要生物指标

C. 对于同一污水，总需氧量(TOD)>COD_{Cr}>总有机碳量>BOD_5

D. 一般 BOD_5/COD_{Cr}>0. 3 的污水适用于生物处理

答案：D

157. 污水处理中总磷的去除效果主要受制于(　　)的比值，其他影响因素包括污泥龄、水温、污泥与混合液的回流比等。

A. 硝态氮与总碳　　B. COD 与总碳　　C. BOD_5 与总碳　　D. BOD_5 与 COD

答案：C

158. 生物膜污水处理系统中微生物的基本类群与活性污泥中的(　　)。

A. 完全相同　　B. 完全不同　　C. 基本相同　　D. 相类似

答案：D

159. 溶解氧在水体自净过程中是个重要参数，它可反映水体中的(　　)。

A. 耗氧指标　　B. 溶氧指标　　C. 有机物含量　　D. 耗氧和溶氧的平衡关系

答案：D

160. 下列最能直接反映曝气池混合液中生物量的是(　　)。

A. 污泥沉降比　　B. 污泥浓度　　C. 污泥指数　　D. 挥发性污泥浓度

答案：D

161. (　　)是活性污泥的结构和功能中心，是活性污泥的基本组分。

A. 菌胶团　　B. 丝状菌　　C. 后生动物　　D. 微型动物

答案：A

162. 按所需碳能源的差异，参与污水生物处理过程的功能微生物可分为(　　)。

A. 厌氧菌与好氧菌　　B. 硝化菌与反硝化菌

C. 聚磷菌与非聚磷菌　　D. 异养菌与自养菌

答案：D

163. 下列描述正确的是(　　)。

A. 污水的一级处理主要去除污水中呈悬浮状态的固体无机污染物质，完全不去除有机物

B. 污水的二级处理主要去除污水中呈胶体和溶解状态的有机污染物

C. 污水中的有机污染物、氮、磷主要靠第三级处理完成

D. 污水处理净化过程中，水中的污染物都转移到了所谓的剩余污泥中了

答案：B

164. 衡量污泥沉降性能和污泥吸附性能的指标是(　　)。

A. 污泥沉降比　　B. 污泥体积指数　　C. 悬浮固体浓度　　D. 混合液悬浮固体浓度

答案：B

165. 下列关于丝状菌说法错误的是(　　)。

A. 丝状细菌同菌胶团一样，是活性污泥的重要组成部分

B. 细丝状形态的比表面积大，有利于摄取高浓度底物

C. 丝状细菌增殖速率快、吸附能力强、耐供氧能力不足以及在基质浓度条件下的生活能力都很强

D. 丝状细菌数量是影响污泥沉降性能的最重要因素

答案：B

166. 维系良好水循环的必由之路是(　　)。

A. 污水深度处理与减少污水排放　　B. 再生水利用与节约用水

C. 污水深度处理与再生水利用　　D. 减少污水排放量与节约用水

答案：D

167. 污泥浓度的大小间接地反映混合液所含的(　　)量。

A. 无机物　　B. 污泥体积指数　　C. 有机物　　D. 溶解氧

答案：C

168. 在生物硝化系统的运行管理中，当污水温度低于(　　)℃时，硝化速率会明显下降，当温度低于10℃时，已经启动的硝化系统可以勉强维持。

A. 10　　B. 15　　C. 20　　D. 25

答案：B

169. 污泥中的水可分为4类，其中不能通过浓缩、调质、机械脱水方法去除的水是(　　)。

A. 间隙水　　B. 内部水　　C. 表面吸附水　　D. 毛细结合水

答案：B

170. (　　)指硝酸盐被还原成氨和氮的作用。

A. 反硝化　　B. 硝化　　C. 脱氮　　D. 上浮

答案：A

171. 下列处理方法中不属于深度处理的是(　　)。

A. 吸附　　B. 离子交换　　C. 沉淀　　D. 膜技术

答案：C

172. 污水中的有机氮通过微生物氨化作用后，主要产物为(　　)。

A. 蛋白质　　B. 氨基酸　　C. 氨氮　　D. 氮气

答案：C

173. 二级处理主要是去除废水中的(　　)。

A. 悬浮物　　B. 微生物　　C. 油类　　D. 有机物

答案：D

174. 活性污泥主要由(　　)构成。

A. 原生动物　　B. 厌氧微生物

C. 好氧微生物　　D. 好氧微生物和厌氧微生物

答案：C

175. 活性污泥法中净化污水的主要承担者是(   )。

A. 原生动物　B. 真菌　C. 放线菌　D. 细菌

答案：D

176. 下列污水消毒效率最低的是(   )。

A. 氯气　B. 臭氧　C. 二氧化氯　D. 紫外线

答案：A

177. 曝气池供氧的目的是提供给微生物(   )的需要。

A. 分解有机物　B. 分解无机物　C. 呼吸作用　D. 分解氧化

答案：A

178. 细菌的细胞物质主要由(   )组成，而且形式很小，所以带电荷。

A. 蛋白质　B. 脂肪　C. 碳水化合物　D. 纤维素

答案：A

179. 聚合氯化铝符号为(   )。

A. PAD　B. PAC　C. PAE　D. PAM

答案：B

180. 电解质的凝聚能力随离子价的增大而(   )。

A. 减少　B. 增大　C. 无变化　D. 变为零

答案：B

181. 对于好氧生物处理，当 pH(   )时，真菌开始与细菌竞争。

A. >9.0　B. <6.5　C. <9.0　D. >6.5

答案：B

182. 在生产中，经过驯化的微生物通过(   )使有机物无机化，使有毒物质无害化。

A. 合成代谢　B. 分解代谢　C. 新陈代谢　D. 降解作用

答案：C

183. 氧在水中的溶解度与水温成(   )。

A. 反比　B. 指数关系　C. 对数关系　D. 正比

答案：A

184. 下列说法中错误的是(   )。

A. 利用紫外线消毒的废水，要求色度低，含悬浮物低

B. 臭氧的消毒能力比氯强

C. 污水的 pH 较高时，次氯酸根浓度提高，消毒效果增强

D. 消毒剂与微生物的混合效果越好，杀菌率越高

答案：C

185. 通过三级处理，BOD_5 要求降到(   )以下，并去除大部分氮和磷。

A. 20mg/L　B. 10mg/L　C. 8mg/L　D. 5mg/L

答案：D

186. 反渗透通常用于分离 (   )大小大致相同的溶剂和溶质

A. 物质　B. 原子　C. 分子　D. 有机物

答案：C

187. 随着污水处理技术的发展，不同工艺技术之间的界限日趋模糊，(   )模式逐渐成为主流。

A. 集成和深度处理　B. 集成和组合

C. 生物处理和深度处理　D. 生物处理和膜处理

答案：B

188. 对污水中无机的不溶解物质，常采用(   )来去除。

A. 格栅　B. 沉砂池　C. 调节池　D. 沉淀池

答案：B

189. 污水中的氮元素主要以(　　)形式存在。

A. 有机氮和氨氮　　B. 有机氮和凯氏氮　　C. 有机氮和无机氮　　D. 凯氏氮和无机氮

答案：C

190. 在污泥脱水时，投加聚丙烯酰胺(PAM)的作用是(　　)。

A. 调节 pH　　B. 降低污泥含水率　　C. 减轻臭味　　D. 中和电荷，吸附桥架

答案：D

191. 污泥在管道中的流动情况与水不相同，污泥流动的阻力随(　　)增大而增大。

A. 流速　　B. 泥温　　C. 相对密度　　D. 重量

答案：A

192. 一般衡量污水可生化的程度为 BOD_5 与 COD 比值(　　)。

A. 小于 0.1　　B. 小于 0.3　　C. 大于 0.3　　D. 为 0.5~0.6

答案：C

193. 硝化细菌属于(　　)。

A. 兼性细菌　　B. 自养型厌氧菌　　C. 异养型厌氧菌　　D. 自养型好氧菌

答案：D

194. 生化法去除废水中污染物的过程有吸附、降解或转化、固液分离，其中二沉池的主要作用之一为(　　)。

A. 吸附　　B. 吸收　　C. 固液分离　　D. 降解

答案：C

195. 下列污水深度处理的概念中，主要与脱氮除磷相关的是(　)。

A. 生化后处理　　B. 二级强化处理　　C. 三级处理　　D. 污水深度处理

答案：B

196.《北京市城镇污水处理厂水污染物排放标准》(DB 11 890—2012)一级 A 标准规定新(改、扩)建城镇污水处理厂 COD 指标浓度值不得高于(　　)。

A. 40mg/L　　B. 30mg/L　　C. 20mg/L　　D. 10mg/L

答案：C

197. 化学沉淀主要用于在废水处理中去除(　　)。

A. 重金属　　B. 盐类　　C. 胶体物质　　D. 悬浮固体

答案：A

198. 污水中的氮元素描述正确的是(　　)。

A. 总氮的量>总凯氏氮的量>氨氮的量　　B. 总凯氏的量>氨氮的量>氮氧化物(NO_x)的量

C. 总凯氏氮的量>总氮的量>氮氧化物(NO_x)的量　D. 总凯氏的量>氮氧化物(NO_x)的量>氨氮的量

答案：A

199. 污水的物理处理法主要是利用物理作用分离污水中主要呈(　　)的污染物质。

A. 漂浮固体状态　　B. 悬浮固体状态　　C. 挥发性固体状态　　D. 有机状态

答案：B

200. 后生动物在活性污泥中出现，说明(　　)。

A. 污水净化作用不明显　　B. 水处理效果好

C. 水处理效果不好　　D. 后生动物大量出现，水处理效果更好

答案：B

201. 下列最能直接反映曝气池中活性污泥的松散或凝聚等沉降性能的是(　　)。

A. 污泥沉降比　　B. 混合液悬浮固体浓度

C. 污泥体积指数　　D. 混合液挥发性悬浮固体浓度

答案：C

202. 关于丝状体污泥膨胀的产生原因，表述错误的是(　　)。

A. 溶解氧浓度过低　　B. 有机负荷率过高　　C. 废水中营养物质不足　D. 局部污泥堵塞

答案：D

203. 下列关于曝气池水质监测项目对水质管理影响的说法，错误的是(　　)。

A. 水温可以作为推测活性污泥法净化效果，探讨运行条件的资料。一般在10~35℃范围内，水温每升高10℃，微生物代谢速度提高1倍

B. 微生物的代谢速度与各种酶的活性有关，而酶活性受pH影响很大，一般活性污泥法要求pH保持为6.0~8.5

C. 对池内溶解氧进行测定是为了判断池内溶解氧浓度是否满足微生物代谢活动对氧的需求

D. MLSS是曝气池混合液悬浮固体浓度，计算污泥负荷、污泥停留时间、污泥体积指数以及调节剩余污泥量、回流污泥量都要使用混合液悬浮固体浓度

答案：A

204. 污水处理厂出水悬浮固体浓度超标时，应采取的措施不包括(　　)。

A. 调整运行泥龄　　B. 调整生物池溶解氧浓度分布

C. 检查二沉池及过滤系统的运行状况　　D. 增加好氧池供氧量

答案：D

205. 一般正常情况下，膜生物反应器(MBR)系统生物池污泥浓度应当控制在(　　)。

A. 1500~3000mg/L　　B. 7000~10000mg/L　　C. 5000~10000mg/L　　D. 11000~14000mg/L

答案：B

206. 在开始培养活性污泥的初期，镜检会发现大量的(　　)。

A. 变形虫　　B. 草履虫　　C. 鞭毛虫　　D. 线虫

答案：A

207. 液氯消毒污水接触时间不少于(　　)。

A. 15min　　B. 30min　　C. 45min　　D. 60min

答案：B

208. 当发现在大量钟虫存在的情况下，楯纤虫增多而且越来越活跃表示(　　)。

A. 曝气池工作状态良好　　B. 污泥将变得越来越松散的前兆

C. 潜伏着污泥膨胀的可能　　D. 水中有机物还很多，处理程度较低

答案：B

209. 如果发现单个钟虫活跃，其体内的食物泡都能被清晰地观察到时，说明(　　)。

A. 活性污泥溶解氧充足　　B. 污泥处理程度低

C. 曝气池供氧不足　　D. 曝气池内有毒物质进入量多

答案：A

210. 生物脱氮过程中好氧硝化控制的溶解氧值一般控制在(　　)。

A. 1mg/L　　B. 2~3mg/L　　C. 5~6mg/L　　D. 7~8mg/L

答案：B

211. 好氧活性污泥系统中，其泥水的正常颜色是(　　)。

A. 黑色　　B. 土黄色　　C. 深褐色　　D. 红色

答案：B

212. 好氧系统控制指标中的混合液悬浮固体浓度一般控制在(　　)。

A. 4000~5000mg/L　　B. 3000~4000mg/L　　C. 5000~6000mg/L　　D. 6000~7000mg/L

答案：B

213. (　　)可反映曝气池正常运行的污泥量，可用于控制剩余污泥的排放。

A. 污泥浓度　　B. 污泥沉降比　　C. 污泥指数　　D. 污泥龄

答案：B

214. 缺氧-好氧工艺(A/O)系统中的厌氧段，要求溶解氧的指标控制为(　　)。

A. 0.5mg/L　　B. 1.0mg/L　　C. 2.0mg/L　　D. 4.0mg/L

答案：A

215. 在生物氧化作用不断消耗氧气的情况下，通过曝气保持水中的一定的(　　)。

A. pH　　B. BOD 浓度　　C. 污泥浓度　　D. 溶解氧浓度

答案：D

216. 污水处理装置出水长时间超标与工艺操作过程无关的选项是(　　)。

A. 操作方法　　B. 工艺组合

C. 工艺指标控制　　D. 实际进水水质超出设计范围

答案：D

217. 滤池进水浊度应控制在(　　)NTU 以下，滤后水浊度不得大于(　　)NTU。

A. 5，1　　B. 10，5　　C. 10，1　　D. 15，10

答案：B

218. 滤池应设置清水池水质检测点，每日监测化验不得少于(　　)，当发现水质超标时，应立即采取措施。

A. 1 次　　B. 2 次　　C. 3 次　　D. 4 次

答案：A

219. 如果二沉池大量翻泥说明(　　)大量繁殖。

A. 好氧菌　　B. 厌氧菌　　C. 活性污泥　　D. 有机物

答案：B

220. 在污水处理中，当以固着型纤毛虫和轮虫为主时，表明(　　)。

A. 出水水质差　　B. 污泥还未成熟　　C. 出水水质好　　D. 污泥培养处于中期

答案：C

221. 活性污泥污水处理中，一般条件下，(　　)较多时，说明污泥曝气池运转正常。

A. 普通钟虫与群体钟虫　　B. 肉足虫　　C. 后生动物　　D. 草履虫

答案：A

222. 下列与泡沫的形成条件不相关的选项是(　　)。

A. 水中的悬浮杂质　　B. 存在一定浓度的起泡剂

C. 一定数量的气泡　　D. 水中的表面活性物质

答案：B

223. 当外界对水中有冲击负荷或有毒物质进入水中时，(　　)数量急剧减少。

A. 钟虫　　B. 草履虫　　C. 轮虫　　D. 楯纤虫

答案：D

224. (　　)可反映曝气池正常运行的活性污泥量，可用于控制、调节剩余污泥的排放量。

A. 混合液悬浮固体浓度　　B. 污泥沉降比　　C. 污泥体积指数　　D. 污泥停留时间

答案：B

225. 现行版本的《中华人民共和国水污染防治法》于(　　)第十二届全国人民代表大会常务委员会第二十八次会议修正。

A. 2017 年 6 月 27 日　　B. 2017 年 6 月 28 日　　C. 2017 年 6 月 29 日　　D. 2017 年 6 月 30 日

答案：A

226. 现行版本的《中华人民共和国水污染防治法》自(　　)起执行。

A. 2016 年 1 月 1 日　　B. 2017 年 1 月 1 日　　C. 2018 年 1 月 1 日　　D. 2019 年 1 月 1 日

答案：C

227.《城镇排水与污水处理条例》由中华人民共和国国务院于(　　)发布。

A. 2012 年 10 月 2 日　　B. 2012 年 10 月 1 日　　C. 2013 年 10 月 1 日　　D. 2013 年 10 月 2 日

答案：D

228.《城镇排水与污水处理条例》自(　　)起施行。

A. 2012 年 1 月 1 日　　B. 2013 年 1 月 1 日　　C. 2014 年 1 月 1 日　　D. 2015 年 1 月 1 日

答案：C

229. 一级处理去除对象为污水中的(　　)。

A. 溶解物质　　B. 悬浮物　　C. 胶体物质　　D. 有机物

答案：B

230. 二级处理一般 BOD_5 的去除率可以在(　　)以上。

A. 90%　　B. 80%　　C. 70%　　D. 60%

答案：A

二、多选题

1. 色谱仪柱箱温度过低造成的可能后果是(　　)。

A. 分离效果变差　　B. 峰宽加大　　C. 峰拖尾　　D. 检测器灵敏度下降

答案：BC

2. 合适的色谱固定液应具有(　　)的特点。

A. 沸点高　　B. 黏度低　　C. 化学稳定性高　　D. 选择性好

答案：ABCD

3. 根据塔板理论的流出曲线方程，可以看出(　　)。

A. 进样量越大，峰越高

B. 理论塔板数越多，峰越高

C. 为了得到较高的色谱峰必须使保留体积减小

D. 色谱柱越长，组分越难分离

答案：ABC

4. 气相色谱分析中，造成样品出峰小的原因是(　　)。

A. 稳压阀漏　　B. 汽化室漏　　C. 色谱柱漏　　D. 检测室漏

答案：BCD

5. 在色谱分析中，出现平顶峰的原因有(　　)。

A. 进样量大　　B. 记录仪量程太大　　C. 放大器衰减太小　　D. 检测器检测限太高

答案：AC

6. 高效液相色谱所具有的特点包括(　　)。

A. 选择性高　　B. 检测器通用性强

C. 分离效能高　　D. 适用于高分子量样品

答案：ACD

7. 可调节的影响电子捕获检测器灵敏度的因素主要有(　　)。

A. 载气的纯度和流速　　B. 色谱柱的柱温

C. 电子捕获检测器的温度　　D. 电子捕获检测器电源操作参数

答案：ABCD

8. 关于污水的主要处理方法按原理可分为(　　)。

A. 物理法　　B. 化学法　　C. 生物化学法　　D. 物理化学法

答案：ABCD

9. 污水处理方式按处理程度可分为(　　)。

A. 一级处理　　B. 二级处理　　C. 深度处理　　D. 初级处理

答案：ABC

10. 属于物理法的方法或工艺有(　　)。

A. 格栅　　B. 砂滤　　C. 气浮　　D. 沉淀

答案：ABCD

11. 膜系统还需要进行化学清洗，化学清洗有两种方式，分别为(　　)。

A. 药剂清洗　　B. 维护性清洗　　C. 恢复性清洗　　D. 反冲洗

答案：BC

12. 下列处理方法中属于深度处理的是(　　)。

A. 吸附　　B. 离子交换　　C. 沉淀　　D. 膜技术

答案：ABD

13. 臭氧接触工艺用于对再生水的臭氧氧化，利用臭氧的强氧化性，对再生水起到(　　)等作用。

A. 脱色　　B. 除臭　　C. 灭活微生物　　D. 去除悬浮物

答案：ABC

14. 下列不是臭氧消毒的优点是(　　)。

A. 运行费低　　B. 便于管理　　C. 不受水的 pH 影响　　D. 可持续消毒

答案：ABD

15. 曝气池中的活性污泥由几部分组成，分别是(　　)。

A. 活性污泥微生物　　B. 活性污泥代谢产物

C. 活性污泥吸附的难降解惰性有机物　　D. 活性污泥吸附的无机物质

答案：ABCD

16. 用于废水处理的膜分离技术包括(　　)。

A. 扩散渗析　　B. 电渗析　　C. 反渗透

D. 深床滤池　　E. 超滤　　F. 微滤

答案：ABCEF

17. 膜污染的化学清洗方法包括(　　)。

A. 碱洗　　B. 酸洗　　C. 消毒剂清洗　　D. 有机溶剂清洗

答案：ABCD

18. 下列影响生物除磷的因素有 (　　)。

A. pH　　B. BOD_5 与总氮之比　　C. BOD_5 与总磷之比　　D. 悬浮固体浓度

答案：AC

19. 氢氧化钠被使用在水处理的方向包括(　　)。

A. 消除水的硬度　　B. 通过沉淀消除水中重金属离子

C. 调节水的 pH　　D. 离子交换树脂的再生

答案：ABCD

20. 污水中的污染物按其物理形态来分，可分为几种(　　)。

A. 悬浮状态　　B. 胶体状态　　C. 固液混合状态　　D. 溶解状态

答案：ABD

21. 污水的生物处理，按作用的微生物，分为(　　)。

A. 好氧还原　　B. 好氧氧化　　C. 厌氧还原　　D. 厌氧氧化

答案：BC

22. 废水处理的方法可归纳为(　　)。

A. 物理法　　B. 化学法　　C. 物理化学法　　D. 生物法

答案：ABCD

23. 检测器的性能指标是(　　)。

A. 灵敏度　　B. 最小检测量　　C. 响应时间　　D. 线性范围

答案：ABCD

24. 混凝沉淀法在废水处理中的(　　)阶段得到应用。

A. 预处理　　B. 中间处理　　C. 深度处理　　D. 污泥脱水

答案：ABCD

25. 下列属于选择膜清洗用的化学药剂的条件是(　　)。

A. 清洗剂必须对污染物有很好的溶解能力

B. 清洗剂必须对污染物有很好的分解能力

C. 清洗剂不能污染和损伤膜面

D. 清洗剂纯度必须达到分析纯级

答案：ABC

26. 二级出水混浊，悬浮固体浓度明显升高，首先应测定的指标是(　　)。

A. 温度　　B. 污泥沉降比　　C. 镜检　　D. pH

答案：BC

27. 污泥膨胀总体上可分为(　　)。

A. 丝状菌膨胀　　B. 中毒膨胀　　C. 非丝状菌膨胀　　D. 老化膨胀

答案：AC

28. 下列情况可导致丝状菌污泥膨胀的是(　　)。

A. 进水中氮、磷营养物质过剩　　B. 曝气池内有机负荷率过高

C. 混合液内溶解氧太低　　D. 进水水质波动太大

答案：BC

29. 如发生污泥膨胀，可采取的控制措施有(　　)。

A. 投加絮凝剂，改善污泥絮凝性　　B. 投加氯、臭氧等药剂杀死丝状菌

C. 加强曝气，提高溶解氧值　　D. 调整混合液中的营养物质

答案：ABCD

30. 造成二沉池出水混浊的原因有(　　)。

A. 曝气池处理效率降低使胶体有机残留　　B. 硫化氢氧化造成单质硫析出

C. 活性污泥解体　　D. 存在泥沙或细小的氢氧化铁等无机物

答案：ACD

31. 厌氧-缺氧-好氧工艺(A^2/O)脱氮的基本原理是通过微生物的生命活动将污水中含氮的物质经过(　　)转化为氮气的过程。

A. 硝化反应　　B. 反硝化反应　　C. 投加药剂　　D. 曝气

答案：AB

32. 水处理工艺中最常用的消毒方法有(　　)。

A. 氯消毒　　B. 臭氧消毒　　C. 紫外线消毒　　D. 高温消毒

答案：ABC

33. 下列属于消毒剂的是(　　)。

A. 聚合氯化铁　　B. 次氯酸钠　　C. 漂白粉　　D. 臭氧

答案：BCD

34. 氯消毒实际上是(　　)组合消毒。

A. 氯氨　　B. 氯　　C. 氯气　　D. 氯化氢

答案：AB

35. 关于紫外线消毒，下列描述错误的是(　　)。

A. 采用紫外线消毒，清水渠无水或水位达不到设备工作水位时，严禁开启设备

B. 不得人工清洗玻璃套管

C. 采用紫外线消毒的污水，其透射率应大于50%

D. 采用紫外线消毒的污水，其透射率应大于30%

答案：BC

36. 下列能够用于城市污水消毒的是(　　)。

A. 紫外线消毒　　B. 臭氧消毒　　C. 次氯酸钠消毒　　D. 二氧化氯消毒

答案：ABCD

三、判断题

1. 采用内标法进行色谱定量分析时，所选用的内标物的保留值最好在各组分色谱图的中间位置。

答案：正确

2. 老化色谱柱时的柱温应低于操作时使用的温度。

答案：错误

3. 凡是有极性键的分子都是极性分子。

答案：错误

4. 在气液色谱中，填充好的色谱柱通过加温、通气处理，使其性能稳定的过程称为柱老化。

答案：正确

5. 色谱柱一般分为两类，填充柱和毛细管柱。

答案：正确

6. 当样品中只有部分组分能被色谱柱分离并被检测器检测出来的色谱峰，采用归一化法来计算各组分的结果。

答案：错误

7. 被分离组分与固定液分子性质越类似，它们之间的作用力越小，其保留值越小。

答案：错误

8. 色谱法按流动相所处的状态不同，可分为气固色谱和气液色谱。

答案：错误

9. 根据色谱分离过程的机理，色谱法可分为吸附色谱、气液分配色谱和离子交换色谱。

答案：错误

10. 对于沸点高于450℃的难挥发的和热稳定性差的物质不能用气相色谱法进行分析。

答案：正确

11. 对色谱汽化室温度的要求是：能使样品缓慢地依次进行汽化，以保证有效分离和不必要的损耗。

答案：错误

12. 气相色谱检测系统的功能是把柱子分离流出的组分，按其浓度或质量的变化准确地转化为一定的电信号。

答案：正确

13. 色谱图中，流出线上两拐点间的距离之半称为标准偏差。

答案：正确

14. 半峰宽是指色谱峰底宽的一半。

答案：错误

15. 气相色谱对进样量的要求是：液体样为1~10μL，气体样为1~20μL。

答案：错误

16. 气相色谱选择载气时应与所使用的检测器相适应。

答案：正确

17. 气相色谱分析中，担体应具有较高的热稳定性和机械强度。

答案：正确

18. 作为固定液，在操作温度范围内其蒸气压要高，热稳定性要好。

答案：错误

19. 测量一个混合组分经过色谱柱分离后随载气流出不同的组分及其含量变化的装置叫记录器。

答案：错误

20. 热导检测器通常被选用来进行常量分析和10^{-5}数量级以上的组分含量样品直接分析。

答案：正确

21. 氢火焰离子化检测器适宜在100℃以下进行检测。

答案：错误

22. 电子捕获检测器对电子吸收系数越大的组分其灵敏度越低。

答案：错误

23. 火焰光度检测器是利用一些物质在火焰中的物理发光作用发展起来的一种高灵敏度、高选择性检测器。

答案：错误

24. 在定量分析时，一般用改变灵敏度来控制色谱峰的峰高。

答案：错误

25. 在气相色谱分析过程中，选择最佳的载气流速可获得塔板高度的极大值。

答案：错误

26. 在气相色谱分析过程中，以氢气做载气，最佳线速度为 8~12cm/s。

答案：正确

27. 在气相色谱分析过程中，轻载气有利于提高分析速度，并使柱效提高。

答案：错误

28. 气相色谱分析中，对担体粒度的一般要求是：粒度均匀、细小、具有惰性、机械强度大和比表面积大。

答案：正确

29. 气相色谱分析中，粒度不同的担体，柱效率是相同的。

答案：错误

30. 气相色谱分析中，对分离沸点近似的几何异构体时，利用分子形状的差异，应选择特殊固定液来分离它们。

答案：正确

31. 气相色谱分析中，选择柱温时应该注意低于样品的分解温度。

答案：正确

32. 气相色谱选择柱温的一般原则是在被分析物质组分中沸点最高的组分的沸点左右。

答案：错误

33. 如果气体流速保持不变，分析时间随柱径的增加而线性增加。

答案：错误

34. 电子捕获检测器温度对基流、峰高有较大的影响。

答案：正确

35. 汽化室除了具有适当的温度外，还应使汽化温度保持恒定。

答案：正确

36. 在气相色谱分析中存在的一般规律是柱效随进样量增加而提高。

答案：错误

37. 在气相色谱分析中通过保留值完全可以准确地给被测物定性。

答案：错误

38. 相对校正因子是某物质与不被固定相吸附的物质的绝对校正因子之比值。

答案：错误

39. 顶空气相色谱分析，要求严格控制气液体积比、平衡温度和平衡时间的一致。

答案：正确

40. 测定挥发性卤代烃的色谱柱应选用 OV-101 做固定液。

答案：正确

41. 气相色谱法测 y-六六六最低检测质量为 2ng。

答案：错误

42. 苯并[a]芘经有机物萃取、柱层分离后，由高压液相色谱、气相色谱、荧光光度法进行定量测定。

答案：正确

43. 物质的紫外吸收光谱反映了物质分子中生色团和助色团的特性，可利用这些特征对在紫外区有吸收的待测组分进行结构分析和定性。

答案：正确

44. 在定量分析中，可以使用峰面积法定量，也可以使用峰高法定量，但峰高法比峰面积法所要求的分离度要低些。

答案：正确

45. 峰高法的精度受仪器和操作系数变化的影响较小，对于不对称的峰和对分析精度要求较高时，使用峰高法较多。

答案：错误

46. 氯气能溶于水，其溶解度与水温成正比。

答案：错误

47. 当水中的余氯量一定时，接触时间长，消毒效果就好。

答案：正确

48. 由于离子色谱进样量很小，操作中必须严格防止纯水及器皿被污染。

答案：正确

49. 离子色谱以相对保留时间进行定性。

答案：正确

四、简答题

1. 简述污水处理中臭氧的特点。

答：(1)臭氧是优良的氧化剂，可以彻底分解污水中的有机物。

(2)可以杀灭包括抗氯性强的病毒和芽孢在内的所有病原微生物。

(3)在污水处理过程中，臭氧受污水pH、温度等条件的影响较小。

(4)臭氧分解后变成氧气，可以增加水中的溶解氧，改善水质。

(5)臭氧可以把难降解的有机物大分子分解成小分子有机物，提高污水的可生化性。

(6)臭氧在污水中会全部分解，不会因残留造成二次污染。

2. 简述制定和施行《城镇排水与污水处理条例》的目的。

答：《城镇排水与污水处理条例》是为了加强对城镇排水与污水处理的管理，保障城镇排水与污水处理设施安全运行，防治城镇水污染和内涝灾害，保障公民生命、财产安全和公共安全，保护环境而制定的。

3. 城镇排水与污水处理是市政公用事业和城镇化建设的重要组成部分。近年来，我国城镇排水与污水处理事业取得较大发展，但仍存在一些问题，简述存在的突出问题。

答：(1)一是城镇排涝基础设施建设滞后，暴雨内涝灾害频发。一些地方对城镇基础设施建设缺乏整体规划，重地上、轻地下，重应急处置、轻平时预防，建设不配套，标准偏低，硬化地面与透水地面比例失衡，城镇排涝能力建设滞后于城镇规模的快速扩张。

(2)二是排放污水行为不规范，设施运行安全得不到保障，影响城镇公共安全。目前，在城镇排水方面，国家层面还没有相应立法，一些排水户超标排放，将工业废渣、建筑施工泥浆、餐饮油脂、医疗污水等未采取预处理措施直接排入管网，影响管网、污水处理厂运行安全和城镇公共安全。

(3)三是污水处理厂运营管理不规范，污水污泥处理处置达标率低。一些污水处理厂偷排或者超标排放污水，擅自倾倒、堆放污泥或者不按照要求处理处置污泥，造成二次污染。

(4)四是政府部门监管不到位，责任追究不明确。政府部门对排水与污水处理监管不到位，对不履行法定职责的国家工作人员的责任追究以及排水户等主体的法律责任没有明确规定。

4. 简述影响混凝效果的主要因素。

答：(1)水温：水温对混凝效果有明显的影响。

(2)pH：对混凝的影响程度，视混凝剂的品种而异。

(3)水中杂质的成分、性质和浓度。

(4)水力条件。

5. 简述气相色谱分离的基本原理。

答：混合物中各组分在流动相和固定相中具有不同的溶解和解析能力(气-液色谱)、不同的吸附和脱附能力(气-固色谱)或其他亲和性能作用的差异。当两相做相对运动时，样品各组分在两相中反复多次受到各种作用力的作用，从而使混合物中各组分获得分离。

6. 简述色谱分析法的分类。

答：色谱法有许多种类，从不同的角度，有不同的分类方法。

(1)按两相所处的状态分为：气-液色谱、气-固色谱、液-固色谱、液-液色谱。

(2)按色谱分离过程的机理分为：吸附色谱、气液分配色谱、离子交换色谱。

(3)按固定相形式的不同分为：柱色谱、纸色谱、薄层色谱。

(4)按操作形式不同分为：冲洗法、顶替法、前沿法。

7. 简述气相色谱分析法的特点。

答：(1)优点：①高分离效能，能分离分配系数很接近的组分，从而可以分离、分析复杂的化合物。

②高选择性，能分离、分析性质极为相近的物质。

③高灵敏度，可分析少至 10^{-13}～10^{-11}g 的物质。

④快速，完成一个分析周期一般只需几分钟到几十分钟。

⑤应用广泛。

(2)缺点：无标准样品的情况下，单靠色谱峰定性比较困难。另外，沸点太高的物质或热稳定性差的物质都难以应用气相色谱进行分析。

8. 以热导池检测器为例简述气相色谱的流程。

答：(1)载气由高压气瓶供给，经减压阀减压、精密调节阀控制压力和流速，并经净化干燥管纯化脱水后，由压力表指示气体的压力，进入检测器热导池的参比池。

(2)随后，通过色谱进样器到色谱柱，最后由热导池的测量池放空。

(3)柱后流速可以用皂膜流量计测定。

(4)待色谱柱温度及流速稳定后，从进样器注入样品。

(5)在载气的携带下，不同的组分在柱内得到分离后先后流出色谱柱，当流出色谱柱的组分进入检测器时，就产生了一定的信号，然后由记录器记录下来，得到色谱图。

9. 简述气相色谱分析法对载气的要求。

答：在气相色谱中，把流动相气体称为载气。载气以一定流速携带气体样品或经汽化后的样品一起进入色谱柱。常用的载气有氢气、氦气和氮气。

载气的要求：

(1)不活泼，以免与样品或溶剂(固定液)相互作用。

(2)扩散速度慢的。

(3)纯的。

(4)价廉，易购得的。

(5)与所使用的检测器相适应的。

10. 简述气相色谱检测器的分类。

答：气相色谱检测器是测量一个混合组分经色谱柱分离后随载气流出的不同组分含量的装置。

常用的检测器分为两大类：

(1)第一类称为积分型检测器。它用来连续测定色谱柱后流出物的总量。

(2)第二类称为微分型检测器。它测定的是色谱柱后流出载气中的组分及浓度瞬间的变化。这类检测器又可分为浓度型检测器和质量型检测器。

11. 简述气相色谱检测器的性能指标。

答：检测器的 4 个重要性能指标为：灵敏度、敏感度、线性范围和稳定性。

(1)灵敏度：指检测器对样品组分的浓度或质量变化产生的响应的大小。

(2)敏感度：指单位体积或单位时间内有多少量的物质进入检测器，才能引起恰能辨别的响应信号。

(3)线性范围：指对组分浓度或质量检测下限至上限之间保持响应线性增加的数量级。

(4)稳定性：指主要指标，如敏感度、噪声和线性范围等基本不变。

12. 简述热导池检测器、氢火焰离子化检测器、电子捕获检测器和火焰光度检测器的特点。

答：(1)热导池检测器(TCD)：结构简单，灵敏度高，稳定性较好，线性范围较宽，适合于无机气体及有机化合物的分析。

(2)氢火焰离子化检测器(FID)：灵敏度高，响应快，线性范围宽，除去少数永久性气体之外的有机化合物均有响应，适合在不同的温度下使用，输出信号较大。

(3)电子捕获检测器(ECD)：选择性和灵敏度很高，只对具有电负性的组分有响应信号，电负性越强，电子吸收系数越大的组分其灵敏度越高。

(4)火焰光度检测器(FPD)：灵敏度高、选择性高，应用于含硫、磷、硼、卤化物以及钛、锡、铅、铁等金属的有机化合物的测定。

13. 简述热导池检测器的基本工作原理。

答：热导池检测器(TCD)是基于不同的物质具有不同的热导系数而制成的。在未进样时，两池孔的钨丝温度和阻值减小是相等的。在进入试样组分后，载气经参比池，带着试样组分流经测量池。由于被测组分与载气组成的混合气体的热导系数与载气的热导系数不同，因此测量池中钨丝的散热情况就会发生变化，使两池孔中的两根钨丝的阻值产生差异。通过电桥测量这个差异，从而测出被测组分的含量，这就是热导池检测器的基本原理。

14. 简述氢火焰离子化检测器的基本工作原理。

答：氢火焰离子化检测器(FID)是根据色谱流出物中可燃性有机物在氢-氧火焰中发生电离的原理而制成的。燃烧用的氢气与柱出口流出物混合经喷嘴一道流出，在喷嘴上燃烧，助燃用的空气通过不锈钢的碟子，均匀分布于火焰周围。在火焰附近存在着由收集极和发射极所造成的静电场。当被测样品分子进入火焰时，燃烧过程中生成离子，在电场作用下做定向移动而形成离子流，通过高阻放大，经微电流放大器放大，然后把信号送至记录仪记录。

15. 简述电子捕获检测器的基本工作原理。

答：电子捕获检测器(ECD)是根据电负性物质的分子捕获自由电子的原理而制成的。在β射线作用下，中性的载气分子发生电离产生游离基和低能量的电子，这些电子在电场作用下，向正级移动而产生恒定的基流；当载气中带有电负性的样品分子进入检测器时，捕获这些低能量的自由电子，使基流降低而产生信号，经微电流放大器后送到记录仪记录。

16. 简述火焰光度检测器的基本原理。

答：火焰光度检测器(FPD)是根据硫、磷化物在富氢火焰中燃烧时，发射出波长分别为394nm和526nm的特征光的原理而制成的。柱后流出的载气与空气和氢气混合后经喷嘴流出，在喷嘴上燃烧。当柱后流出的样品组分与载气一道进入此富氢火焰燃烧时，硫、磷化物发出其特征光。用相应的滤光片进行选择后，光电倍增管把所滤过的光转换成电信号，此电信号送至微电流放大器放大后再送至记录仪记录。

17. 简述气相色谱分析中如何选择载气的流速。

答：在色谱分析过程中，选择最佳的载气流速可获得塔板高度的极小值。因此，载气流速的选择是非常重要的条件，流速太大或太小都会使柱效率降低。从速率理论关于峰形扩张公式可求出最佳流速值。通常色谱柱内径为4mm可用流速为30~80mL/min。

18. 简述气相色谱分析中如何选择载气。

答：载气的性质对柱效率和分析时间是有影响的。用相对分子质量小的载气时，最佳流速和最小塔板高度都比用相对分子质量大的载气时优越。用轻载气有利于提高分析速度，但柱效率会降低。在低速度时最好用氮气做载气，这样能提高柱效率又能减小噪声。另外，选择载气还要从检测器的灵敏度考虑。

19. 简述气相色谱分析中如何选择柱温。

答：选择柱温的一般原则是柱温在被分析物质组分的平均沸点左右或稍低一点为佳。因为在这种操作柱温下，样品有较大的分配系数比，选择性好。选择柱温除了考虑到它对柱效、分离度等的影响外，还要注意柱温不能高于固定液最高使用温度，而且还应该低于样品的分解温度。

在气相色谱分析中，柱温对峰高有很大影响，而对峰面积没有什么影响。因此在用峰高定量时一定要注意保持柱温恒定。

20. 简述气相色谱分析中如何选择柱形、柱径和柱长。

答：(1)缩小柱子的直径有利于提高柱效率、提高分离度。但是直径太小，则会造成柱压增高，对分析速度不利。

(2)柱子的直径与柱曲率半径相差越大越好。柱形状可用直管、U形管、W形管或螺旋管。

(3)一般填充柱柱长多为2m左右的，对于多组分混合物，难于分离时也常用6m柱、7m柱甚至10m柱。

21. 简述气相色谱分析中如何选择检测器的温度。

答：(1)热导池检测器温度要求高于柱温，防止分离物质冷凝污染。更重要的是控温精度要求能控制在0.05℃以内。

(2)氢火焰离子化和火焰光度检测器温度要求高于100℃以上，以防水蒸气冷凝。

(3)电子捕获检测器温度对基流、峰高有较大影响。

22. 简述气相色谱分析中如何选择汽化室的温度。

答：汽化室温度控制到使样品瞬间汽化而不造成样品分解为最佳。当汽化室温度低于样品沸点时，样品汽化时间增长，在柱内分布加宽，柱效降低。在进行色谱峰高定量时，汽化温度不够高，峰高值要降低。因此，汽化室温度要高于样品的沸点温度并保持恒定，在这种条件下就可以用峰高进行定量分析。

23. 简述气相色谱的进样技术。

答：样品应该以“塞式流动”的方式进入色谱柱中。所谓“塞式流动”，即样品不被载气稀释，以“蒸汽塞子”的形式一次直接进入色谱柱，此时流出峰锐利而对称，有利于分离；否则，流出峰漫散而不对称，既不利于分离，也不利于分析。“塞式流动”要求瞬时进样，一般出峰仅几分钟，所以要求进样时间为1/100~1/10s。

进样量一般是：液体样1~10μL；气体样1~20mL。

24. 简述气相色谱的定性分析方法。

答：气相色谱定性是指在同一条件下将测得的未知成分的保留值和已知物质的保留值进行比较。在定性分析中，常用的保留值有不同的表示方法，如保留时间、保留体积、比保留值及保留指数等。对保留时间至少要测定2次，取其平均值。记录保留值时还需注明是否对死时间作了校正(校正保留值)。

25. 简述在气相色谱分析中，如何测定定量校正因子。

答：在定量工作中常采用相对校正因子，即某物质与标准物质的绝对校正因子之比值。按被测组分使用的计量单位不同，可分为质量校正因子和摩尔校正因子。

校正因子测定方法如下：准确称量被测组分和标准物质，混合后，在实验条件下进行分析(注意进样量应在线性范围之内)，分别测量相应的峰面积。然后计算出质量校正因子和摩尔校正因子。如果数次测量的数值接近，可取其平均值。

26. 简述气相色谱分析中的定量计算方法。

答：常用的定量计算方法有归一化法、内标法、外标法和叠加法。

(1)归一化法：当试样中各组分在色谱图都有相应的色谱峰时，可以利用峰面积和校正因子，分别计算各组分的百分含量。

(2)内标法：将一定量的纯物质作为内标物，加入准确称取的试样中，根据被测物和内标物的质量及其在色谱图上的峰面积比，求出其组分含量。

(3)外标法：以被测组分的纯品为标样，作出峰面积或峰高标准曲线。然后，在相同的条件下注入一定量的试样，根据峰面积或峰高，从标准曲线上查出待测组分浓度。

(4)叠加法：在一定量的分析样品中，加入已知量的待测组分，使用相同的条件和进样量，比较该组分加入前后峰面积的变化，计算出原样品中待测组分的含量。

27. 简述气相色谱分析中峰面积的测量方法及其相适用的峰形。

答：(1)峰高乘半峰高宽法，适用于对称峰。

(2)峰高乘峰底宽法，适用于矮而宽的峰形。

(3)峰高乘平均峰宽法，适用于不对称峰形。

(4)峰高乘保留时间法，适用于狭窄峰形。

(5)积分仪法，适用于各种峰形。

28. 简述气相色谱测定六六六和滴滴涕的方法原理及适用范围。

答：六六六和滴滴涕均为有机氯杀虫剂，在水中性质稳定，并具有臭味。

(1)测定原理：利用石油醚萃取水中的六六六和滴滴涕，萃取液经浓硫酸处理，处理后的石油醚萃取液经水洗静置分层脱水后，用带有电子捕获检测器的气相色谱仪测定。

(2)适用范围：适用于地表水、地下水及部分污水的测定。六六六通常可检测至4ng/L，滴滴涕可检测至200ng/L。

29. 简述气相色谱法测定三卤甲烷的原理。

答：三卤甲烷主要是指自来水中的三氯甲烷、一溴二氯甲烷、二溴一氯甲烷、三溴甲烷。将水样置于有一定液上空间的密闭容器中，水中的挥发性组分就会向容器的液上空间挥发，产生蒸汽压。在一定条件下，组分在气液两相达到力学动态平衡(组分分压服从拉乌尔定律)。取气相样品用带有电子捕获检测器的气相色谱仪进行分析，外标法定量可以得出组分在水样中的含量。

30. 简述氯消毒的原理。

答：在氯消毒的作用中，次氯酸起到主要的消毒作用。细菌表面带有负电荷，根据同性相斥原理离子状态的 ClO^- 很难靠近细菌表面，因此消毒效果很差。次氯酸是相对分子质量很小的中性分子，只有它才能很快地扩散到细菌表面，并透过细菌壁和细菌内部的酶发生作用，从而破坏酶的功能，达到杀菌的作用。

31. 简述影响氯消毒效果的因素。

答：(1)接触时间：当水中的余氯量一定时，接触时间长，消毒效果好，但过量会造成余氯损失。

(2)投氯量：在同一原水和相同接触时间的条件下，投氯量越大，消毒效果越好；但余氯量过大，不仅浪费液氯，并且会产生氯嗅，同时对某些工业产品的质量有所影响。

(3)水温：对游离氯消毒无大影响，但对氯胺消毒来讲，水温高能加快杀菌速度。

(4)浊度：水的浊度低，消毒效果好。

(5)pH：消毒效果与水的 pH 成反比，pH 高，消毒效果差。

(6)氨氮物质：氨氮的化合物对消毒效果影响较大，亚硝酸盐要消耗一定的氯，游离氨与氯形成化合性余氯，降低了杀菌功能，延缓了杀菌速度。

32. 简述紫外线消毒相较氯消毒的优点。

答：(1)消毒速度快，效率高。

(2)不影响水的物理性质和化学成分，不增加水的臭味。

(3)操作简单，便于管理，易于实现自动化。

五、计算题

1. 某污水处理厂进水 BOD_5 和悬浮固体浓度分别为 200mg/L 和 325mg/L，处理后出水 BOD_5 和悬浮固体浓度分别为 120mg/L 和 26mg/L，求 BOD_5 和悬浮固体的去除率。

解：去除率＝(进水浓度－出水浓度)/进水浓度×100%

BOD_5 去除率＝(200－120)/200×100%＝40%

悬浮固体去除率＝(325－26)/325×100%＝92%

答：BOD_5 去除率为 40%，悬浮固体去除率为 92%。

2. 注 0.5μL 苯于某色谱仪，用热导检测器测定，峰高值为 2.5mV，半峰宽为 2.5mm，记录纸速度为 5mm/min，柱后出口处载气流量为 30mL/min，总机噪声为 0.02mV，求此热导检测器的灵敏度及检出限($\rho_{苯}$＝0.88g/mL)。

解：已知峰高值 $h=2.5$mV，柱后出口处载气流量 $u_e=30$mL/min，总机噪声 $2R_n.=0.02$mV

则以时间为单位的半峰宽 $\gamma_{1/2}=2.5/5=0.5$min

注射进入色谱仪中的苯的质量 $m=0.5\times0.88=0.44$mg

此热导检测器的灵敏度 $S_c=h\gamma_{1/2}u_e/m=(2.5\times0.5\times30)/0.44\approx85$mV·mL/mg

此热导检测器的检出限 $D=2R_n/S_c=0.02/85\approx2.4\times10^{-3}$mg/mL

答：此热导池检测器的灵敏度为 85 mV·mL/mg，检出限为 2.4×10^{-3} mg/mL。

3. 测定氢焰检测器的灵敏度时，以 0.05%苯(溶剂为二硫化碳)为样品，进样 0.5μL，苯峰高为 2.5mV，半峰宽为 2.5mm，记录纸速度为 5mm/min，总机噪声为 0.02mV，求此氢焰检测器的灵敏度及检出限($\rho_{苯}$＝0.88g/mL)。

解：已知苯峰高 $h=2.5$mV，总机噪声 $2R_n=0.02$mV

以时间为单位的半峰宽 $\gamma_{1/2}=2.5/5=0.5$min

进入检测器中的苯的质量 $m=0.05\%\times0.88\times5\times10^{-4}=0.22\times10^{-6}$g

此氢焰检测器的灵敏度 $S_m=60h\gamma_{1/2}/m=60\times2.5\times0.5/(0.22\times10^{-6})\approx0.34\times10^9$mV·s/g

此氢焰检测器的检出限 $D=2R_n/S_m=0.02/(0.34\times10^9)\approx0.59\times10^{-10}$g/s

答：此氢焰检测器的灵敏度为 0.34×10^9mV·s/g，检出限为 0.59×10^{-10}g/s。

4. 某色谱柱对甲烷和正十七烷的保留时间分别为 71.5s 和 12.6min，正十七烷的峰底宽度为 1.0min，载气流速为 7.5mL/min，已知固定相对甲烷完全不作用，计算正十七烷的调整保留时间 t_r'，死体积 V_0，保留体积 V_r，调整保留体积 V_r'，标准偏差 δ。

解：正十七烷的保留时间 $t_r=12.6\text{min}$，甲烷的保留时间 $t_0=71.5\text{s}/60=1.19\text{min}$，载气流速 $u_e=7.5\text{mL/min}$，正十七烷的峰底宽度 $w_b=1.0\text{min}$

$t'=t-t_0=11.41\text{min}$

$V_0=t_0u_e=1.19\times7.5=8.92\text{mL}$

$V_r=t_ru_e=12.6\times7.5=94.5\text{mL}$

$V_r'=t_r'u_e=11.41\times7.5=85.58\text{mL}$

$\delta=1/4\ w_b=0.25\text{min}$

答：正十七烷的调整保留时间为 11.41min，死体积为 8.92mL，保留体积为 94.5mL，调整保留体积为 85.58mL，标准偏差为 0.25min。

5. 在某色谱上组分 A 流出需 15.0min，组分 B 流出 25.0min，而不溶于固定相的物质 C 流出需 2.0min，求：

(1)B 组分相对于 A 的相对保留时间是多少？

(2)A 组分相对于 B 的相对保留时间是多少？

(3)组分 A 在柱中的容量因子是多少？

(4)组分 A 在柱中的阻滞因子是多少？

(5)B 组分通过固定相的平均时间是多少？

解：已知组分 A 流出的时间 $t_A=15.0\text{min}$，组分 B 流出的时间 $t_B=25.0\text{min}$，组分 C 流出的时间 $t_C=2.0\text{min}$

(1)B 组分相对于 A 的相对保留时间 $r_{BA}=t_{RB}'/t_{RA}'=(25-2)/(15-2)=23.0/13.0\approx1.77$

(2)A 组分相对于 B 的相对保留时间 $r_{AB}=t_{RA}'/t_{RB}'=(15-2)/(25-2)=13.0/23.0\approx0.57$

(3)组分 A 在柱中的容量因子 $K=t_{RA}'/t_C=13.0/2=6.5$

(4)组分 A 在柱中的阻滞因子 $R_{FA}=t_C/t_A=2.0/15.0\times100\%\approx13.3\%$

(5)B 组分通过固定相的平均时间 $t_{RB}'=t_B-t_A=23.0\text{min}$

答：(1)组分 B 相对于组分 A 的相对保留时间为 1.77；(2)组分 A 相对于组分 B 的相对保留时间为 0.57；(3)组分 A 在柱中的容量因子是 6.5；(4)组分 A 在柱中的阻滞因子是 13.3%；(5)组分 B 通过固定相的平均时间是 23.0min。

6. 已知样品所含组分峰高及峰高相对校正因子如表所示，求样品中各组分的质量分数。

组　分	峰高相对校正因子 f_{is}^h	组分峰高 h/mm
a	0.42	5
b	0.72	2
c	0.80	1
d	1.00	29
e	4.00	164

解：根据归一化法定量规则：各组分的质量分数 $w_i=h_if_{is}^h/\sum_{i=1}^{n}h_if_{is}^h\times100\%$

式中 $\sum_{i=1}^{n}h_if_{is}^h=0.42\times5+0.72\times2+0.80\times1+1.00\times29+4.00\times164=689.34$

所以组分 a 的质量分数 $w_a=0.42\times5/689.34\times100\%\approx0.3\%$

同理求得组分 b 的质量分数 $w_b=0.21\%$，组分 c 的质量分数 $w_c=0.12\%$，组分 d 的质量分数 $w_d=4.21\%$，组分 e 的质量分数 $w_e=75.16\%$

答：组分 a、b、c、d、e 的质量分数分别为 0.3%、0.21%、0.12%、4.21%、75.16%。

7. 下列各组分以等量进样(0.1μg)，测定所得的峰高平均值如下表所示，求其峰高相对质量校正因子(以 b 组分为标准)。

组 分	峰 高/mm
a	91
b	75
c	60
d	40

解：组分 i 的质量 m_i 与内标物的质量 m_s 相等，即 $m_i=m_s=0.1\mu g$

根据相对校正因子定义 $f_{is}^{h}=h_s m_i/(m_s h_i)$，$h_i$ 表示组分 i 的峰高，h_s 表示内标物的峰高。

$f_{as}^{h}=h_s m_a/(m_s h_a)=75\times0.1/(91\times0.1)\approx0.82$

$f_{bs}^{h}=h_s m_b/(m_s h_b)=75\times0.1/(75\times0.1)=1.00$

$f_{cs}^{h}=h_s m_c/(m_s h_c)h=75\times0.1/(60\times0.1)=1.25$

$f_{cs}^{h}=h_s m_c/(m_s h_c)h=75\times0.1/(40\times0.1)\approx1.88$

答：组分 a、b、c、d 相对于组分 b 的相对质量校正因子分别为 0.82、1.00、1.25、1.88。

8. 某试样含甲酸、乙酸、丙酸及水等物质。今称取试样 1.055g，再称取 0.190g 环己酮为内标物加到试样中混合均匀后，吸取此试剂 3mL 进样，各组分 s' 值及从色谱图上测出的峰面积如下表所示，求甲酸、乙酸和丙酸的质量分数。

组 分	峰面积 A_i	相对响应值 s'
甲酸	14.8	0.262
乙酸	72.6	0.562
丙酸	42.6	0.938
环已酮	133	1.00

解：试样的质量 $m=1.055g$，内标物的质量 $m_s=0.190g$

根据定义 $f_i'=1/s'$

根据内标物法定量计算公式，组分 i 的质量分数：$w_i=f_i'(m_s/m)\times(A_i/A_s)\times100\%$

$w_{甲酸}=(1/0.262)\times(0.190/1.055)\times(14.8/133)\times100\%\approx7.73\%$

$w_{乙酸}=(1/0.562)\times(0.190/1.055)\times(74.6/133)\times100\%\approx17.6\%$

$w_{丙酸}=(1/0.938)\times(0.190/1.055)\times(42.6/133)\times100\%\approx6.15\%$

答：甲酸、乙酸和丙酸的质量分数分别为 7.73%、17.6%、6.15%。

9. 测定苯、甲苯、乙苯和邻二甲苯的峰高校正因子时，称取各组分纯物质的质量，在一定色谱条件下进行色谱分析，从色谱图上测得各组分的峰高如下表所示，以苯为标准，计算各组分的峰高校正因子。

组 分	质量 m/g	峰高 h/mm
苯	0.5967	180.1
甲苯	0.5478	84.4
乙苯	0.6120	45.2
邻二甲苯	0.6680	49.0

解：$m_{苯}=0.5967g$，$h_{苯}=180.1$，$m_{甲苯}=0.5478g$，$h_{甲苯}=84.4$，$m_{乙苯}=0.6120g$，$h_{乙苯}=45.2$，$m_{邻二甲苯}=0.6680g$，$h_{邻二甲苯}=49.0$

根据校正因子的定义 $f'=f_i/f_s$，$f_i=m_i/h_i$，f_i 表示组分 i 的质量校正因子，f_s 表示标准物质质量校正因子。

所以 $f'=(m_i/h_i)\times(h_s/m_s)$

以苯为标准物质，则 $f_{苯}'=1.00$

$f'_{甲苯}=(m_{甲苯}/h_{甲苯})\times(h_{苯}/m_{苯})=(0.5478/84.4)\times(180.1/0.5967)\approx1.96$

同理 $f_{乙苯}'=4.09$，$f_{邻二甲苯}'=4.11$

答：苯、甲苯、乙苯、邻二甲苯相对于苯的峰高校正因子分别为1.00、1.96、4.09和4.11。

10. 称量样品0.1g，加入0.1g内标物，欲测组分A的面积相对校正因子为0.8，内标物的相对校正因子为1.00，组分A的峰面积为60mm^2，内标组分峰面积为100mm^2，求组分A的质量分数。

解：组分A的面积相对校正因子$f_{As}^{A}=0.80$，内标物的质量$m_s=0.1g$，样品的质量$m=0.1g$，内标物的相对校正因子$f_{Ss}^{A}=1.00$，组分A的峰面积$A_A=60mm^2$，内标组分峰面积$A_s=100mm^2$

根据内标物计算公式：

组分A的质量分数$w_A=(f_{As}^{A}m_s/f_{Ss}^{A}m)\times(A_A/A_s)\times100\%=(0.80\times0.1)/(1.00\times0.1)\times(60/100)\times100\%=48\%$

答：样品中组分A的质量分数为48%。

11. 已知混合酚试样中仅含有苯酚和3种甲酚异构体共4种组分，经乙酰化处理后用液柱测得色谱图，图上各组分的峰高、半峰宽以及各组分的峰面积校正因子如下表所示，求试样中各组分的质量分数。

组　分	峰高 h_i/min	半峰宽 $\gamma_{1/2}$/mm	峰面积校正因子 f_{is}
苯酚	640	1.94	0.85
邻甲酚	104.1	2.40	0.95
间甲酚	89.02	2.85	1.03
对甲酚	70.0	3.22	1.00

解：根据峰面积公式$A_i=1.06h_i\gamma_{1/2}$

根据归一化法定量规则，试样中各组分的质量分数$w_i=A_if_{is}^{A}/\sum_{i=1}^{n}A_if_{is}^{A}$

式中$\sum_{i=1}^{n}A_if_{is}^{A}=\sum_{i=1}^{n}1.06h_i\gamma_{1/2}f_{is}^{A}=879.94$

$w_{丙苯酚}=1.06\times64.0\times1.94\times0.85/879.94\approx12.7\%$

同理求得$w_{丙邻甲酚}=28.6\%$，$w_{丙间甲酚}=31.5\%$，$w_{丙对甲酚}=27.2\%$

答：苯酚、邻甲酚、间甲酚和对甲酚的质量分数分别为12.7%、28.6%、31.5%和27.2%。

第五章

高级技师

第一节 安全知识

一、单选题

1. 依据《中华人民共和国职业病防治法》，建设项目在(　　)前，建设单位应当进行职业病危害控制效果评价。

A. 可行性论证　　B. 设计规划　　C. 建设施工　　D. 竣工验收

答案：D

2. (　　)是指高压气体在压力等于或大于200kPa(表压)下装入贮器的气体，或是液化气体或冷冻液化气体。

A. 不燃气体　　B. 压力下气体　　C. 助燃气体　　D. 易燃气体

答案：B

3. (　　)或混合物是即使没有氧(空气)也容易发生激烈放热分解的热不稳定液态、固态物质或者混合物。

A. 发火物质　　B. 自反应物质　　C. 自燃固体　　D. 易燃固体

答案：B

4. (　　)是即使数量少也能在与空气接触后5min之内被引燃的固体。

A. 发火物质　　B. 易燃固体　　C. 自燃固体　　D. 可燃固体

答案：C

5. 化学品安全技术说明书是一份关于危险化学品(　　)、毒性和环境危害，以及安全使用、泄漏应急处置、主要理化参数、法律法规等方面信息的综合性文件。

A. 性质　　B. 辐射　　C. 灼伤　　D. 燃爆

答案：D

6. 化学品安全技术说明书在国际上称作化学品安全信息卡，简称(　　)或CSDS。

A. MDDS　　B. MSSD　　C. MDSS　　D. MSDS

答案：D

7. 关于危险化学品安全技术说明书的主要作用，下列描述错误的是(　　)。

A. 是化学品安全生产、安全流通、安全使用的指导性文件

B. 是应急作业人员进行应急作业时的技术指南

C. 提供该危险化学品制备信息

D. 是企业进行安全教育的重要内容

答案：C

8. 危险化学品安全技术说明书是化学品安全生产、安全流通、安全使用的(　　)文件。

A. 法律性　　B. 操作性　　C. 技术性　　D. 指导性

答案：D

9.《化学品安全标签编写规定》中规定，(　　)是用文字、图形符号和编码的组合形式，表示化学品所具有的危险性和安全注意事项。

A. 应急文件　　B. 化学品安全技术说明书

C. 安全标签　　D. 安全标识

答案：C

10.(　　)是指远离明火、高温表面、化学反应热、电气设备，避免撞击摩擦、静电火花、光线照射，防止自燃发热。

A. 防止可燃可爆混合物的形成　　B. 控制工艺参数

C. 消除点火源　　D. 限制火灾爆炸蔓延扩散

答案：C

11. 下列物质具有压缩性与膨胀性，可与空气形成爆炸性混合物的是(　　)。

A. 压缩空气　　B. 甲烷　　C. 硫黄　　D. 钠

答案：B

12. 下列物质不可燃烧，可能有助燃性的是(　　)。

A. 压缩空气　　B. 甲烷　　C. 硫黄　　D. 钠

答案：A

13.(　　)是指落实《中华人民共和国安全生产法》相关规定，建立安全生产事故隐患排查治理长效机制，强化安全生产主体责任，加强事故隐患监督管理，防止和减少事故，保障职工生命财产安全。

A. 有限空间作业安全管理规定　　B. 安全生产考核和奖惩制度

C. 危险作业审批制度　　D. 生产安全事故隐患排查治理制度

答案：D

14.《中华人民共和国安全生产法》中对安全从业人员的义务描述错误的是(　　)。

A. 正确佩戴和使用劳动防护用品

B. 接受培训，本职工作所需的安全生产知识，提高安全生产技能，增强事故预防和应急处理能力

C. 发现事故隐患或者其他不安全因素时，必须立即自己处理

D. 从业人员在作业过程中，应当遵守本单位的安全生产规章制度和操作规程，服从管理

答案：C

15. 对于不同比重的气体应采取不同的通风方式。有毒有害气体比重比空气轻的(如甲烷、一氧化碳)通风时应选择(　　)。

A. 底部　　B. 中上部　　C. 中部　　D. 中下部

答案：B

16.《中华人民共和国突发事件应对法》将(　　)定义为突然发生，造成或者可能造成严重社会危害，需要采取应急处置措施予以应对的自然灾害、事故灾难、公共卫生事件和社会安全事件。

A. 紧急事件　　B. 突发事件　　C. 突发事故　　D. 突发情况

答案：B

17.(　　)是指生产经营单位应急预案体系的总纲，主要从总体上阐述事故的应急工作原则，包括生产经营单位的应急组织机构及职责、应急预案体系、事故风险描述、预警及信息报告、应急响应、保障措施、应急预案管理等内容。

A. 综合应急预案　　B. 专项应急预案　　C. 现场处置方案　　D. 安全操作规程

答案：A

18.(　　)是指反映应急救援工作的优先方向、政策、范围和总体目标(如保护人员安全优先，防止和控制事故蔓延优先，保护环境优先)，体现预防为主、常备不懈、统一指挥、高效协调以及持续改进的思想。

A. 方针与原则　　B. 应急策划　　C. 应急准备　　D. 应急响应

答案：A

19.(　　)是指依法编制应急预案，满足应急预案的针对性、科学性、实用性与可操作性的要求。

A. 方针与原则　　B. 应急策划　　C. 应急准备　　D. 应急响应

答案：B

20. (　　)是指根据应急策划的结果，主要针对可能发生的应急事件，做好各项准备工作。

A. 方针与原则　B. 应急策划　C. 应急准备　D. 应急响应

答案：C

21. (　　)是指在事故险情、事故发生状态下，在对事故情况进行分析评估的基础上，有关组织或人员按照应急救援预案所采取的应急救援行动。

A. 方针与原则　B. 应急策划　C. 应急准备　D. 应急响应

答案：D

22.《国家突发事件总体应急预案》中提出的工作原则中，(　　)是指以落实实践科学发展观为准绳，把保障人民群众生命财产安全，最大程度地预防和减少突发事件所造成的损失作为首要任务。

A. 以人为本，安全第一原则　B. 统一领导，分级负责原则

C. 依靠科学，依法规范原则　D. 预防为主，平战结合原则

答案：A

23.《国家突发事件总体应急预案》中提出的工作原则中，(　　)是指在本单位领导统一组织下，发挥各职能部门作用，逐级落实安全生产责任，建立完善的突发事件应急管理机制。

A. 以人为本，安全第一原则　B. 统一领导，分级负责原则

C. 依靠科学，依法规范原则　D. 预防为主，平战结合原则

答案：B

24. 应急响应是在事故险情、事故发生状态下，在对事故情况进行分析评估的基础上，有关组织或人员按照应急救援预案所采取的应急救援行动。应急响应不包括(　　)。

A. 公众知识的培训　B. 应急人员安全　C. 警戒与治安　D. 指挥与控制

答案：A

25. 综合应急预案是生产经营单位应急预案体系的总纲，主要从总体上阐述事故的应急工作原则，内容不包括(　　)。

A. 生产经营单位的应急组织机构及职责　B. 生产经营单位的应急预案体系

C. 生产经营单位具体场所的应急处置措施　D. 生产经营单位的预警及信息报告

答案：C

26. 现场处置方案是生产经营单位根据不同事故类型，针对具体的场所、装置或设施所制定的应急处置措施，内容不包括(　　)。

A. 事故风险分析　B. 生产经营单位的应急组织机构及职责

C. 应急工作职责　D. 应急处置和注意事项

答案：B

27. 一个完善的应急预案按相应的过程可分为6个一级关键要素，下列不属于一级关键要素的是(　　)。

A. 应急资源收集　B. 应急响应　C. 应急策划　D. 应急准备

答案：A

28. 应急准备是根据应急策划的结果，主要针对可能发生的应急事件，做好各项准备工作，应急准备不包括(　　)。

A. 组织机构与职责　B. 应急队伍的建设　C. 应急装备的配置　D. 事态监测与评估

答案：D

29. 应急响应是在事故险情、事故发生状态下，在对事故情况进行分析评估的基础上，有关组织或人员按照应急救援预案所采取的应急救援行动。下列属于应急响应的主要任务的是(　　)。

A. 组织机构与职责　B. 应急队伍的建设　C. 应急人员的培训　D. 应急人员的安全

答案：D

30. 应急响应是在事故险情、事故发生状态下，在对事故情况进行分析评估的基础上，有关组织或人员按照应急救援预案所采取的应急救援行动。下列不属于应急响应主要任务的是(　　)。

A. 信息网络的建立　B. 事态监测与评估　C. 通信　D. 公共关系

答案：A

31. 一旦发生突发安全事故，发现人应在第一时间向直接领导汇报，视实际情况进行处理，并视现场情况拨打社会救援电话。下列不属于社会救援电话的是(　　)。

A. 110　　B. 120　　C. 114　　D. 119

答案：C

32. (　　)是指当伤口很深，流血过多时，应该立即止血。如果条件不足，一般用手直接按压可以快速止血。通常会在1~2min之内止血。如果条件允许，可以在伤口处放一块干净的、吸水的毛巾，然后用手压紧。

A. 立刻止血　　B. 清洗伤口　　C. 给伤口消毒　　D. 快速包扎

答案：A

33. 在事故发生后，下列救援描述错误的是(　　)。

A. 紧急呼救　　B. 先救命后治伤，先治轻伤后治重伤

C. 先抢后救、抢中有救，尽快脱离事故现场　　D. 医护人员以救为主，其他人员以抢为主

答案：B

34. 应急管理是指为了迅速、有效地应对可能发生的事故灾难，控制或降低其可能造成的后果和影响，而进行的一系列有计划、有组织的管理，包括(　　)个阶段。

A. 2　　B. 3　　C. 4　　D. 5

答案：C

35. (　　)是指针对可能发生的事故灾难，为迅速、有效地开展应急行动而预先进行的组织准备和应急保障。

A. 应急准备　　B. 应急响应　　C. 应急预案　　D. 应急救援

答案：A

36. (　　)是指针对可能发生的事故灾难，为最大程度地控制或降低其可能造成的后果和影响，预先制定的明确的救援责任、行动和程序的方案。

A. 应急准备　　B. 应急响应　　C. 应急预案　　D. 应急救援

答案：C

37. (　　)是指在应急响应过程中，为消除、减少事故危害，防止事故扩大或恶化，最大程度地降低其可能造成的影响而采取的救援措施或行动。

A. 应急准备　　B. 应急响应　　C. 应急预案　　D. 应急救援

答案：D

二、多选题

1.《危险化学品安全管理条例》第十四条中明确规定：生产危险化学品的，应当在危险化学品的包装内附有与危险化学品完全一致的(　　)，并在包装上加贴或者拴挂与包装内危险化学品完全一致的(　　)。

A. 化学品安全技术说明书　　B. 化学品技术安全说明书

C. 化学品标签　　D. 化学品安全标签

答案：AD

2. 安全从业人员的职责包括(　　)。

A. 不断提高安全意识，丰富安全生产知识，提高自我防范能力

B. 积极参加安全学习及安全培训，掌握本职工作所需的安全生产知识，提高安全生产技能，增强事故预防和应急处理能力

C. 爱护和正确使用机械设备、工具及个人防护用品

D. 自觉遵守安全生产规章制度，不违章作业，并随时制止他人的违章作业

答案：ABCD

3.《中华人民共和国安全生产法》中对安全从业人员的义务进行了明确规定，内容包括(　　)。

A. 从业人员在作业过程中，应当遵守本单位的安全生产规章制度和操作规程，服从管理

B. 从业人员应正确佩戴和使用劳动防护用品

C. 接受本职工作所需的安全生产知识的相关培训，提高安全生产技能，增强事故预防和应急处理能力

D. 发现事故隐患或者其他不安全因素时，应当立即向现场安全生产管理人员或者本单位负责人报告

答案：ABCD

4. 防止间接接触电击的方法包括(　　)。

A. 保护接地　　B. 工作接地　　C. 重复接地

D. 保护接零　　E. 速断保护

答案：ABCDE

5. 关于临时用电下列描述正确的是(　　)。

A. 移动式临时线必须采用有保护芯线的橡胶套绝缘软线，长度一般不超过 12m

B. 单相用四芯，三相用三芯

C. 临时线装置必须有一个漏电开关，并且均需安装熔断器

D. 电缆或电线的绝缘层破损处要用电工胶布包好，不能用其他胶布代替，更不能直接使用

答案：CD

6. 针对临时用电，必须注意的事项有(　　)。

A. 一定要按临时用电要求安装线路，严禁私接乱拉，先把设备端的线接好后才能接电源，还应按规定时间拆除

B. 临时线路不得有裸露线，电气和电源相接处应设开关、插座，露天的开关应装在箱匣内保持牢固，防止漏电，临时线路必须保证绝缘良好，使用负荷正确

C. 采用悬架或沿墙架设时，房内架设高度不得低于 2m，房外架设高度不得低于 4.5m，确保电线下的行人、行车、用电设备安全

D. 严禁在易燃、易爆、刺割、腐蚀、碾压等场地铺设临时线路。临时线一般不得任意拖地，如果确属需要应安装可靠的套管，防止磨损和破裂

答案：ABD

7. 为了迅速、有效地应对可能发生的事故灾难，控制或降低其可能造成的后果和影响，而进行的一系列有计划、有组织的管理，包括(　　)阶段。

A. 预防　　B. 准备　　C. 响应　　D. 恢复

答案：ABCD

8. 国务院发布的《国家突发事件总体应急预案》中提出的工作原则包括(　　)。

A. 以人为本，安全第一原则　　B. 统一领导，分级负责原则

C. 依靠科学，依法规范原则　　D. 预防为主，平战结合原则

答案：ABCD

9. 危险化学品火灾爆炸事故的预防包括(　　)。

A. 防止可燃可爆混合物的形成　　B. 控制工艺参数

C. 消除点火源　　D. 制定应急处置方案

答案：ABC

10. 专项应急预案包括(　　)。

A. 事故风险分析　　B. 应急预案体系　　C. 应急指挥机构及职责　D. 处置程序和措施

答案：ACD

11. 应急预案是针对各级可能发生的事故和所有危险源制定的应急方案，必须考虑(　　)的各个过程中相关部门和有关人员的职责、物资与装备的储备或配置等各方面需要。

A. 事前　　B. 事发　　C. 事中　　D. 事后

答案：ABCD

12. 关于应急救援的方针与原则下列描述正确的有(　　)。

A. 反映应急救援工作的优先方向

B. 反映应急救援工作的政策、范围和总体目标

C. 应急的策划和准备、应急策略的制定和现场应急救援及恢复，都应围绕方针和原则开展

D. 体现预防为主、常备不懈、统一指挥、高效协调以及持续改进的思想

答案：ABCD

13. 下列关于应急策划描述正确的有（　　）。

A. 依法编制应急预案

B. 反映应急救援工作的优先方向

C. 对预案的制订、修改、更新、批准和发布做出管理规定

D. 满足应急预案的针对性、科学性、实用性与可操作性的要求

答案：AD

14. 下列关于对预案管理与评审改进描述正确的是（　　）。

A. 对预案的制订、修改、更新、批准和发布做出管理规定

B. 保证定期或应急演习

C. 应急救援后对应急预案进行评审

D. 针对实际情况的变化以及预案中所暴露出的缺陷，不断地更新、完善和改进应急预案文件体系

答案：ABCD

15. 应急响应主要任务包括（　　）。

A. 医疗与卫生　　B. 人群疏散与安置　　C. 通信　　D. 泄漏物控制

答案：ABCD

16. 应急准备主要任务包括（　　）。

A. 应急物资的储备　　B. 应急预案的演练　　C. 信息网络的建立　　D. 公众知识的培训

答案：ABCD

第二节　理论知识

一、单选题

1. 用高锰酸钾做氧化剂，测得的耗氧量简称为（　　）。

A. OC　　B. COD　　C. SS　　D. DO

答案：A

2. 新陈代谢包括（　　）作用。

A. 同化　　B. 异化　　C. 呼吸　　D. 同化和异化

答案：D

3. 在污水处理中，水中微生物以固着型纤毛虫和轮虫为主时，表明（　　）。

A. 出水水质差　　B. 污泥还未成熟　　C. 出水水质好　　D. 污泥培养处于中期

答案：C

4. 厌氧系统中最常见的有害微生物是（　　）。

A. 大肠埃希氏菌　　B. 硫还原菌　　C. 丝状菌　　D. 霉菌

答案：B

5. 细菌的细胞物质主要由（　　）组成，而且形式很小，所以带电荷。

A. 蛋白质　　B. 脂肪　　C. 碳水化合物　　D. 纤维素

答案：A

6. 游离氨是温度和 pH 函数，随着二者的增加而（　　）。

A. 降低　　B. 升高　　C. 不变　　D. 先降低后升高

答案：B

7.《北京市城镇污水处理厂水污染物排放标准》(DB 11 890—2012)一级 A 标准规定新(改、扩)建城镇污水处理厂总磷指标浓度值不得高于（　　）。

A. 0.4mg/L　　B. 0.3mg/L　　C. 0.2mg/L　　D. 0.1mg/L

答案：C

8. 下列说法正确的是(　　)。

A. 色度是由水中的不溶解物质引起的

B. 浊度是由水中溶解物质引起的

C. 一般说来，水中的不溶解物质越多，浊度越高，但两者之间并没有直接的定量关系

D. 浊度是一种光学效应，它的大小不仅与溶解物质的数量、浓度有关，而且还与这些溶解物质的颗粒大小、形状和折射指数等性质有关

答案：C

9. 废水中各种有机物的相对组成如没有变化，则 COD 与 BOD_5 之间的比例关系为(　　)。

A. COD 的值>BOD_5 的值

B. COD 的值>BOD_5 的值>第一阶段 BOD_5 的值

C. COD 的值=BOD_5 的值

D. COD 的值>第一阶段 BOD_5 的值>BOD_5 的值

答案：D

10. 下列关于菌胶团说法错误的是(　　)。

A. 通过观察菌胶团的颜色、透明度、数量、颗粒大小及结构松紧程度等可以判断和衡量活性污泥的性能

B. 一旦菌胶团受到破坏，活性污泥对有机物的去除率将明显下降或丧失

C. 新生菌胶团无色透明、结构紧密，吸附氧化能力强、活性高

D. 老化的菌胶团比新生菌胶团吸附氧化能力强、活性高

答案：D

11. 下列关于生物反硝化说法错误的是(　　)。

A. 反硝化细菌是一类大量存在于活性污泥中的兼性异养菌，如产碱杆菌、假单胞菌、无色杆菌等菌属

B. 在好氧状态下，反硝化菌能进行好氧生物代谢，氧化分解有机污染物，去除 BOD_5

C. 在无分子氧但存在硝酸盐的条件下，反硝化细菌能利用 NO_3^- 中的氧

D. 在完全厌氧条件下，反硝化细菌能利用 NO_3^- 中的氧

答案：D

12. 取水样的基本要求是水样要(　　)。

A. 定数量　　B. 定方法　　C. 有代表性　　D. 按比例

答案：C

13. 生物脱氮过程中反硝化控制的溶解氧值一般控制在(　　)。

A. 0.5mg/L　　B. 1mg/L　　C. 2~3mg/L　　D. 5~6mg/L

答案：A

14. 城镇排水主管部门委托的排水监测机构，应当对排水户排放污水的水质和水量进行监测，并建立排水监测档案。排水户应当接受监测，如实提供(　　)信息。

A. 水量　　B. 水质　　C. 总量　　D. 水质和水量

答案：D

15. 再生水纳入水资源统一配置，县级以上地方人民政府(　　)应当依法加强指导。

A. 城镇排水主管部门　　B. 水行政主管部门　　C. 环保行政主管部门　　D. 卫生行政主管部门

答案：B

16. 下列说法错误的是(　　)。

A. 可降解的有机物一部分被微生物氧化，一部分被微生物合成细胞

B. BOD 是微生物氧化有机物所消耗的氧量与微生物内源呼吸所消耗的氧量之和

C. 可降解的有机物分解过程分为碳化阶段和硝化阶段

D. BOD 是碳化所需氧量和硝化所需氧量之和

答案：D

17. 絮体沉降的速度与沉降时间之间的关系是(　　)。

A. 沉降时间与沉降速度成正比

B. 一段时间后，沉降速度一定

C. 沉降速度一定

D. 沉降时间与沉降速度成反比

答案：D

18. 可以表述同步硝化反硝化中微生物所处的环境状态的参数为(　　)。

A. 溶解氧　　B. pH　　C. 氧化还原电位(ORP)　　D. 混合液悬浮固体浓度

答案：C

19. 总有机碳的测定前水样要进行酸化曝气，以消除由于(　　)存在所产生的误差。

A. 无机碳　　B. 有机碳　　C. 总碳　　D. 二氧化碳

答案：A

20. 化学沉淀法与混凝沉淀法的本质区别在于：化学沉淀法投加的药剂与水中物质形成(　　)而沉降。

A. 胶体　　B. 重于水的大颗粒絮体

C. 疏水颗粒　　D. 难溶盐

答案：D

21. COD 水质监测分析方法为(　　)。

A. 碱性过硫酸钾法　　B. 重铬酸钾法　　C. 钼酸铵法　　D. 蒸馏与滴定法

答案：B

22. 溶解氧在水体自净过程中是个重要参数，它可反映水体中(　　)。

A. 耗氧指标　　B. 溶氧指标

C. 有机物含量　　D. 耗氧与溶氧的平衡关系

答案：D

23. 溶解氧饱和度除受水质的影响外，还随水温变化，水温上升，溶解氧的饱和度就(　　)。

A. 增大　　B. 减小　　C. 不变　　D. 先增大后减小

答案：B

24. 下列关于生物硝化反应描述错误的是(　　)。

A. 硝化反应是在好氧状态下，将氨氮转化为硝态氮的过程

B. 硝化反应是由一群自养型好氧微生物完成的

C. 硝化反应包括两个基本反应步骤，第一阶段是由硝酸菌将氨氮转化为亚硝态氮，称为亚硝化反应；第二阶段则指由硝酸菌将亚硝态氮进一步氧化为硝态氮，称为硝化反应

D. 硝酸菌包括硝酸杆菌属、螺旋杆菌属和球菌属等。亚硝酸菌和硝化菌统称为硝化菌，均是异养型细菌

答案：D

25. 高效液相色谱法(HPLC)是 20 世纪(　　)年代后期发展起来的新型色谱分析技术。

A. 60　　B. 70　　C. 80　　D. 90

答案：A

26. 高效液相色谱法主要采用(　　)的微粒固定相。

A. 5nm　　B. 5μm　　C. 50nm　　D. 50μm

答案：B

27. 对于液相色谱来说，当流速大于(　　)时，对谱带扩展的影响可忽略不计。

A. 0.5mm/s　　B. 5mm/s　　C. 0.5cm/s　　D. 5cm/s

答案：C

28. 影响液相色谱谱带扩展的柱内因素不包括(　　)。

A. 涡流扩散　　B. 传质速率不同　　C. 组分分子纵向扩散　　D. 流路系统的死体积

答案：D

29. 色谱柱的渗透性与(　　)成反比。

A. 柱长　　B. 洗脱剂流速　　C. 柱压降　　D. 流动相黏度

答案：C

30. 高效液相色谱法采用高压泵输送流动相，其正常操作压力为(　　)左右。

A. 0.1MPa　　B. 1MPa　　C. 10MPa　　D. 100MPa

答案：C

31. 高效液相色谱法对进样器的要求是在进样过程中，对于柱上的(　　)和流量不应产生影响。

A. 压降　　B. 压力　　C. 温度　　D. 流速

答案：B

32. 高效液相色谱法常采用的手动进样方式为(　　)进样。

A. 隔膜注射　　B. 样品阀　　C. 截流进样器　　D. 自动进样

答案：B

33. 高效液相色谱仪对待测组分敏感，不受(　　)和流动相流速变化的影响。

A. 温度　　B. 柱压　　C. 固定相　　D. 组分

答案：A

34. 高效液相色谱仪应使检测器(　　)与连接管及其配件的直径尽可能小，否则会引起谱带柱外扩展。

A. 柱径　　B. 柱体积　　C. 泵容量　　D. 液槽体积

答案：D

35. 高效液相色谱仪中紫外可见光固定波长式检测器，最多采用(　　)。

A. UV-254nm　　B. UV-265nm　　C. UV-280nm　　D. UV-275nm

答案：A

36. 高效液相色谱快速扫描多波长紫外检测器，是用线形(　　)装置来检测紫外光的。

A. 光敏电阻　　B. 光敏电极　　C. 二极管　　D. 三极管

答案：C

37. 差示折光检测器对温度的变化非常敏感，因此检测器必须恒温至(　　)，才能获得精确的结果。

A. 0.1℃　　B. 0.01℃　　C. 0.001℃　　D. 0.0001℃

答案：C

38. 溶液的折射率是溶剂和溶质各自的折射率乘以各自的(　　)之和。

A. 质量分数　　B. 体积分数　　C. 质量浓度　　D. 物质的量浓度

答案：D

39. 高效液相色谱荧光检测器的不足之处在于其(　　)差。

A. 通用性　　B. 选择性　　C. 灵敏度　　D. 复现性

答案：A

40. 使用荧光检测器时，应注意(　　)不应在激发波长和荧光波长处产生强烈的吸收。

A. 固定相　　B. 流动相　　C. 待测组分　　D. 空气

答案：B

41. 最常用最成功的高效液相色谱电化学检测器是(　　)检测器。

A. 电导　　B. 库仑　　C. 伏安　　D. 安培

答案：D

42. 高效液相色谱电化学检测法是以具有(　　)的待测组分的浓度与电极信号之间的线性关系为基础的。

A. 电活性　　B. 电导性　　C. 导电性　　D. 电惰性

答案：A

43. 化学发光检测器中，输送化学发光物质的(　　)必须严格控制。

A. 压力　　B. 流速　　C. 温度　　D. 压降

答案：B

44. 化学发光检测器采用的光源为(　　)。

A. 氙灯　　B. 碘钨灯　　C. 氘灯　　D. 无光源

答案：D

45. 电导检测器只能测量处于(　　)状态下的组分。

A. 原子　　B. 离子　　C. 分子　　D. 电子

答案：B

46. 电导检测器的作用原理是基于在低浓度时，溶液的电导与待测离子的浓度呈(　　)关系。

A. 对数　　B. 负对数　　C. 倒数　　D. 线性

答案：D

47. 温度对电导率影响较大，每升高(　　)，电导率增加 2%～2.5%。

A. 1℃　　B. 5℃　　C. 10℃　　D. 20℃

答案：A

48. 高效液相色谱法要求色谱柱的渗透率不应随(　　)而变化。

A. 流速　　B. 压力　　C. 压降　　D. 柱径

答案：B

49. 高效液相色谱法的固定相主要采用 3～10(　　)的微粒。

A. nm　　B. μm　　C. mm　　D. cm

答案：B

50. 具有完全非极性的均匀表面的一种天然“反相”填料是(　　)。

A. 微粒硅胶　　B. 高分子微球　　C. 微粒多孔碳填料　　D. 分子筛

答案：C

51. 具有耐较宽的 pH 范围的优点的填料是(　　)。

A. 微粒硅胶　　B. 高分子微球　　C. 微粒多孔碳填料　　D. 分子筛

答案：B

52. 流动相的选择要与色谱系统相适应，最好使用不含(　　)的流动相。

A. H^+　　B. OH^-　　C. Cl^-　　D. F^-

答案：C

53. 如果样品组分分子中含有孤对电子的元素，则(　　)是它们的极好的溶剂。

A. 醇类　　B. 酸类　　C. 酯　　D. 苯

答案：A

54. 对取代基相似和多官能团的化合物，一般在非极性或弱极性溶剂中加入少量(　　)的流动相，可得到较好的分离效果。

A. 异辛烷　　B. 极性组分　　C. 正乙烷　　D. 环己烷

答案：B

55. 下列有机化合物中极性最强的是(　　)。

A. 氟代烷　　B. 卤代烷　　C. 酯　　D. 醇

答案：D

56. 进入高效液相色谱柱的流动相和样品均需经(　　)过滤。

A. 快速滤纸　　B. 中速滤纸　　C. 慢速滤纸　　D. 0.45μm 滤膜

答案：D

57. 流动相中(　　)会导致荧光淬灭和荧光基线漂移。

A. 水分　　B. 溶解氧　　C. 氮气　　D. 甲醇

答案：B

58. 所谓梯度淋洗是指溶剂(　　)随时间的增加而增加。

A. 温度　　B. 流量　　C. 黏度　　D. 强度

答案：D

59. 对于吸附色谱，(　　)梯度淋洗效果最好。

A. 线性　　B. 凹形　　C. 阶梯形　　D. 线性+阶梯形

答案：B

60. 对于分配色谱，(　　)梯度淋洗效果最好。

A. 线性　　B. 凹形　　C. 阶梯形　　D. 线性+阶梯形

答案：A

61. 高效液相色谱柱内径小于(　　)的被称细管径柱。

A. 0.1mm　　B. 0.2mm　　C. 1mm　　D. 2mm

答案：D

62. 高效液相色谱柱内径大于(　　)的称为半制备或制备柱。

A. 1mm　　B. 2mm　　C. 3mm　　D. 5mm

答案：D

63. 高效液相色谱柱装填后应用(　　)测定柱效。

A. 标准混合物　　B. 单一标准物　　C. 洗脱剂　　D. 甲醇

答案：A

64. 高效液相色谱柱的填充法通常有(　　)。

A. 1 种　　B. 2 种　　C. 3 种　　D. 4 种

答案：B

65. 液-固吸附色谱中使用的流动相主要是(　　)。

A. 极性烃类　　B. 非极性烃类　　C. 水　　D. 甲醇

答案：B

66. 硅胶或氧化铝具有不均一的表面，能吸附微量的(　　)或其他极性分子，会使吸附剂活性大大降低。

A. 甲醇　　B. 二氯甲烷　　C. 己烷　　D. 水

答案：D

67. 在液-液分配色谱中，表征溶剂洗脱能力特征的是(　　)。

A. 溶解度　　B. 极性　　C. 容量因子　　D. 溶剂强度

答案：A

68. 各种化学键合相的理想基质材料是(　　)。

A. 氧化铝　　B. 硅胶　　C. 硅藻土　　D. 高分子微球

答案：B

69. 据统计，键合相色谱在高效液相色谱的整个应用中占(　　)以上。

A. 50%　　B. 60%　　C. 70%　　D. 80%

答案：D

70. 在反相液相色谱中的固定相，大量使用的是各种烃基硅烷的化学键合硅胶，其最常用的烷基键长为(　　)。

A. C_8　　B. C_{16}　　C. C_{18}　　D. C_{22}

答案：C

71. 反相色谱法常用的流动相为(　　)溶剂。

A. 极性　　B. 非极性　　C. 弱极性　　D. 环己烷

答案：A

72. 用反相色谱分离有机酸和有机碱等可解离的化合物时，在柱上会发生(　　)。

A. 强烈的吸附　　B. 峰形拖尾　　C. 不能流出　　D. 保留值太小

答案：D

73. 离子对色谱法常用于分离解离常数 $pK_a<$(　　)的具有较强电离性能的有机化合物。

A. 3　　B. 5　　C. 7　　D. 9

答案：C

74. 采用离子色谱法分析阴离子时，流动相是(　　)物质。

A. 酸性　　B. 碱性　　C. 中性　　D. 酸性或碱性

答案：B

75. 采用离子色谱法分析阳离子时，常用带(　　)交换基团的阴离子交换树脂作为抑制柱的填料。

A. H^+　　B. OH^-　　C. Cl^-　　D. SO_3^-

答案：B

76. 离子交换色谱的流动相通常是含盐的缓冲(　　)溶液。

A. 水　　B. 甲醇　　C. 乙腈　　D. 四氢呋喃

答案：A

77. 在离子交换色谱中，一般应尽量避免使用(　　)，因为它对不锈钢有腐蚀作用。

A. 磷酸盐　B. 乙酸盐　C. 硼酸盐　D. 盐酸盐

答案：D

78. 在凝胶色谱中，分离效率的好坏主要取决于(　　)。

A. 柱填料　B. 柱温　C. 流动相的极性　D. 流动相的流量

答案：A

79. 凝胶色谱法不能分辨分子大小相近的化合物，一般相对分子质量的差别需在(　　)以上才能得到分离。

A. 1　B. 5　C. 10　D. 20

答案：C

80. 凝胶色谱应用最多的领域是测定分子质量，适于分离分析相对分子质量大于(　　)的高分子化合物，特别是离子型化合物。

A. 500　B. 1000　C. 2000　D. 5000

答案：C

81. 柱后衍生化主要是为了提高检测的(　　)。

A. 精密度　B. 效率　C. 分离度　D. 灵敏度

答案：D

82. 通过衍生化反应可以(　　)。

A. 改善样品的色谱特性　B. 改善色谱分离效果　C. 降低检测的选择性　D. 提高检测的灵敏度

答案：D

83. 高效液相色谱中，当标准物质已知时，往往采用(　　)的方法定性。

A. 对照保留值　B. 检测器的选择性

C. 紫外检测器全波长扫描　D. 其他检测方法

答案：A

84. 电化学检测器只适用于检测具有(　　)的组分。

A. 导电性　B. 电负性　C. 氧化还原性　D. 化学发光性

答案：C

85. 离子色谱所包含的色谱类型中不包括(　　)色谱。

A. 高效离子　B. 离子交换　C. 离子抑制　D. 离子对

答案：A

86. 离子色谱是(　　)色谱的分支。

A. 气相　B. 液相　C. 高效液相　D. 离子对

答案：C

87. 离子交换色谱如果采用(　　)检测器或紫外检测器间接检测无机离子，也可称为离子色谱。

A. 荧光　B. 紫外　C. 安培　D. 电导

答案：D

88. 离子色谱分离原理不包括(　　)。

A. 离子交换　B. 离子对的形成　C. 离子排斥　D. 吸附能力

答案：D

89. 离子色谱的分离原理是基于离子之间在溶液和带有(　　)的固体上的计量化学反应。

A. 官能团　B. 功能团　C. 磺酸基团　D. 季铵盐基团

答案：B

90. 一般情况下，阴离子色谱的官能团为(　　)基团

A. 磺酸　B. 季铵盐　C. 羟基　D. 苯基

答案：B

91. 离子色谱交换剂上的功能团通过(　　)固定离子。

A. 静电力　B. 分子间作用力　C. 库仑力　D. 吸附力

答案：C

92. 由于离解常数(　　)，羧酸在强酸性淋洗液呈完全(　　)状态。

A. 大，离解　B. 大，未离解　C. 小，离解　D. 小，未离解

答案：D

93. 通常情况下，单阴离子淋洗液离子的浓度比待测离子的浓度(　　)。

A. 高几倍　B. 低几倍　C. 高几个数量级　D. 低几个数量级

答案：C

94. (　　)单阴离子淋洗液的浓度，会(　　)洗脱。

A. 提高，减缓　B. 提高，加快　C. 降低，不影响　D. 降低，加快

答案：B

95. 多价态淋洗液与单价态淋洗液相比，(　　)。

A. 洗脱能力弱　B. 洗脱能力强　C. 洗脱能力相同　D. 洗脱能力没有规律

答案：B

96. 在阳离子色谱中，配合剂不是为了分离(　　)。

A. 碱金属　B. 碱土金属　C. 过渡金属　D. 重金属

答案：A

97. 离子色谱最早采用的固定相是(　　)。

A. 硅胶　B. 玻璃　C. 沸石　D. 硅藻土

答案：A

98. 含(　　)功能团是唯一用于离子色谱中阴离子分离的功能团。

A. 磷　B. 硫　C. 氮　D. 氟

答案：C

99. (　　)铵盐阴离子交换剂的交换容量与淋洗液的 pH 无关。

A. 伯　B. 仲　C. 叔　D. 季

答案：D

100. 在离子色谱中，如果要交换容量与 pH 无关，就要采用(　　)的固定相。

A. 烷基化　B. 磺酸化　C. 完全烷基化　D. 完全磺酸化

答案：C

101. 用离子色谱法测定氯化物、氟化物等阴离子时，为了防止分离柱系统阻塞，样品必须经过(　　)滤膜过滤。

A. 0. 20μm　B. 0. 32μm　C. 0. 4μm　D. 0. 5μm

答案：A

102. 离子色谱法测定氯化物、氟化物等阴离子时，含高浓度钙、镁的水样，应先经过(　　)交换柱处理。

A. 强酸性阳离子　B. 强酸性阴离子　C. 强碱性阳离子　D. 强碱性阴离子

答案：A

103. 离子色谱法测定氯化物、氟化物等阴离子时，不同浓度的离子同时分析时相互干扰，可采用(　　)方法消除干扰。

A. 水样预浓缩　B. 梯度淋洗

C. 流出组分收集后重新分析　D. 上述所有

答案：D

104. 用离子色谱法测定氯化物、氟化物等阴离子时，水样中经色谱分离的阴离子在抑制器系统中转变为(　　)。

A. 低电导率的强酸　B. 低电导率的弱酸　C. 高电导率的强酸　D. 高电导率的弱酸

答案：C

105. 用离子色谱法测定氯化物、氟化物等阴离子时，用于去除高浓度钙、镁的交换树脂是(　　)交换树脂。

A. 磺化聚苯乙烯强酸性阳离子　　B. 磺化聚苯乙烯性阳离子
C. 聚苯乙烯强酸性阳离子　　D. 聚苯乙烯阴离子
答案：A
106. 离子色谱法测定氯化物、氟化物等阴离子时，含有机物水样可经过(　　)柱过滤除去。
A. C_{12}　　B. C_{16}　　C. C_{18}　　D. C_{20}
答案：C
107. 由自由电子、离子和中性原子或分子所组成的在总体上呈电中性的(　　)称为等离子体。
A. 液体　　B. 固体　　C. 气体　　D. 分子
答案：C
108. 高效液相色谱法常可达到很高的柱效，一般为每米(　　)，再加上可供选择的流动相与固定相的范围很广，大大拓宽了它的使用范围。
A. 2000 塔板　　B. 5000 塔板　　C. 8000 塔板　　D. 500 塔板
答案：B
109. 电感耦合等离子体仪炬管由石英制成的(　　)同心管组成。
A. 1 层　　B. 2 层　　C. 3 层　　D. 4 层
答案：C
110. 电感耦合等离子体仪炬管的外管进(　　)，中管进(　　)，内管进(　　)。
A. 等离子气，冷却气，载气　　B. 冷却气，载气，等离子气
C. 冷却气，等离子气，载气　　D. 载气，冷却气，等离子气
答案：C
111. 通入电感耦合等离子体仪炬管的(　　)起冷却保护炬管的作用，(　　)用于输送样品，(　　)提供电离气体(等离子体)。
A. 等离子气，冷却气，载气　　B. 冷却气，载气，等离子气
C. 冷却气，等离子气，载气　　D. 载气，冷却气，等离子气
答案：B
112. 电感耦合等离子体焰炬的(　　)具有适宜的激发温度及较充分的原子化，背景发射光谱强度又较低，一般情况下多用此区进行光谱分析。
A. 预热区　　B. 初始辐射区　　C. 正常分析区　　D. 检测区
答案：C
113. 电感耦合等离子体光源所用的工作气体是(　　)。
A. 氮气　　B. 氩气　　C. 氢气　　D. 氦气
答案：B
114. 王水的溶解能力强，主要是在于(　　)。
A. 反应中产生了初生态的氧　　B. 酸的强度增大
C. 提高了溶样时的温度　　D. 生成的初生态氯具有强的氧化性和络合能力
答案：D
115. 电感耦合等离子体原子发射光谱法测定时，连续背景和谱线干扰属于(　　)。
A. 光谱干扰　　B. 化学干扰　　C. 电离干扰　　D. 物理干扰
答案：A
116. 用盐酸不能分解的金属是(　　)。
A. 铜　　B. 铁　　C. 铝　　D. 锌
答案：A
117. 用电感耦合等离子体原子发射光谱法测定时，消除(　　)最简单的方法是将样品稀释。
A. 物理干扰　　B. 化学干扰　　C. 电离干扰　　D. 光谱干扰
答案：A
118. 用电感耦合等离子体原子发射光谱法测定时，在标准和分析试样中加入过量的易电离元素，可抑制

或消除(　　)。

A. 物理干扰　B. 化学干扰　C. 电离干扰　D. 光谱干扰

答案：C

119. 为防止波长漂移，电感耦合等离子体原子发射光谱仪在测定前至少要开机预热(　　)。

A. 1h　B. 10min　C. 5h　D. 0.5h

答案：A

120. 洗涤铂器皿不可使用(　　)。

A. 王水　B. 盐酸　C. 硝酸　D. 乙酸

答案：A

二、多选题

1. 高效液相色谱法的特点是(　　)。

A. 高效　B. 高速　C. 成本低　D. 灵敏度高

答案：ABD

2. 下列属于《城镇污水处理厂污染物排放标准》(GB 18918—2002)中一级 A 排放标准的是(　　)(单位：mg/L)。

A. COD≤60　B. BOD_5≤10　C. 悬浮固体浓度≤10　D. 总氮(以氮计)≤20

E. 氨氮(以氮计)≤5(8)　F. 总磷(以磷计，2006 年 1 月 1 日起建设的)≤1

答案：BCE

3. 活性污泥中常见原生动物有(　　)。

A. 变形虫　B. 太阳虫　C. 楯纤虫　D. 轮虫

E. 太阳虫　F. 线虫　G. 累枝虫

答案：ABCEG

4. 下列说法中正确的是(　　)。

A. 较长的时间对消毒有利

B. 水中杂质越多，消毒效果越差

C. 污水的 pH 较高时，次氯酸根的浓度提高，消毒效果提高

D. 消毒剂与微生物的混合效果越好，杀菌率越高

答案：ABD

5. 下列选项中属于活性污泥膨胀表现的是(　　)。

A. 丝状菌大量繁殖　B. 絮体分散　C. 污泥呈茶褐色　D. 污泥黏性高

答案：ABD

6. 城镇污水处理厂污泥处理宜选用的基本组合工艺有(　　)。

A. 浓缩—脱水—处置

B. 浓缩—高温厌氧消化—脱水—处置

C. 浓缩—脱水—堆肥/干化/石灰稳定—处置

D. 浓缩—脱水—堆肥/干化/石灰稳定—焚烧—处置

答案：ABCD

7. 造成二次沉淀池出水混浊的原因有(　　)。

A. 曝气池处理效率降低使胶体有机残留　B. 硫化氢氧化造成单质硫析出

C. 活性污泥解体　D. 存在泥沙或细小的氢氧化铁等无机物

答案：ABCD

8. 引起活性污泥膨胀因素有(　　)。

A. 水质、温度　B. 负荷　C. 冲击　D. 毒物、溶解氧

答案：ABCD

9. 曝气池污泥解体的表征有(　　)。

A. 处理水质混浊　　B. 30min 沉降比大于 80%
C. 污泥絮体小　　D. 污泥有异味
答案：ACD

10. 属于后生动物的有(　　)。
A. 鞭毛虫　　B. 轮虫　　C. 钟虫　　D. 线虫
答案：BD

11. 废水中污染物的(　　)是选择处理工艺的主要因素。
A. 种类　　B. 含量　　C. 来源　　D. 毒性
答案：AB

12. 城市污水处理技术，按处理程度划分，可分为(　　)处理。
A. 一级　　B. 二级　　C. 三级　　D. 四级
答案：ABC

13. 活性污泥中存在的细菌，主要功能菌有(　　)。
A. 异养菌　　B. 反硝化菌　　C. 自养硝化菌　　D. 聚磷菌
答案：ABCD

14. 下列属于去除水中悬浮态的固体污染物的物理处理法有(　　)。
A. 筛滤法　　B. 沉淀法　　C. 过滤法　　D. 气浮法
答案：ABCD

15. 污水生物脱氮包含的过程有(　　)。
A. 同化过程　　B. 硝化过程　　C. 异化过程　　D. 反硝化过程
答案：ABD

16. 缺氧-好氧(A/O)工艺中好氧池主要对污水进行(　　)。
A. 反硝化脱氮　　B. 氨氮硝化　　C. 有机物碳化　　D. 产生碱度
答案：BC

17. 缺氧-好氧(A/O)系统称为硝化-反硝化系统，由(　　)组成，具有普通活性污泥法的特点又具有较好的脱氮功能。
A. 缺氧段　　B. 好氧段　　C. 沉淀段　　D. 混合段
答案：ABC

18. 初沉池能够去除污水中部分(　　)和漂浮物质，均和水质。
A. 悬浮固体　　B. 氨氮　　C. 无机盐　　D. BOD
答案：AD

19. 聚磷菌大多为不动杆菌属，只能摄取有机物中极易分解的部分，如(　　)。
A. 乙酸　　B. 丙酸　　C. 蛋白质　　D. 溶解的葡萄糖
答案：AB

20. 二级处理出水中未能达到排放标准的污染物指标主要包括(　　)、悬浮物等。
A. 硝酸盐氮　　B. 氨氮　　C. 色度　　D. 病毒
答案：ABCD

21. 属于废水处理的膜分离技术包括(　　)。
A. 扩散渗析　　B. 电渗析　　C. 反渗透　　D. 深床滤池
答案：ABC

22. 在典型的生物脱氮除磷系统中，好氧段的功能是进行(　　)反应。
A. 硝化　　B. 反硝化　　C. 吸磷　　D. 有机物氧化
答案：ACD

23. 砂滤出水悬浮固体浓度升高的原因有(　　)。
A. 砂滤前端进水的悬浮固体浓度升高　　B. 悬浮固体浓度仪表故障
C. 砂滤提升泵故障　　D. 大部分洗砂器堵塞

答案：ABD

24. 二沉池出水 BOD_5 与 COD，突然升高的原因为(　　)。

A. 进入曝气池的污水水量突然加大　　B. 有机负荷突然升高

C. 进入曝气池的污水水量突然减少　　D. 曝气充氧量不足

E. 刮泥机运转不正常　　F. 有毒有害物质浓度突然升高

答案：ABDEF

25. 下列说法正确的是(　　)。

A. 鞭毛虫以游离细菌为食，多出现在污泥解体水质恶化之时

B. 钟虫大量出现在水质良好的时候

C. 轮虫大量出现时应注意污泥是否老化

D. 累枝虫大量出现在水质恶化的时候

答案：ABC

26. 采用液氯消毒时，应符合的规定为(　　)。

A. 应每周检查 1 次报警器及漏氯吸收装置与漏氯检测仪表的有效联动功能

B. 应每周启动 1 次手动装置，确保其处于正常状态

C. 应每日检查 1 次报警器及漏氯吸收装置与漏氯检测仪表的有效联动功能

D. 应每日间隔 2h 检查 1 次报警器及漏氯吸收装置与漏氯检测仪表的有效联动功能

答案：AB

27. 当出水 COD 超标时，应采取(　　)措施。

A. 投加粉末活性炭　　B. 延长生物池泥龄

C. 调整回流混合液流量　　D. 检查氧化还原电位

答案：AB

28. 下列关于工业废水说法正确的是(　　)。

A. 工业废水是从工业生产过程中排放出的污水，它来自工厂的生产车间与厂矿

B. 工业废水相对于生活污水，水质水量差异较大，通常具有浓度高、毒性大等特性

C. 工业废水不易使用通用技术或工艺来处理，需要其在排放前在厂内处理到一定程度

D. 由于各种工业生产的工艺、原材料、使用设备的用水条件等不同，工业废水的性质复杂多样

答案：ABCD

29. 下列关于初期雨水说法正确的是(　　)。

A. 初期雨水是降雨初期时的雨水，一般是指地面 10~15mm 已形成地表径流的降水

B. 前期雨水的污染程度较高，甚至超出普通城市污水的污染程度。经雨水管直排入河道，给水环境造成了一定程度的污染

C. 初期雨水可以直接排入自然承受水体，无须设置初期弃流过滤装置，直接将降雨初期雨水弃流至污水管道

D. 降雨后期污染程度较轻的雨水经过截污挂篮截留水中的悬浮物、固体颗粒杂质后，可以直接排入自然承受水体，有效地保护自然水体环境

答案：ABD

30. 下列属于膜分离法的有(　　)。

A. 电渗析　　B. 反渗透　　C. 超过滤　　D. 离子交换

答案：ABC

31. 属于生物法的方法有(　　)。

A. 好氧生物处理法　　B. 厌氧生物处理法　　C. 活性污泥法　　D. 生物膜法

答案：ABCD

32. 属于化学法的方法或工艺的有(　　)。

A. 中和法　　B. 化学沉淀　　C. 消毒法　　D. 气提法

答案：ABCD

33. 城镇污水中的氮的主要来源为(　　)。

A. 生活污水　　B. 工业污水　　C. 地表径流　　D. 降雨

答案：ABC

34. 下列属于城镇污水生物处理工艺缺氧段参与反应的主要功能微生物类群有(　　)。

A. 反硝化菌　　B. 硝化菌　　C. 聚磷菌　　D. 甲烷菌

答案：ABC

35. 污泥处理的意义包括(　　)。

A. 降低污泥的含水率，缩减污泥体积和重量

B. 降低污泥中的有机物含量，使污泥不会对环境造成二次污染

C. 提高污水处理效果

D. 污泥含有较高热值，此外还含有丰富氮磷钾，具有较高的肥效，厌氧消化后可得到甲烷气体，可作为能源

答案：ABD

三、判断题

1. 高效液相色谱柱柱效高，但却是一次性的。

答案：错误

2. 在色谱分离过程中，组分的分子在移动过程中由于吸附作用而有不同的移动速度，使谱带发生扩展。

答案：错误

3. 溶入固定相的组分分子，由于进入固定相的深度不同，处于表面的分子较快地进入流动相，处于内部的分子则较晚地进入流动相，从而使组分分子离开色谱柱的时间产生差异，使谱带扩展。

答案：正确

4. 高效液相色谱中，机械泵多用于恒流输送。

答案：正确

5. 高效液相色谱仪要求高压泵的滞留体积大，操作和维护方便。

答案：错误

6. 高效液相色谱法要求在进样过程中，对于柱上的压力和流量不应产生影响。

答案：正确

7. 一般高效液相色谱仪的柱箱能同时控制检测器室的温度。

答案：正确

8. 高效液相色谱仪的作用是将流出物中的样品的组成和含量的变化转化为可供检测的信号，完成定性定量分析的任务。

答案：正确

9. 紫外-可见光检测器对环境温度、冲洗液流速的波动、组成的变化敏感，不适宜梯度洗脱。

答案：错误

10. 紫外-可见光检测器属于破坏型检测器，不能用于制备色谱，不能与其他检测器串联使用。

答案：错误

11. 示差折光检测器的灵敏度与溶质的性质有关，与溶剂的性质无关。

答案：错误

12. 示差折光检测器对压力和温度的变化不敏感。

答案：错误

13. 荧光检测器所检测的荧光光谱，实际上指荧光激发光谱。

答案：错误

14. 荧光检测器的灵敏度可以用甲醇的拉曼谱带的信噪比来衡量。

答案：错误

15. 选用安培检测器时，流动相中痕量的氧不产生干扰。

答案：错误

16. 安培检测器一般只对电活性物质有响应，适用于电活性物质的测定，而不受非电活性物质的干扰。

答案：正确

17. 化学发光检测器需要有恒压泵，将化学发光试剂打进混合器，使之与柱流出物进行快速而均匀地混合，产生中辐射。

答案：错误

18. 电导检测器是离子色谱主要的选择性检测器。

答案：错误

19. 电导检测器在使用前或发现有污染后，应用1：1的盐酸处理数分钟。

答案：错误

20. 通常解离常数pK>7的阴离子、阳离子的检测采用电导检测器。

答案：错误

21. 液相色谱要求填料粒度分布应尽可能宽，粒度分布越宽柱效越高。

答案：错误

22. 对于非极性组分的样品，选择非极性固定液和极性流动相液体，这种色谱称为反相液色谱法。

答案：正确

23. 液相色谱固定相按照填料表面改性分为吸附型和分配型。

答案：错误

24. 液相色谱流动相的选择不受检测器的限制。

答案：错误

25. 与样品结构相似或具有相似官能团的有机液体，大都是样品的好溶剂。

答案：正确

26. 溶剂强度参数ε^{Θ}用于反相色谱，ε^{Θ}值越大，表示溶剂的洗脱能越强。

答案：错误

27. 溶剂的极性参数P'与溶剂的强度参数ε°的顺序相反。

答案：错误

28. 高效液相色谱的溶剂有统一的规格指标。

答案：错误

29. 高效液相色谱用水必须达到全玻璃系统二次蒸馏水以上的标准。

答案：正确

30. 在一个分析周期中，色谱柱箱的温度保持不变的叫等度洗脱。

答案：错误

31. 梯度淋洗往往是从流动相中溶剂强度最弱的开始，逐渐加入一种强度大的溶剂，最终达到一定的溶剂强度。

答案：正确

32. 高效液相色谱柱常采用零死体积和小死体积结构。

答案：正确

33. 高效液相色谱柱湿法填充适于颗粒直径小于10μm的填料。

答案：错误

34. 液-固吸附色谱中广泛使用混合溶剂，可以利用不同组成的混合溶剂获得任意需要的溶剂强度。

答案：正确

35. 化学键合期借助涂渍的方法将有机分子以共价键的形式键合在色谱的载体上。

答案：错误

36. 采用液-液分配色谱时，组分的保留值取决于分配系数的大小，分配系数大的组分，保留值亦大。

答案：正确

37. 反相色谱是液-液分配色谱的一个分类。

答案：正确

38. 所谓离子对色谱法，就是在流动相中加入一种与待测离子所带电荷相同的试剂，从而使样品中各组分得以分离。

答案：错误

39. 双柱离子色谱的抑制剂是用来抑制洗脱液的背景电导，并将样品离子转换成具有高电导的物质，从而进行高灵敏度的电导检测。

答案：正确

40. 单柱离子色谱采用很高电导的冲洗剂。

答案：错误

41. 在离子交换色谱中，组分的离子与离子交换剂的相互作用越强，其保留值也就越大。

答案：正确

42. 离子交换色谱中，交换容量表示离子交换剂的交换能力，即每克干燥的离子交换剂所能交换的摩尔数。

答案：错误

43. 在离子交换色谱中，可以通过改变流动相的 pH 来控制样品分子的保留值。

答案：正确

44. 凝胶色谱需要用流动相的改变来控制分离度。

答案：错误

45. 凝胶色谱中，流动相与柱填料相匹配，以聚苯乙烯作为柱填料时，必须使用强极性溶剂。

答案：错误

46. 柱后衍生化由于增加衍生反应步骤而给色谱分离带来困难。

答案：错误

47. 离子交换剂通常由表面固定分子功能团的固相组成。

答案：错误

48. 离子对色谱与离子排斥色谱分离机理完全相同。

答案：错误

49. 强酸性流动相可以分离无机酸。

答案：错误

50. 通常用改变淋洗液浓度的方法优化分离条件。

答案：正确

51. 具有磺酸基基团的强酸性交换剂有良好的色谱效率，适合同时测定碱金属和碱土金属。

答案：错误

52. 离子排斥色谱固定相应尽可能带有极性。

答案：错误

53. 离子色谱分析中的交换容量是指 1g 干树脂所能交换离子的量(以 mmol 表示)。

答案：正确

54. 交换容量与洗脱和检测系统的选择无关。

答案：错误

55. 甲基磺酸通常呈去质子化状态，没有缓冲能力，只能通过改变浓度控制洗脱能力。

答案：正确

56. 氢氧根离子是很弱的洗脱离子，即使是低容量的分离，其浓度必须高于 50μmol/g。

答案：正确

57. 在抑制色谱中，碳酸盐的洗脱性较碳酸氢盐弱。

答案：错误

58. 阳离子色谱抑制器的使用寿命比阴离子色谱抑制器的使用寿命长。

答案：错误

59. 通过金属阳离子配合物的形成，待测组分的有效电荷密度提高。

答案：错误

60. 分离过渡金属和重金属的淋洗液适用于一价阳离子。

答案：错误

61. 离子排斥色谱的淋洗液很容易选择。

答案：错误

62. 离子排斥色谱采用阳离子抑制器时，不能采用稀盐酸作为淋洗液。

答案：错误

63. 直接电导检测阴离子的灵敏度比化学抑制后的电导检测灵敏度高 10 倍。

答案：错误

64. 只要待测离子能被激发产生荧光，就可以采用荧光检测器检测。

答案：正确

65. 电感耦合等离子体原子发射光谱法（ICP-AES），是以电感耦合等离子炬为激发光源的一类光谱分析方法。

答案：正确

66. 电感耦合等离子体焰炬自下而上温度逐渐升高。

答案：错误

67. 电感耦合等离子体进样装置的性能对光谱仪的分析性能影响不大。

答案：错误

68. 电感耦合等离子体光谱仪进样系统的作用是把试样雾化成气溶胶导入电感耦合等离子体光源。

答案：正确

69. 电感耦合等离子体光谱仪分光装置的作用是把复合光按照不同波长展开而获得光谱。

答案：正确

70. 电感耦合等离子体原子发射光谱法一般把元素检出限的 3 倍作为方法定量浓度的下限。

答案：错误

71. 用电感耦合等离子体原子发射光谱法测定时，混合标准溶液的酸度不必与待测样品溶液的酸度一致。

答案：错误

72. 用电感耦合等离子体原子发射光谱法测定时，测定之前如果对试样进行了富集或稀释，应将测定结果乘以或除以一个相应的倍数。

答案：错误

73. 用电感耦合等离子体原子发射光谱法测定时，点燃炬管之前应先以氩气将进样系统中的空气赶尽，否则电感耦合等离子体不易被点燃，或点燃后很快熄灭。

答案：正确

74. 用电感耦合等离子体原子发射光谱法测定时，如果质控样品的测定值超出允许范围，需要用标准溶液重新调整仪器，然后再继续测定。

答案：正确

75. 用电感耦合等离子体原子发射光谱法测定时，在不同观测高度进行测定时，其灵敏度没有差异。

答案：错误

76. 用电感耦合等离子体原子发射光谱法测定时，化学富集分离法用于校正元素间干扰，效果明显并可提高元素的检出能力，但操作手续烦冗，且易引入试剂空白。

答案：正确

77. 用电感耦合等离子体原子发射光谱法测定时，基体匹配法对于基体成分固定样品的测定，是理想的消除干扰的方法，但存在高纯试剂难于解决的问题，且废水的基体成分变化莫测，标准溶液的配制十分麻烦。

答案：正确

78. 用电感耦合等离子体原子发射光谱法测定时，背景扣除法是指凭经验确定扣除背景的位置及方式。

答案：错误

79. 用电感耦合等离子体原子发射光谱法测定时，干扰系数是指干扰元素所造成分析元素浓度升高与干扰元素浓度的比值。

答案：正确

80. 用电感耦合等离子体原子发射光谱法测定时，干扰系数与光谱仪的分辨能力无关，可直接使用文献资料中的干扰系数。

答案：错误

81. 用电感耦合等离子体原子发射光谱法测定时，分析过程中因为污染造成的空白值，可作为干扰进行校正。

答案：错误

82. 电感耦合等离子体原子发射光谱法分析中，如存在连续背景干扰，必须要扣除光谱背景，否则标准曲线不通过原点。

答案：正确

83. 用电感耦合等离子体原子发射光谱法测定时，配制分析用的单元素标准储备液和中间标准溶液的酸度应保持在 0.1mol/L 以上。

答案：正确

四、简答题

1. 简述《城镇污水处理厂污染物排放标准》(GB 18918—2002) 中根据水温对出水氨氮给定的限值，并解释没有对总氮给定限值的原因。

答：(1) 当水温>12℃时，一级 A 标准的限值为 5mg/L，一级 B 标准的限值为 8mg/L，二级标准的限值为 25mg/L。

当水温≤12℃时，一级 A 标准的限值为 8mg/L，一级 B 标准的限值为 15mg/L，二级标准的限值为 30mg/L。

(2) 因为低于 12℃的水温对硝化过程(即氨的氧化过程)会产生抑制，而对于反硝化的影响没有那么严重，只要有硝态氮，就可以脱除，受低水温影响小。

2. 简述原生动物在活性污泥中所起的作用。

答：(1) 促进絮凝和沉淀：污水处理系统主要依靠细菌起净化和絮凝作用，原生动物分泌的黏液能促使细菌发生絮凝作用，大部分原生动物如固着型纤毛虫本身具有良好的沉降性能，加上和细菌形成絮体，更提高了在二沉池的泥水分离效果。

(2) 减少剩余污泥：从细菌到原生动物的转换率约为 0.5%，因此，只要原生动物捕食细菌就会使生物量减少，减少的部分等于被氧化量。

(3) 改善水质：原生动物除了吞噬游离细菌外，沉降过程中还会黏附和裹带细菌，从而提高细菌的去除率。原生动物本身也可以摄取可溶性有机物，还可以和细菌一起吞噬水中的病毒。这些作用的结果是可以降低二沉池出水的 BOD_5、COD_{Cr} 和悬浮固体的浓度，提高出水的透明度。

3. 简述指示活性污泥各个阶段性质出现的原生动物种类。

答：(1) 污泥恶化：出现快速游泳型的种属，主要有豆形虫、肾形虫、草履虫、波豆虫、尾滴虫、滴虫等。污泥严重恶化时，几乎不出现微型动物，细菌大量分散，活性污泥的凝聚、沉降能力下降，处理能力差。

(2) 污泥解体：絮凝体细小，有些似针状分散，一般会出现原生动物如变形虫等肉足类。

(3) 污泥膨胀：活性污泥沉降性能差，污泥体积指数值即曝气池混合液经 30min 沉淀后，相应的 1g 干污泥所占的容积，单位为 mL/g) 高。由于丝状菌的大量生长，出现能摄食丝状菌的原声动物及轮虫。

(4) 污泥从恶化到恢复：活性污泥从恶化到正常状态的过渡期常常有漫游虫、卑怯管叶虫等。

(5) 污泥良好：污泥易成絮体，活性高，沉降性能好。出现的优势原生动物为钟虫、累枝虫、盖虫等固着型种属或者匍匐型种属。

4. 简述活性污泥净化污水的过程。

答：活性污泥净化污水通过 3 个阶段来完成。

(1) 第一阶段：污水主要通过活性污泥的吸附作用而得到净化，吸附作用进行得十分迅速，一般在 30min 完成。

(2) 第二阶段：也称氧化阶段，主要是继续分解氧化前阶段被吸附和吸收的有机物，同时继续吸附一些残存的溶解物质，这个阶段进行得相当缓慢。

(3)第三阶段：泥水分离阶段，在这一阶段活性污泥在二沉池中进行泥水分离。

5. 简述SV_{30}及SVI指标的概念及含义。

答：SV_{30}是指曝气池的混合液在100mL的量筒中，静置30min后，沉降污泥与混合液的体积比。该值是衡量活性污泥沉降性能和浓缩性能的一个指标。通过SV_{30}的测定，可以反映曝气池的活性污泥量，可以及时发现污泥膨胀等异常现象，还可以依据该值控制和调节剩余污泥的排放量。二沉池的SV_{30}一般控制在20%~30%。

SVI是指曝气池混合液在100mL的量筒中，静置30min以后，1g活性污泥悬浮固体所占的体积，单位为mL。二沉池的SVI一般控制在50~150mL/g。

6. 简述高效液相色谱法的特点。

答：(1)应用范围广。凡是能溶解在溶剂中的化合物，一般都能利用高效液相色谱法进行分离、分析，有75%~80%的有机物可用高效液相色谱法分析。

(2)分离效能高。采用高效能的色谱柱，柱效率可达每米10^5塔板，故适于分离复杂的多组分混合物。

(3)分离速度快，分离时间短。

(4)分析灵敏度高。

(5)测定精度高。

7. 简述高效液相色谱中组分的分离过程。

答：当样品进入色谱柱后，流动相载着样品流过色谱柱时，样品中各组分即在流动相和固定相间进行多次反复分配。由于各组分的物理化学性质不同，各组分沿着色谱柱的移动速度也不同，即产生差速移动，移动最快的组分先流出色谱柱，移动最慢的组分最后流出色谱柱，从而使各组分彼此分离。

8. 简述高效液相色谱仪对高压泵的性能要求。

答：(1)流量恒定，并能进行调节。

(2)压力稳定，无脉动，以保证基线的稳定。

(3)泵及输液系统应具有耐腐蚀性，可以适应各种溶剂的输送。

(4)泵的滞留体积小，操作和维护方便，特别是流量的调节、高压密封及单向阀的清洗和更换简单易行。

9. 简述高效液相色谱对检测器的要求。

答：(1)具有灵敏度高、检出限低、线性范围宽、重现性好、噪声低、漂移小、响应快等性能。

(2)应对待测组分敏感，而不受温度和流动相流速变化的影响。

(3)检测器的液槽体积与连接管及其配件的直径应尽可能小，以不会引起谱带柱外扩展，而且连接处应密封，不能漏气。

(4)对样品的适应性强，选择性高。

(5)价格便宜，使用方便，可靠性强。

10. 简述高效液相色谱对固定相的要求。

答：(1)具有良好的化学稳定性，不易溶解。

(2)耐高压，通常要求能承受约60MPa的压力。

(3)传质速度快，渗透性能好，色谱柱的渗透率不应随柱的压力而变化。

(4)填料的粒度分布应尽可能窄，粒度分布越窄柱效率越高。

11. 简述如何选择高效液相色谱流动相。

答：(1)溶剂的黏度要小，有利于提高柱的渗透性。

(2)溶剂的固体残留物要少，固体残留物多，可能堵塞溶剂输送系统的过滤器和色谱柱，甚至损坏泵体或阀件。

(3)溶剂要与检测器相适应。

(4)与色谱系统相适应，溶剂中不应含有与固定相具有不可逆吸附的物质。

(5)溶剂的纯度，不能认为液相色谱流动相都应使用十分纯的溶剂。

(6)选择溶剂时，也要考虑其毒性、易燃性和可压缩性等。

12. 简述高效液相色谱流动相极性的形成。

答：溶质和溶剂分子间的相互作用力有以下几种：

(1)色散力，即瞬间诱导偶极分子间的作用力。

(2)偶极作用，永久或诱导偶极分子间的相互作用力。

(3)介电作用，溶质分子与一个有较大介电常数的溶剂分子间的静电作用力。

(4)氢键作用，质子(或氢键)接受体和质子(或氢键)给予体之间的相互作用。

这4种力是溶质和溶剂分子间出现的总的相互作用，其作用程度称为溶剂的“极性”。溶质和溶剂之间的作用力越强，溶剂洗脱该物质的能力越强。

13. 简述等度淋洗与梯度淋洗的定义。

答：(1)等度淋洗：流动相的组成和浓度恒定不变的淋洗称为等度淋洗。

(2)梯度淋洗：用组成连续变化的流动相淋洗的过程，称为梯度淋洗。梯度淋洗往往从流动相中溶剂强度最弱的A开始，逐渐加入一种强度大的溶剂B，最终达到一定的溶剂强度水平。

14. 简述液-固吸附色谱法原理。

答：固定相为吸附剂的高效液相色谱法称为液-固吸附色谱法。其原理是基于吸附剂对样品中不同组分有不同的吸附作用，致使各个组分流出色谱柱的时间不同而得以分离。

15. 简述液-液分配色谱法的原理。

答：液-液分配色谱的固定相和流动相均为液体，但二者互不相溶。作为固定相的液体是涂在细而均匀的惰性载体上，载体填充在柱中。当流动相载着样品进入色谱柱时，由于样品中各组分在二液相之间的溶解度的不同而被分离。

16. 简述离子抑制色谱的原理。

答：当有机碱(如胺类)，注入反相色谱分离系统时，以水溶液作为流动相，在洗脱过程中发生解离，其反应如下：

$$R—NH_2+H_2O \longrightarrow R—NH_3^{+}+OH^{-}$$

若调整流动相的pH，使其在弱酸的范围内，则上式向解离方向移动，使有机碱在流动相中的溶解度提高；反之，使pH在弱碱的范围内，则抑制了有机碱的溶解度。这样，可以通过调整流动相的pH，使容量因子向有利于有机碱(有机酸)与其他组分分离的方向变动，这就是离子抑制色谱的原理。

17. 简述离子对色谱法的原理。

答：离子对色谱法也称流动相离子色谱、耦合离子色谱、反相型离子色谱等。所谓离子对色谱法，就是在流动相中加入一种与待测离子所带电荷相反的，被称为反离子或离子对试剂，使其与待测离子生成中性的络合物。此络合物在非极性的反相固定相表面疏水、缔合而被保留，从而使样品中各组分得以分离。

离子对色谱法常用于分离$pK_a<7$的、具有较强电离性能的有机化合物。

18. 简述离子交换色谱法的原理

答：当待测样品的组分在流动相中解离为离子时，可与固定相离子交换树脂上的离子进行可逆交换。由于这些待测离子与树脂上的离子相互交换作用的强弱不同，致使它们离开柱子的时间不同而被分离。

19. 简述凝胶色谱法的原理。

答：凝胶色谱法又称体积排阻色谱法，使用水溶液流动相的称为凝胶过滤色谱，使用有机溶剂流动相的称为凝胶渗透色谱。凝胶色谱的固定相是多孔物质，如多孔凝胶、交联聚苯乙烯、多孔玻璃及多孔硅胶等。试样是按照其中各组分分子大小的不同而分离的。大于填料微孔的分子，由于不能进入填料微孔，而直接通过柱子，最先流出柱外，在色谱图上最早出现；小于填料微孔的组分分子，可以渗透到微孔中不同的深度，相对分子质量最小的组分，保留时间最长。

20. 简述等离子体的定义。

答：等离子体是物质在高温条件下，处于高度电离的一种状态。由原子、离子、电子和激发态原子、离子组成，总体呈电学中性和化学中性。为物质在常温下的固体、液体、气体状态之外的第四状态。

21. 简述电感耦合等离子体光谱仪的组成。

答：电感耦合等离子体光谱仪主要由两大部分组成，即电感耦合等离子体发生器和光谱仪。电感耦合等离子体发生器包括高频电源、进样装置及等离子体炬管，光谱仪包括分光器、检测器及相关的电子数据系统，它的辅助装置是稳压电源及供气系统。

22. 简述电感耦合等离子体在性能优化时主要考虑的要点。

答：(1)进入雾化器的气体流速。

(2)射频功率。

(3)样品进入雾化器的流速(蠕动泵转速)。

(4)积分时间。